高等职业教育"十二五"规划教材

计算机网络技术项目化教程

任雪莲　陈孟祥　主编

赵少林　徐其江　李彩玲　副主编

清华大学出版社

北　京

内 容 简 介

本书系统地介绍了计算机网络的基础知识、相关技术和实际应用。全书共分 10 章，主要内容包括：计算机网络基础知识、服务器操作系统的安装、局域网及其技术、局域网的结构化布线技术、路由器和交换机的配置、无线局域网、网络服务、计算机网络安全等，另外为了方便读者实践学习，还介绍了 VMware Workstation 8 的使用教程。

本书侧重对实际动手能力的培养，强调在掌握计算机网络基础知识的同时，通过对书中各种实际项目的理解，提高学习者分析问题、解决问题的能力。

本书适合作为高等职业院校、高等专科学校、成人高校、本科院校等二级职业技术学院的教材，也可作为示范性软件职业技术学院、继续教育学院、技能型紧缺人才培养的培训教材，还可作为本科院校、计算机专业人员和爱好者的参考用书。

图书在版编目（CIP）数据

计算机网络技术项目化教程/任雪莲，陈孟祥主编. —北京：清华大学出版社，2013.1（2021.6 重印）
高等职业教育"十二五"规划教材
ISBN 978-7-302-30479-1

I. ①计… II. ①任… ②陈… III. ①计算机网络-高等职业教育-教材 IV. ①TP393

中国版本图书馆 CIP 数据核字（2012）第 250859 号

责任编辑：杜长清
封面设计：刘 超
版式设计：文森时代
责任校对：张彩凤
责任印制：杨 艳

出版发行：清华大学出版社
 网　　　址：http://www.tup.com.cn，http://www.wqbook.com
 地　　　址：北京清华大学学研大厦 A 座　　邮　　编：100084
 社 总 机：010-62770175　　　　　　　　邮　　购：010-62786544
 投稿与读者服务：010-62776969，c-service@tup.tsinghua.edu.cn
 质 量 反 馈：010-62772015，zhiliang@tup.tsinghua.edu.cn
印 装 者：北京国马印刷厂
经　　销：全国新华书店
开　　本：185mm×260mm　　　印　　张：15.75　　　字　　数：371 千字
版　　次：2013 年 1 月第 1 版　　　印　　次：2021 年 6 月第 9 次印刷
定　　价：49.80 元

产品编号：049112-02

丛书编委会

丛书编委会院校名单

包头轻工职业技术学院　　　　　　辽宁信息职业技术学院
北京城市学院　　　　　　　　　　聊城市高级技工学校
北京农业职业学院　　　　　　　　临汾职业技术学院
北京印刷学院　　　　　　　　　　临沂职业学院
大连海洋大学职业技术学院　　　　洛阳师范学院
大连艺术学院　　　　　　　　　　吕梁学院
广东科技学院　　　　　　　　　　内蒙古机电职业技术学院
广东省惠州市惠城区技工学校　　　宁夏工商职业技术学院
广西工商职业技术学院　　　　　　青海畜牧兽医职业技术学院
广西玉林师范学院　　　　　　　　厦门软件学院
河北青年管理干部学院　　　　　　山东省潍坊商业学校
河北省沙河市职教中心　　　　　　山东师范大学
河南工业职业技术学院　　　　　　山东信息职业技术学院
河南化工职业学院　　　　　　　　山西青年职业学院
河南中医学院信息技术学院　　　　首钢工学院
黑龙江农业工程职业学院　　　　　四川大学锦江学院
衡水职业技术学院　　　　　　　　四川职业技术学院
湖北文理学院　　　　　　　　　　太原大学
重庆教育学院　　　　　　　　　　泰山职业技术学院
湖南省衡阳技师学院　　　　　　　唐山工业职业技术学院
湖南信息职业技术学院　　　　　　天津青年职业学院
华南师范大学　　　　　　　　　　潍坊职业学院
黄河水利职业技术学院　　　　　　武汉商业服务学院
黄山学院信息工程学院　　　　　　烟台工程职业技术学院
吉林电子信息职业技术学院　　　　扬州工业职业技术学院
吉林省四平市四平职业大学　　　　张家口职业技术学院
江苏经贸职业技术学院　　　　　　郑州轻工业学院
军事经济学院襄樊分院　　　　　　郑州铁路职业技术学院
昆明工业职业技术学院　　　　　　淄博职业学院
兰州外语职业学院

高等职业教育"十二五"规划教材

前　言

随着信息化、数据的分布处理以及计算机资源共享等应用需求的快速增长，我国信息高速公路的建设急需大量掌握计算机网络应用技术的专门人才，本书正是为了满足这种需求而编写的。根据全国高等职业教育信息类系列教材研讨会的精神，在适当介绍理论知识、突出实践能力培养的基础上，结合作者多年来从事计算机网络教学与研究经验，编写了这本适用于高等职业院校、高等专科学校电子信息类专业学生学习计算机网络技术的教材。

本书内容丰富，层次清楚，讲解深入浅出，语言通俗易懂，章节安排合理。全书坚持实用技术和理论知识相结合的原则，注重对高等职业院校学生基本能力和基本技能的培养。

本书特色：

- ☑ 引入项目导向、项目实施驱动思想，提高学生的主动性。
- ☑ 紧跟行业技术发展，创新教材内容。
- ☑ 突出实践教学，强化能力培养。
- ☑ 注重现代化教学手段，建立立体化教学体系。

由于作者的水平及时间所限，书中难免有不足之处，恳请读者批评、指正。

编　者

目　　录

高等职业教育"十二五"规划教材

项目 1
计算机网络基础知识

知识点、技能点

- ➤ 计算机网络定义和基本功能
- ➤ IP 地址概述
- ➤ 域名
- ➤ 子网划分以及 IP 地址的相关计算

学习要求

- ➤ 掌握和了解计算机网络定义和基本功能
- ➤ 掌握和了解子网划分以及 IP 地址的相关计算

教学基础要求

- ➤ 掌握子网划分以及 IP 地址的相关计算

1.1 项 目 分 析

1.1.1 计算机网络的产生和发展

目前，计算机网络已成为全球信息产业的基石。计算机网络在信息的采集、存储、处理、传输和分发中扮演了极其重要的角色，它突破了单台计算机系统应用的局限，使多台计算机相互交换信息、资源共享和协同工作成为可能。计算机网络的广泛使用，改变了传统意义上时间和空间的概念，对社会的各个领域，包括人们的生活方式产生了变革性的影响，促进了社会信息化的发展进程。

在计算机诞生之初，计算机技术与通信技术并没有直接的联系，一台昂贵的计算机只能供单用户独占使用。后来出现了批处理系统和分时系统，一台计算机可以同时为多个用户服务，但是分时系统所连接的多个终端都必须靠近计算机，且无法实现远距离共用一台计算机。20 世纪 50 年代初期，美国麻省理工学院林肯实验室为美国空军设计半自动地面防空系统（Semi-Automatic Ground Environment，SAGE），该系统将防区内的远程雷达和其他测量控制设备的信息通过通信线路汇集到一台 IBM 计算机中，进行集中的防空信息处理和控制，开创了计算机技术与通信技术相结合的尝试。紧随其后，许多系统都将在地理上分散的多个终端通过通信线路连接到中心计算机上，分时访问中心计算机资源进行信息处理，并把处理结果再通过通信线路送回到用户的终端上显示或打印出来。这样，就产生了第 1 代网络。

第 1 代网络是以单计算机为中心的联机系统。这种系统除了中心计算机外，其余的终端不具备自主处理数据的功能，中心计算机既要承担数据处理，又要承担与各终端之间的通信工作。随着所连远程终端数量的增多，主机负担必然加重，致使工作效率降低。后来出现了数据处理和通信的分工，即在中心计算机前设置一台前端处理机来负责数据的收发等通信控制和通信处理工作，而让中心计算机专门进行数据处理。另外，分散的远程终端都要单独占用一条通信线路，线路利用率低，但其成本很高，因此采取了一些改进措施来提高通信线路的利用率。如采用多点通信线路，在一条通信线上串接多个终端，使多个终端共享一条线路与主机进行通信；在终端相对集中的地区，用终端集中器与各个终端以低速线路连接，收集终端的数据，再用高速线路传送给主机。

第 2 代网络实现了多计算机的互联。从 20 世纪 60 年代中期到 70 年代中期，随着计算机技术和通信技术的不断进步，可以将多个单计算机连接起来，形成计算机——计算机的网络，实现广域范围内的资源共享。这种网络中，各个计算机是独立的，彼此借助于连接的通信设备和通信线路来交换信息，通信方式已由终端和计算机间的通信发展到计算机和计算机之间的通信，用户服务的模式也由单台中心计算机的服务模式被互联在一起的多台主计算机共同完成的模式所替代。第 2 代计算机网络的典型代表是 1969 年美国国防部高级研究计划局建成的 ARPANET。该网络开始只有 4 个节点，以电话线为主干网络，1973 年发展到 40 个节点，1983 年已经达到 100 多个节点。ARPANET 地域范围跨越了美洲大陆，

连通了美国东西部的许多大学和研究机构，通过卫星通信线路与夏威夷和欧洲等地区的计算机网络相互连通。

ARPANET 首次提出了资源子网、通信子网两级网络结构的概念，采用了层次结构的网络体系结构模型与协议体系，是计算机网络发展的一个重要的里程碑。ARPANET 是 Internet 的前身。

在第 2 代网络阶段，为了促进网络产品的开发，各大计算机公司纷纷制定了自己的网络体系结构标准以及实现这些网络体系结构的软硬件产品。用户只要购买该计算机公司提供的网络产品，借助通信线路，就可组建自己的计算机网络。其中典型的有：1974 年 IBM 公司提出的 SNA（System Network Architecture，系统网络体系结构）和 1975 年 DEC 公司提出的 DNA（Digital Network Architecture，数字网络体系结构）。这些网络体系结构只局限于使用同一公司的产品，若在一个网络中使用不同公司的产品或者把异种网连接起来，将是非常困难的。网络公司各自为政的状况使用户无所适从，也不利于网络的自身发展和应用。

第 3 代网络是体系结构标准化网络。经过前期的发展，人们对网络的技术、方法和理论的研究日趋成熟，各大计算机公司自己制定的网络技术标准，最终促成了国际标准的制定，遵循网络体系结构标准建成的网络成为第 3 代网络。1977 年，国际标准化组织（ISO）的计算机与信息处理标准化技术委员会 TC97 成立了一个分委员会 SC16，专门研究网络体系结构与网络协议的标准化问题。经过多年卓有成效的工作，1983 年 ISO 正式制定并颁布了"开放系统互联参考模型"（Open System Interconnection/Reference Model，OSI/RM）的国际标准 ISO7498。标准化使得网络对不同的计算机系统都是开放的，可以方便地互联异种机和异种网。该模型分 7 层，也称 OSI 七层模型。OSI 模型目前已被国际社会普遍接受，成为研究和制定新一代计算机网络标准的基础。

电器与电子工程师学会 IEEE 于 1980 年 2 月公布了 IEEE 802 标准来规范局域网的体系机构，使其成为局域网的国际标准。20 世纪 80 年代，微型计算机迅速发展，这种廉价的适合办公室和家庭使用的新机种对计算机的普及起到了极大的促进作用。在一个单位内部微型计算机互联不再采用以往的远程计算机网络，因而计算机局域网技术也得到了相应发展。

目前计算机网络正向全面互联、高速和智能化方向发展。

1.1.2 计算机网络定义和基本功能

目前网络定义通常采用资源共享的观点，即将地理位置不同的具有独立功能的计算机或由计算机控制的外部设备，通过通信设备和线路连接起来，按照约定的通信协议进行信息交换，实现资源共享的系统称为计算机网络。

从这个定义可以看出，计算机网络主要涉及以下 3 个方面：

（1）一个计算机网络可以包含多台具有独立功能的计算机。被连接的计算机有自己的 CPU、主存储器、终端，甚至辅助存储器，还有完善的系统软件，能单独进行信息处理加工。因此，通常将这些计算机称为"主机"（Host），在网络中又称作节点或站点。一般在

网络中的共享资源（即硬件、软件和数据）均分布在这些计算机中。

（2）构成计算机网络时需要使用通信手段把有关的计算机连接起来。连接要靠通信设备和通信线路，通信线路分有线（如同轴电缆、双绞线、光缆等）和无线（如微波、卫星通信等）。连接还需遵循所规定的约定和规则，即通信协议。

（3）建立计算机网络的主要目的是为了实现通信的交往、信息资源的交流、计算机分布资源的共享或者是协同工作。一般将计算机资源共享作为网络的最基本特征，例如，连接网络之后，用户可以互发电子邮件、查询资料等。

一个现代的计算机网络可以实现以下 3 个基本功能：

（1）计算机之间和计算机用户之间的相互通信与交往。

（2）资源共享，包含计算机硬件资源、软件资源和信息资源。

（3）计算机之间或计算机用户之间的协同工作。

1.1.3 IP 地址概述

Internet 是全世界范围的计算机连为一体而构成的通信网络的总称。为准确找到目的地，连接在某个网络上的两台计算机之间在相互通信时，在它们所传送的数据包里都会含有发送数据的计算机地址和接收数据的计算机地址的附加信息。为了通信方便，给每一台计算机都事先分配一个类似电话号码的标识地址，该标识地址就是 IP 地址。根据 TCP/IP 协议规定，IP 地址（IPv4）是由 32 位（4B）二进制数组成，而且在 Internet 范围内是唯一的。为了方便记忆，Internet 管理委员会采用了一种"点分十进制"方法表示 IP 地址，即将 IP 地址分为 4 个字节，且每个字节用十进制表示，并用点号"."隔开，例如 210.73.140.2，其二进制和十进制表示如表 1-1 所示。

表 1-1　二进制和十进制表示 IP 地址

二进制 IP	11010010	1001001	10001100	00000010
十进制 IP	210	73	140	2

Internet 的每个接口必须有一个唯一的 IP 地址，多接口主机具有多个 IP 地址，其中每个接口都对应一个 IP 地址。由于因特网上的每个接口必须有一个唯一的 IP 地址，因此必须要有一个管理机构为接入因特网的接口分配 IP 地址。这个管理机构就是国际互联网络信息中心（Internet Information Center，InterNIC），InterNIC 只分配网络标识，主机标识的分配由系统管理员来负责。

1.1.4 IP 地址表示方法及分类

IP 地址分为网络地址和主机地址两部分，IP 地址的格式可表示为网络地址+主机地址。IP 地址的这种结构使得在 Internet 上的寻址很方便，即先按 IP 地址中的网络号找到网络，再按主机号找到主机。

如果把整个 Internet 看作单一的网络，IP 地址就是给每个连在 Internet 的主机分配一个

在全世界范围内唯一的标识符。Internet 管理委员会定义了 A、B、C、D、E 5 类地址，在每类地址中，还规定了网络标识和主机标识。在 TCP/IP 协议中，IP 地址是以二进制数字形式出现的，共 32b，1b 就是二进制中的 1 个二进制位，但这种形式非常不适合阅读和记忆。因此 Internet 管理委员会决定采用一种"点分十进制"方法表示 IP 地址即由 4 位构成的 32 组的 IP 地址被直观地表示为 4 个以点号"."隔开的十进制整数，其中，每一个十进制整数对应一个字节（8 位二进制数为一个字节称为一组）。在上述 5 类地址中，A、B、C 地址类最常用，下面加以介绍。

☑　A 类地址

A 类地址的网络标识由第一组 8 位二进制数表示。A 类地址的特点是网络标识的第一位二进制数取值必须为"0"。不难算出，A 类地址第一个地址为 00000001 即十进制数 1，最后一个地址是 01111111，即十进制数 127，其中 127 留作保留地址，所以 A 类地址的第一组数据范围是：1~126。A 类地址允许有 $2^7-2=126$ 个网段（第一个可用网段号为 1，最后一个可用网段号为 126，减 2 是因为 0 不用，而 127 留作他用）。A 类地址中的主机标识占 3 组 8 位二进制数，每个网络允许有 $2^{24}-2=16\ 777\ 214$ 台主机（减 2 是因为主机标识全 0 地址为网络地址，全 1 为广播地址，这两个地址一般不分配给主机）。A 类地址通常分配给拥有大量主机的网络。

☑　B 类地址

B 类地址的网络标识由前两组 8 位二进制数表示，网络中的主机标识占两组 8 位二进制数，B 类地址的特点是网络标识的前两位二进制数取值必须为"10"。B 类地址第一个地址为 10000000，最后一个地址是 10111111，换算成十进制后，B 类地址第一组数据范围就是 128~191。B 类地址允许有 $2^{14}=16\ 384$ 个网段（第一个可用网段号 128.0，最后一个可用网段号 191.255）。B 类地址中的主机标识占 2 组 8 位二进制数，每个网络允许有 $2^{16}-2=65\ 534$ 台主机，适用于节点比较多的网络。

☑　C 类地址

C 类地址的网络标识由前 3 组 8 位二进制数表示，网络中主机标识占 1 组 8 位二进制数。C 类地址的特点是网络标识的前 3 位二进制数取值必须为"110"。C 类地址第一个地址为 11000000，最后一个地址是 11011111，换算成十进制，C 类地址第一组数据范围就是 192~223。C 类地址允许有 $2^{21}=2\ 097\ 152$ 个网段（第一个可用网段号为 192.0.0，最后一个可用网段号为 223.255.255）。C 类地址中的主机标识占 1 组 8 位二进制数，每个网络允许有 $2^8-2=25\ 428-2=254$ 台主机，适用于节点比较少的网络。

以下介绍几个特殊的 IP 地址。

1. 私有地址

前面提到 IP 地址在全世界范围内唯一，看到这句话你可能会产生疑问，像 192.168.0.1 这样的地址在许多地方都能看到，并不唯一，这是为何？这是因为 Internet 管理委员会规定了一些地址段为私有地址，私有地址可以在组网局部范围内使用，但不能在 Internet 上使用，Internet 没有这些地址的路由，有这些地址的计算机要上网必须转换成为合法的 IP 地址，也称为公网地址。这就像有很多世界公园，不同的公园都可用相同的名字命名公园内的大街，如香榭丽舍大街，但对外我们只能看到公园的地址和真正的香榭丽舍大街。下面是 A、B、C 类网络中的私有地址段。

- ☑ A 类网络私有地址段：10.0.0.0~10.255.255.255。
- ☑ B 类网络私有地址段：172.16.0.0~172.131.255.255。
- ☑ C 类网络私有地址段：192.168.0.0~192.168.255.255。

2. 回送地址

A 类网络的网络标识 127 是一个保留地址，用于网络软件测试以及本地机进程间通信，叫做回送地址（Loopback Address）。无论什么程序，一旦使用回送地址发送数据，协议软件立即将其返回，不进行任何网络传输。含网络标识 127 的分组不能出现在任何网络上。

3. 广播地址

TCP/IP 协议规定，主机标识全为"1"的网络地址用于广播之用，叫做广播地址。所谓广播，指在同一时刻向同一子网所有主机发送报文。

4. 网络地址

TCP/IP 协议规定，各位全为"0"的网络标识被解释成"本"网络。

可以看出，主机标识全"0"、全"1"的地址在 TCP/IP 协议中有特殊含义，一般不能用作一台主机的有效 IP 地址。

1.1.5 子网划分与子网掩码

1. 子网掩码

子网掩码又叫网络掩码、地址掩码、子网络遮罩，它是一种用来指明一个 IP 地址的哪些位标识的是主机所在的子网以及哪些位标识的是主机的位掩码。子网掩码不能单独存在，它必须结合 IP 地址一起使用。子网掩码只有一个作用，就是将某个 IP 地址划分成网络地址和主机地址两部分。

2. 子网的作用

使用子网是为了减少 IP 地址的浪费。因为随着互联网的发展，越来越多的网络产生，有的网络多达几百台，有的则只有区区几台，这样就浪费了很多 IP 地址，所以要划分子网。使用子网可以提高网络应用的效率。

3. 子网掩码的作用

通过 IP 地址的二进制与子网掩码的二进制进行"与"运算，确定某个设备的网络标识和主机标识，也就是说通过子网掩码分辨一个网络的网络部分和主机部分。子网掩码一旦设置，网络地址和主机地址就固定了。子网一个最显著的特征就是具有子网掩码。与 IP 地址相同，子网掩码的长度也是 32 位，也可以使用十进制的形式。例如，二进制形式的子网掩码：11111111.11111111.11111111.00000000，采用十进制的形式为：255.255.255.0。

4. 掩码的组成

掩码是一个 32 位二进制数字，用点分十进制来描述，默认情况下，掩码包含两个域：网络域和主机域，分别对应网络标识和本地可管理的网络地址部分。在要划分子网时，要重新调整对 IP 地址的认识。如果工作在 B 类网络中，并使用标准的掩码，则此时没有划分子网。例如，在下面的地址和掩码中，网络标识由前两个 255 来说明，而主机标识是由后面的 0.0 来说明。

IP 地址　　　　　　子网掩码

153.88.4.240　　　255.255.0.0

此时网络标识是 153.88，主机标识是 4.240。换句话说，前 16 位代表着网络标识，而后面剩余的 16 位代表着主机标识。

如果我们将网络划分成几个子网，则网络的层次将增加。从网络到主机的结构转换成了从网络到子网再到主机的结构。如果我们使用子网掩码 255.255.255.0 对网络 153.88.0.0 进行子网划分，则需要增加辅助的信息块。在增加一个子网域时，我们的想法发生了一些变化。看一看前面的例子，153.88 还是网络标识。当使用掩码 255.255.255.0 时，则说明子网号被定位在第三个 8 位位组上。子网标识是 4，主机标识是 240。

通过掩码可将本地标识管理的网络地址划分成多个子网。掩码用来说明子网域的位置。我们给子网域分配一些特定的位数后，剩下的位数就是新的主机标识了。在下面的例子中，我们使用了一个 B 类地址，它有 16 位主机标识。此时我们将主机标识分成一个 8 位子网标识和一个 8 位主机标识。

此时这个 B 类地址的掩码是：255.255.255.0。

网络标识	网络标识	子网标识	主机标识
255	255	255	0
11111111	11111111	11111111	00000000

5. 掩码值的二进制表示

如何确定使用哪些掩码呢？表面上看，过程非常简单。首先要确定在网络中需要有多少个子网，这就需要充分研究该网络的结构和设计。一旦知道需要几个子网，就能够决定使用多少个子网位。你一定要保证子网域足够大，以满足未来子网数量的需求。

当网络在设计阶段时，网络管理员要和地址管理员讨论设计问题。他们的结论是：在目前的设计中应有 73 个子网根据实际经验得出，并使用一个 B 类地址。为了确定子网掩码，我们需要知道子网标识的大小。本地可管理的 B 类地址部分只有 16 位。

记住，子网标识是这 16 位中的一部分。现在的问题是要确定存储十进制数 73 需要多少二进制位。一旦能够知道存放十进制数 73 所需位数，我们就能够确定使用哪些掩码。

首先将十进制数 73 转换成二进制数。

$(73)_{10} = (1001001)_2$

这个二进制数的位数为 7 位。此时我们需要保留本地管理的子网掩码部分中的前 7 位作为子网标识，剩余部分作为主机标识。在上面的例子中，我们为子网标识保留前 7 位，每一位用 1 来表示；剩余的位数为主机标识，由 0 表示。

11111110　　　00000000

将上面子网的二进制信息转换成十进制，然后把它作为掩码的一部分加入到整个掩码中。此时我们就能够得到一个完整的子网掩码。

$(11111110)_2=(254)_{10}$　　　　　十进制

$(00000000)_2=(0)_{10}$　　　　　十进制

完整的掩码是：255.255.254.0。

B 类地址的默认掩码是 255.255.0.0。现在我们已经将本地的可管理掩码部分.0.0 转换成 254.0。这个过程描述了划分子网的方法。软件通过 254.0 这部分就会知道本地可管理地址部分的前 7 位是子网标识，剩余部分是主机标识。当然，如果子网掩码的个数发生变化，对子网域的解释也将变化。

1.1.6　IPv6 协议

IPv6（Internet Protocol Version 6），是 IETF（Internet Engineering Task Force，互联网工程任务组）设计的用于替代现行 IP 协议的下一代 IP 协议。目前 IP 协议是 IPv4。

IPv6 是下一代互联网的协议。它的提出最初是因为随着互联网的迅速发展，IPv4 定义的有限 IP 地址空间将被耗尽，地址空间的不足必将妨碍互联网的进一步发展。为了扩大地址空间，拟通过 IPv6 重新定义地址空间。IPv6 采用 128 位地址长度，几乎可以不受限制地提供地址。按保守方法估算 IPv6 在整个地球的每平方米面积上可分配 1000 多个 IP 地址。在 IPv6 的设计过程中除了地解决了地址短缺问题以外，还考虑了在 IPv4 中未解决其他问题，例如端到端 IP 连接、服务质量（Quality of Service，QoS）、安全性、多播、移动性、即插即用等。

IPv6 特点主要有：

（1）IPv6 地址长度为 128 位，地址空间增大了 2^{96} 倍。

（2）灵活的 IP 报文头部格式。使用一系列固定格式的扩展头部取代了 IPv4 中可变长度的选项字段。IPv6 中选项部分的出现方式也有所变化，使路由器可以简单浏览选项而不做任何处理，加快了报文处理速度。

（3）IPv6 简化了报文头部格式，报文头部字段只有 8 个，加快了报文转发，提高了吞吐量。

（4）提高安全性。身份认证和隐私权是 IPv6 的关键特性。

（5）支持更多的服务类型。

（6）允许协议继续演变，增加新的功能，使之适应未来技术的发展。

IPv6 的一个重要的普及应用是网络实名制下的互联网身份证（Virtual Identity Electronic Identification，VIeID）。目前基于 IPv4 的网络之所以难以实现网络实名制，一个重要原因就是因为 IP 地址资源的共用，因为 IP 资源不够，所以不同的人在不同的时间段共用一个 IP 地址，IP 地址和上网用户无法实现一一对应。

在 IPv4 下，现在根据 IP 查找用户也比较麻烦，这需要电信局保留一段时间内的用户上网日志才能实现。而通常因为网络数据量很大，运营商只能保留三个月左右的上网日志，比如查找两年前通过某个 IP 发帖子的用户就不能实现。

IPv6 的出现可以从技术上解决实名制这个问题，因为到那时 IP 地址空间资源将不再紧张，运营商有足够多的 IP 地址，运营商在受理入网申请的时候，可以直接给一个用户分配一个固定 IP 地址，这样就实现了实名制，也就是一个真实用户和一个 IP 地址的一一对应。

当一个上网用户的 IP 固定了之后，你任何时间做的任何事情都和一个唯一 IP 绑定，你在网络上做的任何事情在任何时间段内都有据可查。

1.1.7　域名

1. 域名的概念

域名（Domain Name），是由一串用点 "." 分隔的名字组成的，是 Internet 上某一台计算机或计算机组的名称，用于在数据传输时标识计算机的电子方位（有时也指地理位置）。DNS（Domain Name System，简称为域名）是 Internet 的一项核心服务，它作为可以将域名和 IP 地址相互映射的一个分布式数据库，能够使人更方便地访问 Internet，而不用去记忆能被机器直接读取的 IP 地址数串。

例如，www.wikipedia.org 作为一个域名，便和 IP 地址 208.80.152.2 相对应。DNS 就像是一个自动的电话号码簿，我们可以直接拨打 wikipedia 的名字来代替电话号码（IP 地址）。DNS 在我们直接呼叫网站的名字以后，就会把像 www.wikipedia.org 一样便于人类使用的名字转化成便于机器识别的 IP 地址 208.80.152.2。

DNS 规定，域名中的标号都由英文字母和数字组成，每一个标号不超过 63 个字符，也不区分大小写字母。标号中除连字符（-）外不能使用其他的标点符号。级别最低的域名写在最左边，而级别最高的域名写在最右边。由多个标号组成的完整域名总共不超过 255 个字符。

近年来，一些国家也纷纷开发使用采用本民族语言构成的域名，如德语、法语等。中国也开始使用中文域名，但可以预计的是，在今后相当长的时期内，以英语为基础的域名（即英文域名）仍然是国内主流。

2. 域名级别

域名可分为不同级别，包括顶级域名、二级域名等。

（1）顶级域名

顶级域名又分为两类：

① 国家顶级域名（National Top-Level Domain Names，nTLDs）。目前 200 多个国家都按照 ISO 3166 国家代码分配了顶级域名，例如中国是 cn、美国是 us、日本是 jp 等。

② 国际顶级域名（International Top-Level Domain Names，iTDs）。例如，表示工商企业的 com，表示网络提供商的 net，表示非盈利组织的 org 等。目前大多数域名争议都发生在 com 的顶级域名下，因为多数公司上网的目的都是为了赢利。为加强域名管理，解决域名资源的紧张，Internet 协会、Internet 分址机构及世界知识产权组织（WIPO）等国际组织经过广泛协商，在原来 3 个国际通用顶级域名（com）的基础上，新增加了 7 个国际通用

顶级域名：firm（公司企业）、store（销售公司或企业）、web（突出 WWW 活动的单位）、arts（突出文化、娱乐活动的单位）、rec（突出消遣、娱乐活动的单位）、info（提供信息服务的单位）、nom（个人）。并在世界范围内选择新的注册机构来受理域名注册申请。

（2）二级域名

二级域名是指顶级域名之下的域名。在国际顶级域名下，它是指域名注册人的网上名称，例如 ibm、yahoo、microsoft 等；在国家顶级域名下，它是表示注册企业类别的符号，例如 com、edu、gov、net 等。

中国在国际互联网络信息中心（Inter NIC）正式注册并运行的顶级域名是 cn，这也是中国的一级域名。在顶级域名之下，中国的二级域名又分为类别域名和行政区域名两类。类别域名共 6 个，包括用于科研机构的 ac；用于工商金融企业的 com；用于教育机构的 edu；用于政府部门的 gov；用于互联网络信息中心和运行中心的 net；用于非盈利组织的 org。而行政区域名有 34 个，分别对应于中国各省、自治区和直辖市。

（3）三级域名

三级域名用字母（A~Z，a~z）、数字（0~9）和连字符（-）组成，各级域名之间用实点（.）连接，三级域名的长度不能超过 20 个字符。如无特殊原因，建议采用申请人的英文名（或缩写）或者汉语拼音名（或缩写）作为三级域名，以保持域名的清晰性和简洁性。

3. 注册域名

域名的注册依管理机构之不同而有所差异。

一般来说，gTLD 通用顶级域名的管理机构，仅制定域名政策，而不涉入用户注册事宜，这些机构会将注册事宜授权给通过审核的顶级注册商，再由顶级注册商向下授权给其他二、三级代理商。

ccTLD 国名顶级域名的注册就比较复杂，除了遵循前述规范外，部分国家将域名转包给某些公司管理（如西萨摩亚 ws），亦有管理机构兼顶级注册机构的状况（如南非 za）。

各种域名注册所需资格不同，gTLD 除少数例外（如 travel）外，一般均不限资格；而 ccTLD 则往往有资格限制，甚至必需缴验实体证件。

一个域名的所有者可以通过查询 WHOIS 数据库而被找到；对于大多数根域名服务器，基本的 WHOIS 由 ICANN（互联网名称与数字地址分配机构）维护，而 WHOIS 的细节则由控制某个域的域注册机构维护。注册域名之前可以通过 WHOIS 查询提供商了解域名的注册情况。对于 240 多个国家代码顶级域名，通常由该域名权威注册机构负责维护 WHOIS。

一般来说，com 注册使用者为公司或企业，org 为社团法人，edu 为学校单位，gov 为政府机构。

4. 域名命名

由于 Internet 上的各级域名分别由不同机构管理，因此，各个机构管理域名的方式和域名命名的规则也有所不同。但域名的命名也有一些共同的规则，主要有以下几点。

（1）域名中只能包含以下字符：

☑　26 个英文字母。

☑ "0，1，2，3，4，5，6，7，8，9"十个数字。

☑ "-"（连词符）。

（2）域名中字符的组合规则：

☑ 在域名中，不区分英文字母的大小写。

☑ 对于一个域名的长度是有一定限制的。

（3）cn 下域名命名的规则：

☑ 遵照域名命名的全部共同规则。

☑ 早期，cn 域名只能注册三级域名，从 2002 年 12 月开始，CNNIC（中国互联网信息中心）开放了国内.cn 域名下的二级域名注册，可以在.cn 下直接注册域名。

不得使用，或限制使用以下名称（以下列出了注册此类域名时需要提供的一些材料）：

☑ 注册含有 "CHINA"、"CHINESE"、"CN"、"NATIONAL" 等域名时需经国家有关部门（指部级以上单位）正式批准（这条规则现在基本废除了）。

☑ 不得使用公众知晓的其他国家或者地区名称、外国地名、国际组织名称。

☑ 注册县级以上（含县级）行政区域名称的全称或者缩写时，需经相关县级以上（含县级）人民政府正式批准。

☑ 不得使用行业名称或者商品的通用名称。

☑ 不得使用他人已在中国注册过的企业名称或者商标名称。

☑ 不得使用对国家、社会或者公共利益有损害的名称。

经国家有关部门（指部级以上单位）正式批准和相关县级以上（含县级）人民政府正式批准，是指相关机构要出具书面文件表示同意 XXXX 单位注册 XXX 域名。如：要申请 beijing.com.cn 域名，则要提供北京市人民政府的批文。

1.2 项目实施

1.2.1 本机 IP 的查询

（1）按 Windows（徽标键）+R 组合键，弹出【运行】对话框-，如图 1-1 所示。

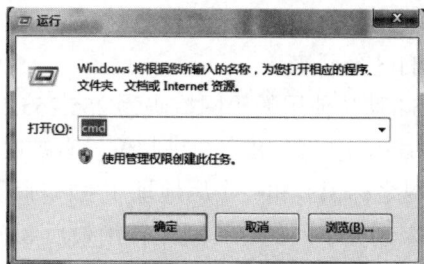

图 1-1 【运行】对话框

（2）在窗口中输入 cmd，单击【确定】按钮，打开命令窗口，如图 1-2 所示。

图1-2 命令窗口

（3）在命令窗口中输入 ipconfig /all，然后按 Enter 键即可查看本机 IP，如图1-3 所示。

图1-3 查看本机 IP 地址

1.2.2 子网划分以及 IP 地址的相关计算

1. 子网划分

假如给你一个 C 类的 IP 地址段：192.168.0.1~192.168.0.254，其中 192.168.0 属于网络标识，而 1~254 表示这个网段中最多能容纳 254 台电脑主机。我们现在要做的就是把这 254 台主机再次划分一下，将它们区分开来。

192.168.0.1~192.168.0.254 默认使用的子网掩码为 255.255.255.0，其中的 0 为十进制，如果用 2 进制中表示则为 8 个 0，因此有 8 个二进制位没有被网络标识占用，2^8 表示有 256 个地址，去掉一个头地址（网络标识）和一个尾地址（主机标识），则有 254 个电脑主机地址。因此我们想要对这 254 来划分子网的话，就是占用最后 8 个 0 中的某几位。

假如占用第一个 0，那么二进制表示的子网掩码为：

11111111.11111111.11111111.10000000

转换为十进制就为：

255.255.255.128

那么这时电脑主机数量应该为多少？其实很简单，就是 2^7（不再是原来的 2^8），$2^7=128$，因此假如子网掩码为 255.255.255.128 的话，这个 C 类地址可以被分为 2 个子网，每个子网中最多有 128 台主机。其中，192.168.0.1~192.168.0.127 为第一个子网，192.168.0.129~192.168.0.255 为第二个子网。

再举个例子，假如还是 C 类地址，其 IP 范围为 192.168.0.1~192.168.0.254，假如子网掩码 255.255.255.192（也就是最后 8 位主机位，被占用了 2 位，用 2 进制表示为 11111111.11111111.11111111.11000000），那么这个网段的电脑主机数量就是 $2^6=64$ 台，总共有 $2^2=4$ 个网段。第一个网段为 192.168.0.1~192.168.0.63，第二个网段为 192.168.0.64~ 192.168.0.127，第三个网段为 192.168.0.127~192.168.0.191，第四个网段为 192.168.0.192~ 192.168.0.254。

从以上 2 个例子中，我们可以总结出一个规律，就是主机地址被占用了 N 位数，那么就有 2^N 个网络，也就有 2^{8-N} 次方的主机数目了。

最后讲述一下 B 类地址的子网划分方法。

假如有一个 B 类地址网段，172.16.0.0~172.168.255.255 子网掩码为 255.255.0.0，现在需要将这个网段进行子网划分。不划分子网，那么就只有一个网络，这个网络里面包含 2^{16}，也就有 6 万多台主机。因此，假如需要子网划分，网络地址就需要向主机地址借位。

例 1：

第一步先把 172.16.0.0 和 255.255.0.0 转换为二进制：

10101100.00010000.00000000.00000000

11111111.11111111.00000000.00000000

假如网络地址向主机地址借了 2 位的话，那么子网掩码就是：

11111111.11111111.11000000.00000000

转换为十进制为：255.255.192.0。

因为借了 2 位，所以就有 2^2，就划分了 4 个网络，每个网络就有 2^{14} 个主机地址，其 IP 地址范围分别为：

172.16.0.1~172.16.63.254

172.16.64.1~172.16.127.254

172.16.128.1~172.16.191.254

172.16.192.1~172.16.254.254

例 2：

假如 B 类地址 172.16.0.0~172.16.255.255 需要划分成更小的子网时，网络地址向主机地址总共借用 10 位数。

十进制：

172.16.0.0　　　255.255.0.0

二进制：

10101100.00010000.00000000.00000000

11111111.11111111.00000000.00000000

借用 10 位数后。用二进制表示的子网掩码就为：

11111111.11111111.11111111.11000000

用十进制表示的话就为：

255.255.255.192

那么总共有 2^{10} 个网络数目，每个网络中有 2^6 个地址，用十进制来表示这些地址范围应该如下。

前面 6 个：

172.16.0.1~172.16.0.63

172.16.0.64~172.16.0.127

172.16.0.128~172.16.0.191

172.16.0.192~172.16.0.254

172.16.1.1~172.16.1.63

172.16.1.64~172.16.1.127

最后 6 个：

172.16.254.128~172.16.254.191

172.16.254.192~172.16.254.255

172.16.255.1~172.16.255.63

172.16.255.64~172.16.255.127

172.16.255.128~172.16.255.191

172.16.255.192~172.16.255.255

从以上两个例子中可以看出，划分 B 类子网的方法和划分 C 类子网的方法基本是一样的。不同的是，划分 C 类子网的时候，是将第 4 段地址划分；划分 B 类的时候，可以划分第 3 段，也可以划分第 4 段。

2. IP 地址的相关计算

已知 IP 地址 172.31.128.255/18，试计算：

（1）子网数目

（2）网络标识

（3）主机标识

（4）广播地址

（5）可分配 IP 的起止范围

解：

（1）计算子网数目

首先将/18 换成为我们习惯的表示法，即：把二进制表示的 IP 地址的全 18 位写成 1，其余写成 0，即得 11111111.11111111.11000000.000000，转换为十进制就是 255.255.192.0，可以看到这个掩码的左边两段和 B 类默认掩码是一致的，所以这个掩码是在 B 类默认掩码的范围内，意味着我们将对 B 类网络进行子网划分。B 类掩码默认是用 16 个二进制位（全为 0）来表示可分配的 IP 地址，掩码 255.255.192.0 在 B 类默认掩码的基础上多出了两个表

示网络地址的 1，这就是说是将 B 类大网划分为$(11)_2$个子网，将$(11)_2$转换为十进制就是 3，所以本题中是将 B 类网络划分为 3 个子网。

（2）计算网络号

将 IP 地址的二进制和子网掩码的二进制进行"与"（and）运算，得到的结果就是网络标识。

IP 地址 172.31.128.255 转换为二进制是 10101100.00011111.10000000.11111111。

子网掩码 255.255.192.0 转换为二进制是 11111111.11111111.11000000.00000000

所以：

    10101100.00011111.10000000.11111111

与：11111111.11111111.11000000.00000000

结果：10101100.00011111.10000000.00000000

将结果 10101100.00011111.10000000.00000000 转换为十进制就是 172.31.128.0，所以网络标识 172.31.128.0。

（3）计算主机标识

用 IP 地址的二进制和子网掩码的二进制的反码进行"与"运算，得到的结果就是主机标识。反码就是将原本是 0 的变为 1，原本是 1 的变为 0。由于掩码是 11111111.11111111.11000000.00000000，所以其反码表示为 00000000.00000000.00111111.11111111，再将 IP 地址的二进制和掩码的反码表示法进行"与"运算：

    10101100.00011111.10000000.11111111

与：00000000.00000000.00111111.11111111

结果：00000000.00000000.00000000.11111111

将 00000000.00000000.00000000.11111111 转换为十进制是 0.0.0.255，我们将左边的 0 去掉，只保留右边的数字，即得到该 IP 的主机标识是 255。网络标识 172.31.128.0 与主机标识 255 相"与"即得该 IP 地址 172.31.128.255。

（4）计算广播地址

在得到网络标识的基础上，将 IP 地址中网络标识右边的表示主机的二进制位全部置 1，再将得到的二进制数转换为十进制数就可以得到广播地址。本例中，子网掩码是 11111111.11111111.11000000.00000000，网络标识占了 18 位，所以表示 IP 地址的主机标识的二进制位是 14 位，我们将网络标识 172.31.128.0，转换为二进制是 10101100.00011111.10000000.00000000，然后将右 14 位二进制位全置 1，即：10101100.00011111.10111111.11111111，这就是该子网广播地址的二进制表示法。将这个二进制广播地址转换为十进制就是 172.31.191.255

（5）计算可用 IP 地址范围

因为网络标识是 172.31.128.0，广播地址是 172.31.191.255，所以子网中可用的 IP 地址范围就是网络标识+1~广播地址-1，所以子网中的可用 IP 地址范围就是 172.31.128.1~172.31.191.254。

项目 2
服务器操作系统的安装

知识点、技能点

➤ 网络操作系统概述
➤ 常见的网络操作系统
➤ Windows Server 2008 系统的安装

学习要求

➤ 掌握和了解操作系统的安装
➤ 了解常见的网络操作系统和网络操作系统概念

教学基础要求

➤ 掌握和了解 Windows Server 2008 系统的安装

2.1　项　目　分　析

2.1.1　网络操作系统概述

网络操作系统（Net work Operating System，NOS）是网络的心脏和灵魂，是向网络计算机提供服务的特殊的操作系统。它在计算机操作系统下工作，使计算机操作系统增加了网络操作所需要的能力。网络操作系统运行在被称为服务器的计算机上，并由联网的计算机用户共享，这类用户称为客户。

NOS 与运行在工作站上的单用户操作系统或多用户操作系统（如 Windows XP、Windows 7 等）由于提供的服务类型不同而有差别。一般情况下，NOS 是以使网络相关特性达到最佳为目的的，如共享数据文件、软件应用，以及共享硬盘、打印机、调制解调器、扫描仪和传真机等。一般计算机的操作系统，如 DOS 和 OS/2 等，其目的是让用户与系统及在此操作系统上运行的各种应用之间的交互作用最佳。

为防止一个文件被多个用户同时进行访问，一般网络操作系统都具有文件加锁功能。如果系统没有这种功能，用户将不会正常工作。文件加锁功能可跟踪使用中的每个文件，并确保一次只有一个用户对其进行访问。文件也可由用户的口令加锁，以维持专用文件的专用性。

NOS 还负责管理 LAN 用户和 LAN 打印机之间的连接。NOS 总是跟踪每一个可供使用的打印机，以及每个用户的打印请求，并对如何满足这些请求进行管理，使每个终端用户感到进行操作的打印机犹如与其计算机直接相连。

2.1.2　常见的网络操作系统

1. Windows

对于 Windows 操作系统，相信用过计算机的人都不会陌生，这是全球最大的软件开发商——Microsoft（微软）公司开发的。微软公司的 Windows 操作系统不仅在个人操作系统中占有绝对优势，它在网络操作系统中也是具有非常强劲的力量。这类操作系统配置在整个局域网配置中是最常见的，但由于它对服务器的硬件要求较高，且稳定性能不是很高，所以微软的网络操作系统一般只是用在中低档服务器中。高端服务器通常采用 UNIX、LINUX 或 Solaris 等非 Windows 操作系统。在局域网中，微软的网络操作系统主要有：Windows NT 4.0 Serve、Windows Server 2003/Advance Server、Windows Server 2008 /Advance Server，以及最新的 Windows Server 2008/Advance Server 等，工作站系统可以采用任一 Windows 或非 Windows 操作系统，包括个人操作系统，如 Windows XP/Windows 7 等。

在整个 Windows 网络操作系统中最为成功的属于 Windows NT 4.0 这一套系统，它几乎成为中、小型企业局域网的标准操作系统。一方面它继承了 Windows 家族统一的界面，使用户学习、使用起来更加容易；另一方面它的功能也的确比较强大，基本上能满足所有

中、小型企业的各项网络需求。虽然 Windows NT 4.0 相比 Windows Server 2003/2008 系统来说在功能上要逊色许多，但它对服务器的硬件配置要求要低许多，可以更大程度上满足许多中、小企业的 PC 服务器配置需求。

2. NetWare

NetWare 操作系统虽然远不如早几年那么风光，在局域网中早已失去了当年雄霸一方的气势，但是 NetWare 操作系统仍以对网络硬件的要求较低（工作站只要是 286 机就可以了）而受到一些设备比较落后的中、小型企业，特别是学校的青睐。NetWare 在无盘工作站组文件方面具有其他操作系统不可比拟的优势，且因为它兼容 DOS 命令，其应用环境与 DOS 相似，经过长时间的发展，具有相当丰富的应用软件支持，技术完善、可靠。目前常用的版本有 3.11、3.12、4.10、V4.11、V5.0 等中英文版本。NetWare 服务器对无盘站和游戏的支持较好，常用于教学网和游戏厅。目前这种操作系统的市场占有率呈下降趋势。

3. UNIX

UNIX 网络操作系统稳定性和安全性非常好，但由于它多数是以命令方式来进行操作的，不容易掌握，特别是对于初级用户来说。正因如此，小型局域网基本不使用 UNIX 作为网络操作系统，UNIX 一般用于大型的网站或的企、事业局域网中。UNIX 网络操作系统历史悠久，其良好的网络管理功能已为广大网络用户所接受，拥有丰富的应用软件的支持。目前 UNIX 网络操作系统的版本有：AT&T 和 SCO 的 UNIXSVR3.2、SVR4.0 和 SVR4.2 等。UNIX 本是针对小型机主机环境开发的操作系统，是一种集中式分时多用户体系结构。因其体系结构不够合理，UNIX 的市场占有率呈下降趋势。

4. Linux

Linux 是一种新型的网络操作系统，它的最大的特点就是源代码开放，可以免费得到许多应用程序。目前也有中文版本的 Linux，如 Red Hat（红帽）、红旗 Linux 等。Linux 在国内得到了用户充分的肯定，主要体现在它的安全性和稳定性方面，它与 UNIX 有许多相似之处。目前这类操作系统仍主要应用于中、高档服务器中。

总之，对特定计算环境的支持使得每一个操作系统都有适合自己的工作场合，例如，Windows XP Professional 适用于桌面计算机，Linux 目前较适用于小型的网络，而 Windows Server 2008 和 UNIX 则适用于大型服务器应用程序。因此，对于不同的网络应用，我们可以选择合适的网络操作系统。

2.1.3　Windows Server 2008 安装前的准备工作

当用户安装 Windows Server 2008 时，安装程序将要求用户提供安装和配置操作系统的信息，以便能够预先知道用户的需求，充分的准备有助于用户避免在安装时或安装后发生许多的问题。

安装前检查主机的配置是否符合 Windows Server 2008 的硬件配置，表 2-1 是微软官方给出了主机的推荐配置，以供参考。

表 2-1　Windows Server 2008 的硬件推荐配置

中央处理器 （CPU）	最小：1GHz，建议：2GHz，最佳：3GHz 或者更快速的 CPU。注意：一个 Intel Itanium 2 处理器支持 Windows Server 2008 for Itanium-based Systems
内　　存	最小：512MB RAM，建议：1GB RAM，最佳：2GB RAM（完整安装）或者 1GB RAM（Server Core 安装）或者其他；最大（32 位系统）：4GB（标准版）或者 64GB（企业版 以及 数据中心版）；最大（64 位系统）：32GB（标准版）或者 2TB（企业版，数据中心版，以及 Itanium-based 系统）
允许的硬盘空间	最小：8GB，建议：40GB（完整安装）或者 10GB（Server Core 安装），最佳：80GB（完整安装）或者 40GB（Server Core 安装）或者其他
光盘驱动器	DVD-ROM
显　　示	Super VGA（800×600）或者更高级的显示器·键盘·Microsoft Mouse 或者其他可以支援的装置

2.2　项目实施

2.2.1　安装全新 Windows Server 2008

开始安装前首先重启计算机，在启动过程中按 F9 键（注：这个按键根据计算机的品牌不同而不同，请适当调整），进入 BIOS 设置，做如下设置：

（1）按 F9 进 BIOS，然后选 Standard Boot Order（IPL）。

（2）进 Boot Controller Order，将 Smart ArrayXXX Controller 调至第一位然后使用操作系统光盘引导，开始系统安装在 BIOS 中设置为光盘启动，待自检出现如图 2-1 所示的画面，按任意键从光盘启动。

图 2-1　从光盘启动

（3）进入系统安装画面，直接按 Enter 键，如图 2-2 所示。

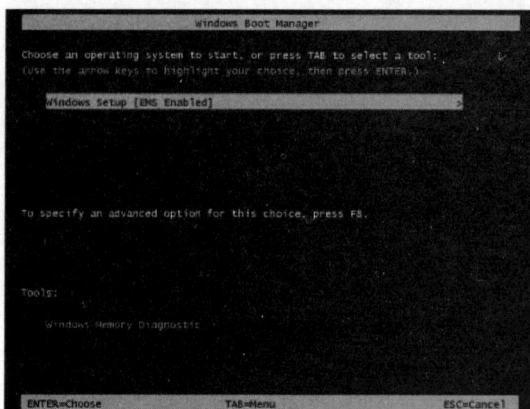

图 2-2　系统安装

（4）开始进行系统安装，出现提示：Windows is loading files（Windows 正在调出文件），如图 2-3 所示。

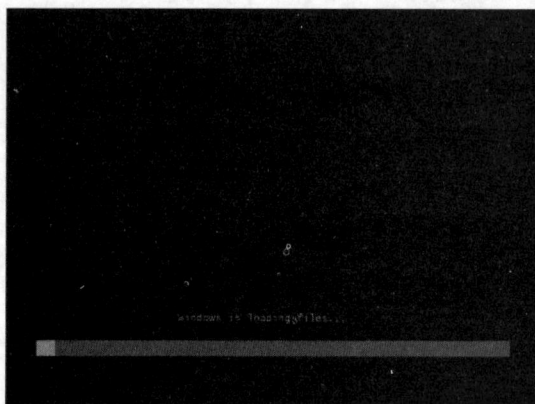

图 2-3　Windows 正在调出文件

（5）文件调出完毕，进入系统安装，如图 2-4 所示。

图 2-4　系统安装

（6）语言、时间和键盘输入方法设定，如图 2-5 所示。

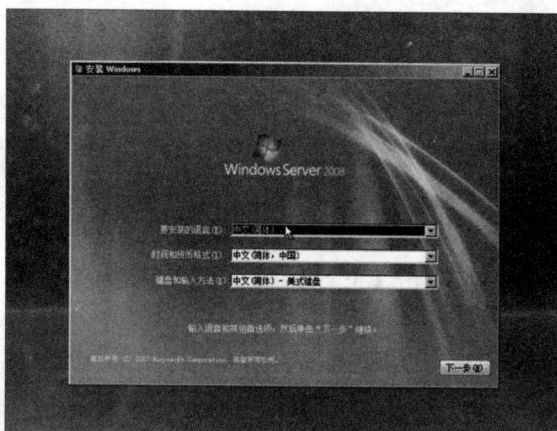

图 2-5　语言、时间和键盘输入方法设定

（7）单击【现在安装】按钮，如图 2-6 所示。

图 2-6　开始安装界面

（8）选择所要安装的版本，分为完全版和服务器核心版，如图 2-7 所示。

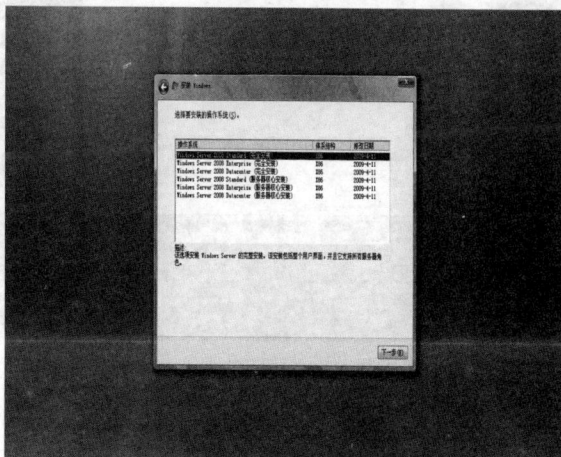

图 2-7　安装版本选择

完全版是一个完整的 Windows 系统，包括对图形界面以及各种服务的全面支持；服务器核心版类似于 Linux 系统的终端，它只打开一个 CMD 的命令提示符，一般是为某一特定服务使用的，只能安装部分服务。

（9）选择接受许可条款，单击【下一步】按钮，如图 2-8 所示。

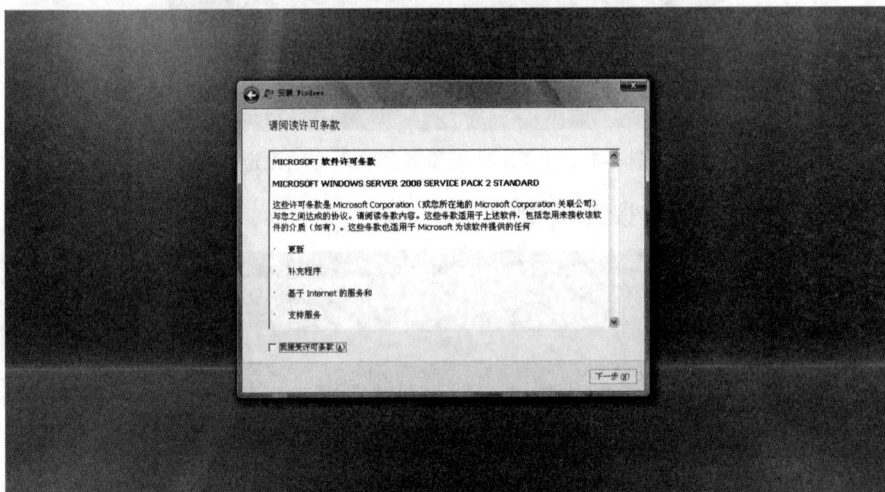

图 2-8　接受许可条款

（10）选择【自定义（高级）】，进行全新安装，如图 2-9 所示。

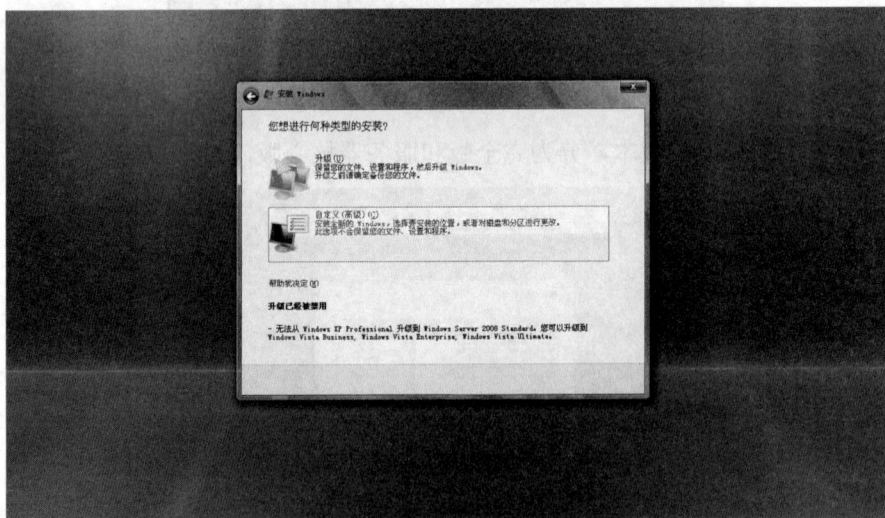

图 2-9　选择安装方式

（11）选择安装位置，单击【下一步】按钮，如图 2-10 所示。
（12）开始安装，如图 2-11 所示。

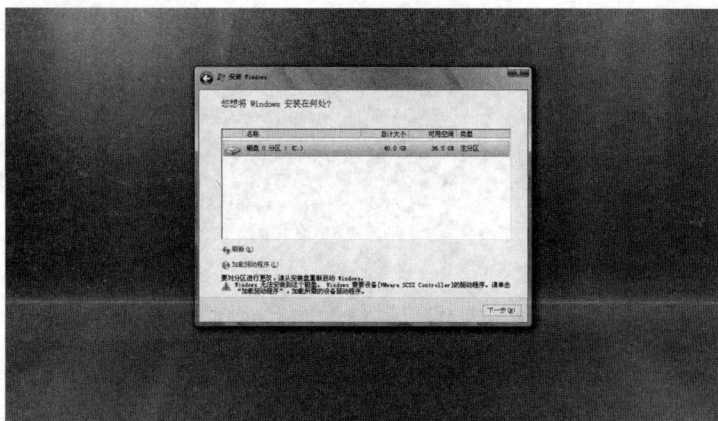

图 2-10 选择安装位置

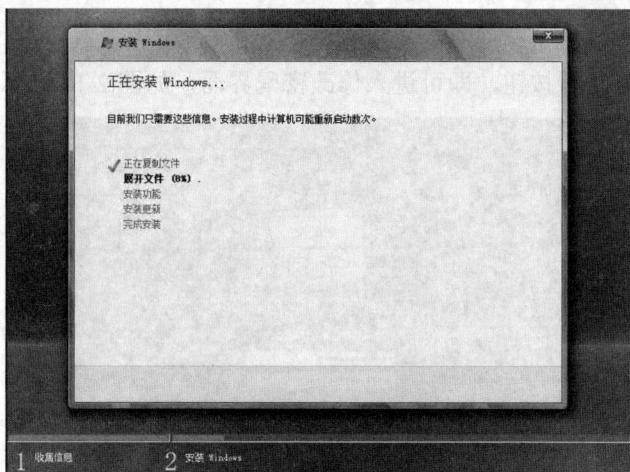

图 2-11 正在安装

（13）安装过程中，自动启动计算机，完成安装，如图 2-12 所示。

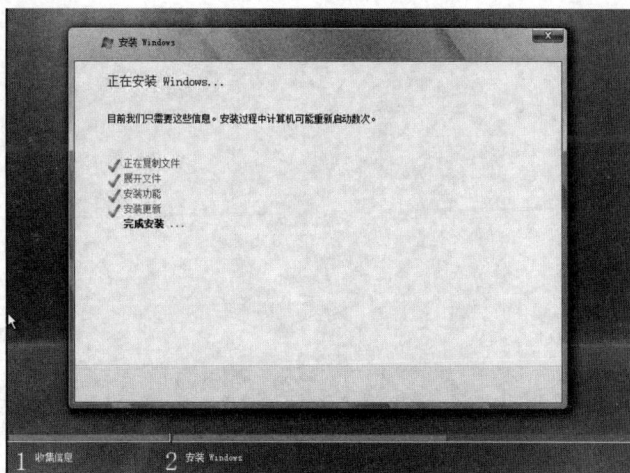

图 2-12 安装完成

（14）第一登录提示要修改密码，如图 2-13 所示。

图 2-13　提示修改密码

（15）单击【确定】按钮，即可进入修改密码界面，如图 2-14 所示。

图 2-14　修改密码界面

（16）单击【确定】按钮，即可完成安装，如图 2-15 所示。

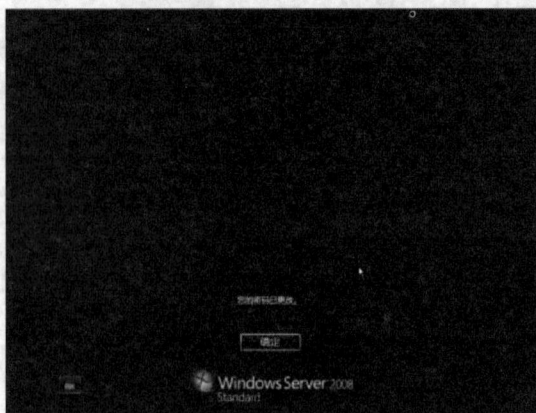

图 2-15　最终安装完成

项目 3
局域网及其技术

知识点、技能点

➢ 局域网的基本概念
➢ 局域网的体系结构
➢ 常见的局域网拓扑结构
➢ 双绞线的制作
➢ 对等网络的基础知识

学习要求

➢ 掌握和了解局域网的基本概念和体系结构
➢ 掌握和了解双绞线的制作
➢ 了解对等网络的基础知识
➢ 了解常见的局域网拓扑结构

教学基础要求

➢ 掌握和了解局域网的基本概念和体系结构
➢ 掌握和了解双绞线的制作

3.1 项 目 分 析

3.1.1 局域网的基本概念

局域网（Local Area Network，LAN）是计算机网络的重要组成部分，是当今计算机网络技术应用与发展非常活跃的一个领域。公司、企业、政府部门及住宅小区内的计算机都通过 LAN 连接起来，以达到资源共享、信息传递和数据通信的目的。而信息化进程的加快，更是刺激了通过 LAN 进行网络互联需求的剧增。因此，理解和掌握局域网技术就显得很重要。

局域网的发展始于 20 世纪 70 年代，到了 20 世纪 90 年代，LAN 在速度、带宽等指标方面有了更大进展，并且在 LAN 的访问、服务、管理、安全和保密等方面都有了进一步的改善。例如，Ethernet 技术从传输速率为 10Mbps 的以太网发展到 100Mbps 的高速以太网，并继续提高至千兆位（1000Mbps）以太网、万兆位以太网。

1. 局域网的特点

局域网技术是当前计算机网络研究与应用的一个热点问题，也是目前技术发展最快的领域之一。局域网最主要的特点是：网络为一个单位所拥有，且地理范围和站点数目均有限。局域网具有如下特点：

① 网络所覆盖的地理范围比较小。通常不超过几十千米，甚至只在一个园区、一幢建筑或一个房间内。

② 数据的传输速率比较高，从最初的 1Mbps 到后来的 10Mbps、100Mbps，近年来已达到 1000Mbps、10000Mbps。

③ 具有较低的延迟和误码率，其误码率一般为 $10E-8\sim10E-11$。

④ 局域网络的经营权和管理权属于某个单位所有，与广域网通常由服务提供商提供形成鲜明对照。

⑤ 便于安装、维护和扩充，建网成本低、周期短。

2. 局域网的优点

尽管局域网地理覆盖范围小，但这并不意味着它们必定是小型的或简单的网络。局域网可以扩展得相当大或者非常复杂，配有成千上万用户的局域网也是很常见的事。局域网具有如下优点：

① 能方便地共享昂贵的外部设备、主机以及软件、数据，从一个站点即可访问全网。

② 便于系统的扩展和演变，各设备的位置可灵活调整和改变。

③ 提高了系统的可靠性、可用性。

局域网的应用范围极广，可应用于办公自动化、生产自动化、企事业单位的管理、银行业务处理、军事指挥控制、商业管理等方面。局域网的主要功能是为了实现资源共享，其次是为了更好地实现数据通信与交换以及数据的分布处理。

3.1.2   IEEE 802 标准

局域网出现之后，发展迅速，类型繁多，为了促进产品的标准化以增加产品的互操作性，1980 年 2 月，美国电气和电子工程师学会（IEEE）成立了局域网标准化委员会（简称IEEE 802 委员会），研究并制定了关于 IEEE 802 局域网标准。

1985 年 IEEE 公布了 IEEE 802 标准的五项标准文本，同年被美国国家标准局（ANSI）采纳作为美国国家标准。后来，国际标准化组织（ISO）经过讨论，建议将 802 标准定为局域网国际标准。

IEEE 802 为局域网制定了一系列标准，主要有如下几种：

① IEEE 802.1：描述局域网体系结构以及寻址、网络管理和网络互联（1997）。

IEEE 802.1G：远程 MAC 桥接（1998）。规定本地 MAC 网桥操作远程网桥的方法。

IEEE 802.1H：在局域网中以太网 2.0 版 MAC 桥接（1997）。

IEEE 802.1Q：虚拟局域网（1998）。

② IEEE 802.2：定义了逻辑链路控制（LLC）子层的功能与服务（1998）。

③ IEEE 802.3：描述带冲突检测的载波监听多路访问（CSMA/CD）的访问方法和物理层规范（1998）。

IEEE 802.3ab：描述 1000Base-T 访问控制方法和物理层技术规范（1999）。

IEEE 802.3ac：描述 VLAN 的帧扩展（1998）。

IEEE 802.3ad：描述多重链接分段的聚合协议（Aggregation of Multiple Link Segments）（2000）。

IEEE 802.3i：描述 10Base-T 访问控制方法和物理层技术规范。

IEEE 802.3u：描述 100Base-T 访问控制方法和物理层技术规范。

IEEE 802.3z：描述 1000Base-X 访问控制方法和物理层技术规范。

IEEE 802.3ae：描述 10GBase-X 访问控制方法和物理层技术规范。

④ IEEE 802.4：描述 Token-Bus 访问控制方法和物理层技术规范。

⑤ IEEE 802.5：描述 Token-Ring 访问控制方法和物理层技术规范（1997）。

IEEE 802.5t：描述 100 Mbps 高速标记环访问方法（2000）。

⑥ IEEE 802.6：描述城域网（MAN）访问控制方法和物理层技术规范（1994）。1995年又附加了 MAN 的分布式队列双总线（DQDB）子网上面向连接的服务协议。

⑦ IEEE 802.7：描述宽带网访问控制方法和物理层技术规范。

⑧ IEEE 802.8：描述 FDDI 访问控制方法和物理层技术规范。

⑨ IEEE 802.9：描述综合语音、数据局域网技术（1996）。

⑩ IEEE 802.10：描述局域网网络安全标准（1998）。

IEEE 802.11：描述无线局域网访问控制方法和物理层技术规范（1999）。

IEEE 802.12：描述 100VG-AnyLAN 访问控制方法和物理层技术规范。

IEEE 802.14：描述利用 CATV 宽带通信的标准（1998）。

IEEE 802.15：描述无线私人网（Wireless Personal Area Network，WPAN）。

IEEE 802.16：描述宽带无线访问标准（Broadband Wireless Access Standards）。

IEEE 802 标准内部关系如图 3-1 所示。

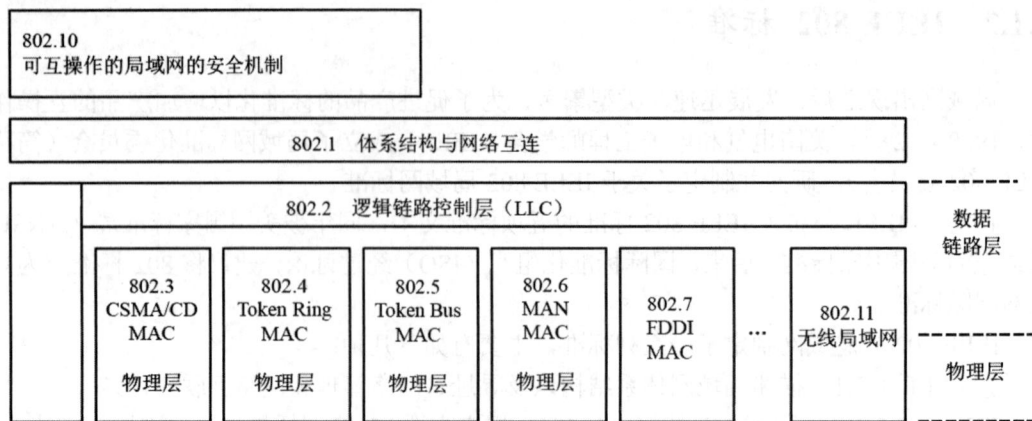

图 3-1   IEEE 802 标准内部关系

从图 3-1 可以看出，IEEE 802 标准实际上是一个由一系列协议组成的标准体系。随着局域网技术的发展，该体系在不断地增加新的标准和协议，如关于 802.3 家族就随着以太网技术的发展出现了许多新成员。

3.1.3   局域网的体系结构

局域网的体系结构与 OSI（开放系统互联）参考模型有相当大的区别，如图 3-2 所示，局域网只涉及 OSI 的物理层和数据链路层。为什么没有网络层及网络层以上的各层呢？首先局域网是一种通信网，只涉及到有关的通信功能，所以只与 OSI 参考模型中的下 3 层有关；其次，由于局域网基本上采用共享信道的技术，所以也可以不设立单独的网络层。也就是说，不同局域网技术的区别主要在物理层和数据链路层，当这些不同的局域网需要在网络层实现互联时，可以借助其他已有的通用网络层协议（如 IP 协议）实现。

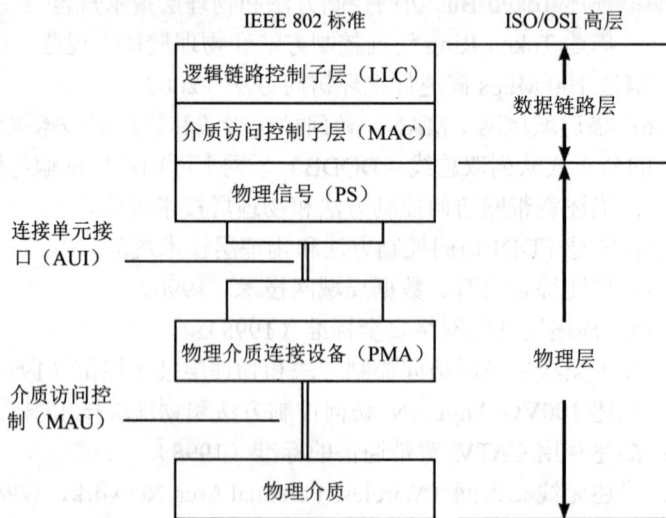

图 3-2   两种体系对比

1. 物理层

局域网的物理层和 OSI 参考模型的物理层功能相似，主要涉及局域网物理链路上原始比特流的传输，定义局域网物理层的机械、电气、规程和功能特性。如信号的传输与接收、同步序列的产生和删除等，物理连接的建立、维护、撤销等。

物理层还规定了局域网所使用的信号、编码、传输介质、拓扑结构和传输速率。例如，信号编码可以采用曼彻斯特编码，传输介质可采用双绞线、同轴电缆、光缆甚至是无线传输介质。拓扑结构则支持总线形、星形、环形和混合形等，这些拓扑结构可提供多种不同的数据传输率。物理层由以下 4 个部分组成。

① 物理介质（PMD）：提供与线缆的物理连接。

② 物理介质连接设备（PMA）：生成发送到线路上的信号，并接收线路上的信号。

③ 连接单元接口（AUI）：是用来与粗同轴电缆连接的接口，它是一种"D"型/5 针接口，这在令牌环网或总线型网络中是比较常见的端口之一。

④ 物理信号（PS）：线缆设备上传输的信号。

2. 数据链路层

局域网的数据链路层分为逻辑链路控制（Logical Link Control，LLC）和介质访问控制（Medium Access Control，MAC）两个功能子层。

其中，MAC 子层负责介质访问控制机制的实现，即处理局域网中各站点对共享通信介质的争用问题，不同类型的局域网通常使用不同的介质访问控制协议，另外 MAC 子层还涉及局域网中的物理寻址；而 LLC 子层负责屏蔽掉 MAC 子层的不同实现，将其变成统一的 LLC 界面，从而向网络层提供一致的服务，LLC 子层向网络层提供的服务通过与网络层之间的逻辑接口实现，这些逻辑接口又被称为服务访问点（Service Access Point，SAP）。这样的局域网体系结构不仅使得 IEEE 802 标准更具有可扩充性，有利于其将来接纳新的介质访问控制方法和新的局域网技术，同时也不会因为局域网技术的发展或变革影响到网络层。

尽管将局域网的数据链路层分成了 LLC 和 MAC 两个子层，但这两个子层是都要参与数据的封装和拆封过程的，而不是只由其中某一个子层来完成数据链路层帧的封装及拆封。在发送方，网络层下来的数据分组首先要加上目的服务访问点（Destination Service Access Point，DSAP）和源服务访问点（Source Service Access Point，SSAP）等控制信息，这些信息在 LLC 子层被封装成 LLC 帧，然后由 LLC 子层将其交给 MAC 子层，加上 MAC 子层相关的控制信息后被封装成 MAC 帧，最后由 MAC 子层交局域网的物理层完成物理传输；在接收方，则首先将物理的原始比特流还原成 MAC 帧，在 MAC 子层完成帧检测和拆封，并将拆封后的 LLC 帧交给 LLC 子层，LLC 子层完成相应的帧检验和拆封工作，将其还原成网络层的分组交给网络层。

总之，局域网的 LLC 子层和 MAC 子层共同完成类似于 OSI 参考模型中的数据链路层功能，只是考虑到局域网的共享介质环境，在数据链路层的实现上增加了介质访问控制机制。

3.1.4 局域网中的通信介质及设备

1. 通信电缆

（1）双绞线

双绞线（又称双扭线）是最普通的传输介质，它由两根绝缘的金属导线扭在一起而成，通常还把若干对双绞线（2对或4对），捆成一条电缆并以坚韧的护套包裹着，每对双绞线合并作一根通信线使用，以减小各对导线之间的电磁干扰。

双绞线分为有屏蔽双绞线（STP）和无屏蔽双绞线（UTP）。有屏蔽双绞线外面环绕一圈金属屏蔽保护膜，可以减少信号传送时所产生的电磁干扰，但是，相对来讲价格较贵。有屏蔽双绞线结构如图3-3所示。

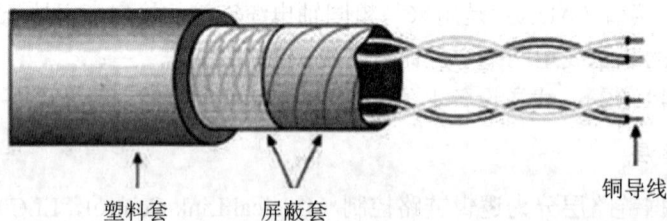

塑料套　　屏蔽套　　　　　　　　　　　　　铜导线

图3-3　有屏蔽双绞线

无屏蔽双绞线没有金属保护膜，对电磁干扰的敏感性较大，电气特性较差。它的最大优点是价格便宜，所以广泛应用于传输模拟信号的电话系统中。无屏蔽双绞线结构如图3-4所示。

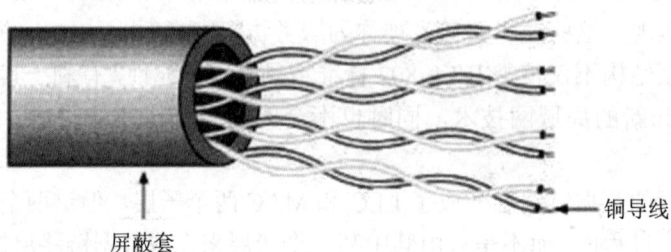

铜导线

屏蔽套

图3-4　无屏蔽双绞线

但是，此类双绞线的最大缺点是，绝缘性能不好，分布电容参数较大，信号衰减比较厉害，所以，一般来说，传输速率不高，传输距离也很有限。

（2）同轴电缆

同轴电缆（CoaxiaI Cable）是网络中最常用的传输介质，共有四层，最内层是中心导体，从里往外，依次分为绝缘层、导体网和保护套。按带宽和用途来划分，同轴电缆可以分为基带（Baseband）同轴电缆和宽带（Broadband）同轴电缆。

基带同轴电缆传输的是数字信号，在传输过程中，信号将占用整个信道，数字信号包括由0到该基带同轴电缆所能传输的最高频率，因此，在同一时间内，基带同轴电缆仅能传送一种信号。

　　宽带同轴电缆传送的是不同频率的信号，这些信号需要通过调制技术调制到各自不同的正弦载波频率上。传送时应用频分多路复用技术分成多个频道传送，这样就可以使数据、声音和图像等信号在同一时间内可以在不同的频道中被传送。宽带同轴电缆的性能比基带同轴电缆好，但需要附加信号处理设备，安装比较困难，适用于长途电话网、电缆电视系统及宽带计算机网络。

　　（3）光导纤维电缆

　　光导纤维电缆简称光纤电缆或光缆。随着对数据传输速度的要求不断提高，光缆的使用日益普遍。对于计算机网络来说，光缆具有不可比拟的优势。

　　光缆由纤芯、包层和护套层组成。其中纤芯由玻璃或塑料制成，包层由玻璃制成，护套由塑料制成。

　　光纤通信具有许多优点，首先是传输速率高，目前实际可达到的传输速率为几十至几千 Mb/s；其次是抗电磁干扰能力强、重量轻、体积小、韧性好，安全保密性高等。目前，光纤多用于计算机网络的主干线。光纤的最大缺点是与其他传输介质相比，价格昂贵；另外，光纤衔接和光纤分支均较困难，而且在分支时，信号能量损失很大。

　　光纤分布式数据接口（Fiber Distributed Data Interface，FDDI），是由美国 ANSIX3T9.5 委员会于 1982 年制定的网络标准，它是目前唯一具有统一标准的高速局域网技术，数据传输速率可达到 100Mbps。目前，FDDI 已是一种成熟的网络技术，世界上很多厂商都提供 FDDI 网络产品。

　　2.　通信设备

　　1）集线器

　　集线器的英文名称为 Hub。Hub 是"中心"的意思，集线器的主要功能是对接收到的信号进行再生整形放大，以扩大网络的传输距离，同时把所有节点集中在以它为中心的节点上。它工作于 OSI 参考模型第一层，即物理层。集线器与网卡、网线等传输介质一样，属于局域网中的基础设备，采用 CSMA/CD（载波监听多路访问/冲突检测）访问方式。

　　集线器属于纯硬件网络底层设备，基本上不具有类似于交换机的"智能记忆"能力和"学习"能力。它也不具备交换机所具有的 MAC 地址表。所以它发送数据时都是没有针对性的，而是采用广播方式发送。也就是说当它要向某节点发送数据时，不是直接把数据发送到目的节点，而是把数据包发送到与集线器相连的所有节点。

　　这种广播发送数据方式有三方面不足：

　　（1）用户数据包向所有节点发送，很可能带来数据通信的不安全因素，一些别有用心的人很容易就能非法截获他人的数据包。

　　（2）由于所有数据包都是向所有节点同时发送，加上其共享带宽方式（如果两个设备共享 10M 的集线器，那么每个设备就只有 5M 的带宽），就更加可能造成网络塞车现象，更加降低了网络执行效率。

　　（3）非双工传输，网络通信效率低。集线器的同一时刻每一个端口只能进行一个方向的数据通信，而不能像交换机那样进行双向双工传输，网络执行效率低，不能满足较大型网络通信需求。

基于以上原因，尽管集线器技术也在不断改进，但实质上就是加入了一些交换机（SWITCH）技术，例如，具有堆叠技术的堆叠式集线器，具有智能交换机功能的集线器。可以说集线器产品已在技术上向交换机技术进行了过渡，具备了一定的智能性和数据交换能力。但随着交换机价格的不断下降，集线器仅有的价格优势已不再明显，其市场越来越小，处于淘汰的边缘。尽管如此，集线器对于家庭或者小型企业来说，在经济上还是有一点诱惑力的，特别适用于家庭网络或者中小型公司的分支网络。

2）路由器

路由器（Router）是连接因特网中各局域网、广域网的设备，它会根据信道的情况自动选择和设定路由，以最佳路径、按前后顺序发送信号的设备。路由器是互联网络的枢纽、"交通警察"。目前路由器已经广泛应用于各行各业，各种不同档次的产品已成为实现各种骨干网内部连接、骨干网间互联和骨干网与互联网互联互通业务的主力军。图 3-5 是小型局域网的连接示意图。路由和交换之间的主要区别就是交换发生在 OSI 参考模型第二层，即数据链路层，而路由发生在第三层，即网络层。这一区别决定了路由和交换在传送信息的过程中需使用不同的控制信息，所以两者实现各自功能的方式是不同的。

路由器是用于连接多个分开的逻辑网络，所谓逻辑网络是代表一个单独的网络或者一个子网。当数据从一个子网传输到另一个子网时，可通过路由器来完成。路由器具有判断网络地址和选择路径的功能，它能在多网络互联环境中，建立灵活的连接，可用完全不同的数据分组和介质访问方法连接各种子网，路由器只接受源站或其他路由器的信息，属网络层的一种互联设备。它不关心各子网使用的硬件设备，但要求运行与网络层协议相一致的软件。路由器分本地路由器和远程路由器，本地路由器是用来连接网络传输介质的，如光纤、同轴电缆、双绞线等；远程路由器是用来连接远程传输介质，并要求相应的设备，如电话线要配调制解调器，无线要通过无线接收机、发射机。

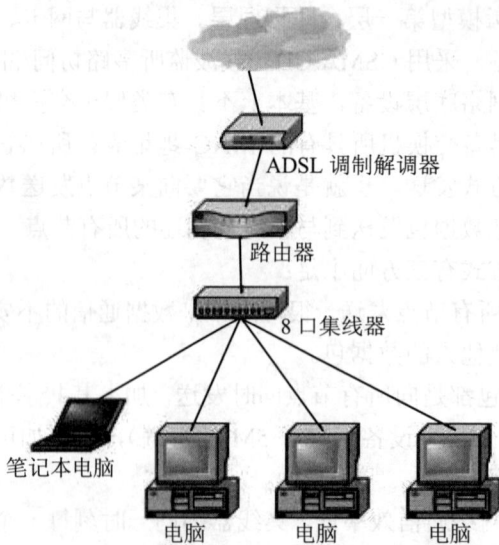

图 3-5　小型局域网连接示意图

　　路由器的一个作用是连接不同的网络，另一个作用是选择信息传送的线路。选择通畅快捷的近路，能大大提高通信速度，减轻网络系统通信负荷，节约网络系统资源，提高网络系统畅通率，从而让网络系统发挥出更大的效益。

　　从过滤网络流量的角度来看，路由器的作用与交换机和网桥非常相似。但是与交换机不同，路由器使用专门的软件协议从逻辑上对整个网络进行划分。例如，一台支持 IP 协议的路由器可以把网络划分成多个子网段，只有指向特殊 IP 地址的网络流量才可以通过路由器。对于每一个接收到的数据包，路由器都会重新计算其校验值，并写入新的物理地址。因此，使用路由器转发和过滤数据的速度往往要比只查看数据包物理地址的交换机慢。但是，对于那些结构复杂的网络，使用路由器可以提高网络的整体效率。路由器的另外一个明显优势就是可以自动过滤网络广播。从总体上说，在网络中添加路由器的整个安装过程要比即插即用的交换机复杂得多。

　　一般说来，异种网络互联与多个子网互联都应采用路由器来完成。

　　路由器的主要工作就是为经过路由器的每个数据帧寻找一条最佳传输路径，并将该数据有效地传送到目的地址。由此可见，选择最佳路径的策略即路由算法是路由器的关键所在。为了完成这项工作，在路由器中保存着各种传输路径的相关数据——路径表（Routing Table）供路由选择时使用。路径表中保存着子网的标志信息、网上路由器的个数和下一个路由器的名字等内容。路径表可以是由系统管理员固定设置好的，也可以由系统动态修改；可以由路由器自动调整，也可以由主机控制。

　　根据路径表是由系统管理员固定设置，还是由系统动态修改，可将路径表分为静态路径表和动态路径表。

　　（1）静态路径表

　　由系统管理员事先设置好固定的路径表称之为静态（Static）路径表，一般是在系统安装时就根据网络的配置情况预先设定的，它不会随未来网络结构的改变而改变。

　　（2）动态路径表

　　动态（Dynamic）路径表是路由器根据网络系统的运行情况而自动调整的路径表。路由器根据路由选择协议（Routing Protocol）提供的功能，自动学习和记忆网络运行情况，在需要时自动计算数据传输的最佳路径。

　　3）交换机

　　交换机（Switch）是一种用于电信号转发的网络设备。它可以为接入交换机的任意两个网络节点提供独享的电信号通路。最常见的交换机是以太网交换机，其他常见的还有电话语音交换机、光纤交换机等。

　　交换（Switching）是按照通信两端传输信息的需要，用人工或设备自动完成的方法，把要传输的信息送到符合要求的相应路由上的技术的统称。根据工作位置的不同，交换机可以分为广域网交换机和局域网交换机。广域网的交换机就是一种在通信系统中完成信息交换功能的设备。

　　在计算机网络系统中，交换概念的提出改进了共享工作模式。我们以前介绍过的集线器就是一种共享设备，它本身不能识别目的地址，当同一局域网内的 A 主机给 B 主机传输

数据时，数据包在以集线器为架构的网络上是以广播方式传输的，由每一台终端通过验证数据包的地址信息来确定是否接收。也就是说，在这种工作方式下，同一时刻网络上只能传输一组数据帧，如果发生冲突还得重试。这种方式就是共享网络带宽。

（1）交换机的工作原理

交换机工作在数据链路层，拥有一条很高带宽的背部总线和内部交换矩阵。交换机的所有端口都挂接在这条背部总线上，控制电路收到数据包以后，处理端口会查找内存中的地址对照表以确定目的 MAC（网卡的硬件地址）的 NIC（网卡）挂接在哪个端口上，通过内部交换矩阵迅速将数据包传送到目的端口；目的 MAC 若不存在，则广播到所有的端口，接收端口回应后交换机"学习"新的地址，并把它添加到内部 MAC 地址表中。使用交换机也可以把网络"分段"，通过对照 MAC 地址表，交换机只允许必要的网络流量通过交换机。通过交换机的过滤和转发，可以有效地减少冲突域，但它不能划分网络层广播，即广播域。交换机在同一时刻可进行多个端口对之间的数据传输。每一端口都可视为独立的网段，连接在其上的网络设备独自享有全部的带宽，无须同其他设备竞争使用。当节点 A 向节点 D 发送数据时，节点 B 可同时向节点 C 发送数据，而且这两个传输都享有网络的全部带宽，都有着自己的虚拟连接。假使这里使用的是 10Mbps 的以太网交换机，那么该交换机这时的总流通量就等于 2×10Mbps=20Mbps，而使用 10Mbps 的共享式 Hub 时，一个 Hub 的总流通量也不会超出 10Mbps。总之，交换机是一种基于 MAC 地址识别，能完成封装转发数据帧功能的网络设备。交换机可以"学习" MAC 地址，并把其存放在内部地址表中，通过在数据帧的始发者和目标接收者之间建立临时的交换路径，使数据帧直接由源地址到达目的地址。

（2）交换机的传输模式

交换机的传输模式有全双工、半双工和全双工/半双工自适应模式。

交换机的全双工模式是指交换机在发送数据的同时也能够接收数据，两者同步进行，这好像我们平时打电话一样，说话的同时也能够听到对方的声音。目前的交换机都支持全双工。全双工的好处在于迟延小，速度快。

提到全双工，就不能不提与之密切对应的另一个概念，那就是"半双工"。所谓半双工就是指一个时间段内只有一个动作发生，举个简单例子，一条窄窄的马路，同时只能有一辆车通过，当目前有两辆车对开，这种情况下就只能一辆先过，等到头儿后另一辆再开，这个例子就形象的说明了半双工的原理。早期的对讲机、以及早期集线器等设备都是实行半双工的产品。随着技术的不断进步，半双工会逐渐退出历史舞台。

全双工/半双工自适应即自动协商双工模式，是交换机与网卡、路由等设备之间通过协商自动设置端口的工作模式以及端口速率等。状态显示的是协商后的实际工作模式。

（3）交换机的分类

从广义上来看，交换机分为广域网交换机和局域网交换机。广域网交换机主要应用于电信领域，提供通信用的基础平台。而局域网交换机则应用于局域网络，用于连接终端设备，如 PC 机及网络打印机等。

从传输介质和传输速度上可分为以太网交换机、快速以太网交换机、千兆以太网交换

机、FDDI 交换机、ATM 交换机和令牌环交换机等。

从规模应用上又可分为企业级交换机、部门级交换机和工作组交换机等。各厂商划分的尺度并不完全一致，一般来讲，企业级交换机都是机架式，部门级交换机可以是机架式（插槽数较少），也可以是固定配置式，而工作组级交换机为固定配置式（功能较为简单）。另外，从应用规模来看，作为骨干交换机时，支持 500 个信息点以上大型企业应用的交换机为企业级交换机，支持 300 个信息点以下中型企业的交换机为部门级交换机，而支持 100 个信息点以内的交换机为工作组级交换机。本文所介绍的交换机指的是局域网交换机。

（4）交换机与路由器的区别

传统交换机是从网桥发展而来，属于 OSI 参考模型的第 2 层即数据链路层设备。它根据 MAC 地址寻址，通过站表选择路由，站表的建立和维护由交换机自动进行。路由器属于 OSI 第 3 层即网络层设备，它根据 IP 地址进行寻址，通过路由表路由协议产生。交换机最大的好处是快速，由于交换机只须识别帧中 MAC 地址，直接根据 MAC 地址产生选择转发端口，算法简单，便于 ASIC（Application Specific Intergrated Circuits，专用集成电路）实现，因此转发速度极高。但交换机的工作机制也带来一些问题。

① 回路。根据交换机地址学习和站表建立算法，交换机之间不允许存在回路。一旦存在回路，必须启动生成树算法，阻塞掉产生回路的端口；而路由器的路由协议没有这个问题，路由器之间可以有多条通路来平衡负载，提高可靠性。

② 负载集中。交换机之间只能有一条通路，使得信息集中在一条通信链路上，不能进行动态分配，以平衡负载；而路由器的路由协议算法可以避免这一点，OSPF（Open Shortest Path First，开放式最短路径优先）路由协议算法不但能产生多条路由，而且能为不同的网络应用选择各自不同的最佳路由。

③ 广播控制。交换机只能缩小冲突域，而不能缩小广播域。整个交换式网络就是一个大的广播域，广播报文散到整个交换式网络；而路由器可以隔离广播域，广播报文不能通过路由器继续进行广播。

④ 子网划分。交换机只能识别 MAC 地址，MAC 地址是物理地址，而且采用平坦的地址结构，因此不能根据 MAC 地址来划分子网；而路由器识别 IP 地址，IP 地址由网络管理员分配，是逻辑地址且 IP 地址具有层次结构，被划分成网络标识和主机标识，可以非常方便地用于划分子网，路由器的主要功能就是用于连接不同的网络。

⑤ 保密问题。虽说交换机也可以根据帧的源 MAC 地址、目的 MAC 地址和其他帧中内容对帧实施过滤，但路由器根据报文的源 IP 地址、目的 IP 地址、TCP 端口地址等内容对报文实施过滤，更加直观方便。

4）网关

网关（Gateway）又称网间连接器、协议转换器。网关在传输层上以实现网络互联，是最复杂的网络互联设备，仅用于两个高层协议不同的网络互联。网关既可以用于广域网互联，也可以用于局域网互联。网关是一种充当转换重任的计算机系统或设备。在使用不同的通信协议、数据格式或语言，甚至体系结构完全不同的两种系统之间，网关是一个翻译器。与网桥只是简单地传达信息不同，网关对收到的信息要重新打包，以适应目的地址系统的需求。同时，网关也可以提供过滤和安全功能。大多数网关运行在 OSI 参考模型的顶

层——应用层。

大家都知道，从一个房间走到另一个房间，必然要经过一扇门。同样，从一个网络向另一个网络发送信息，也必须经过一道"关口"，这道关口就是网关。顾名思义，网关（Gateway）就是一个网络连接到另一个网络的"关口"。

在 OSI 参考模型中，网关有两种：一种是面向连接的网关，另一种是无连接的网关。当两个子网之间有一定距离时，往往将一个网关分成两半，中间用一条链路连接起来，我们称之为半网关。

按照不同的分类标准，网关也有很多种。TCP/IP 协议下的网关是最常用的，在这里我们所讲的"网关"均指 TCP/IP 协议下的网关。

那么网关到底是什么呢？网关实质上是一个网络通向其他网络的 IP 地址。例如有网络 A 和网络 B，网络 A 的 IP 地址范围为 192.168.1.1~192.168.1.254，子网掩码为 255.255.255.0；网络 B 的 IP 地址范围为 192.168.2.1~192.168.2.254，子网掩码为 255.255.255.0。在没有路由器的情况下，两个网络之间是不能进行 TCP/IP 通信的，即使是两个网络连接在同一台交换机（或集线器）上，TCP/IP 协议也会根据子网掩码（255.255.255.0）判定两个网络中的主机处在不同的网络里。而要实现这两个网络之间的通信，则必须通过网关。如果网络 A 中的主机发现数据包的目的主机不在本地网络中，就把数据包转发给它自己的网关，再由网关转发给网络 B 的网关，网络 B 的网关再转发给网络 B 的某个主机。

所以说，只有设置好网关的 IP 地址，TCP/IP 协议才能实现不同网络之间的相互通信。那么这个 IP 地址是哪台机器的 IP 地址呢？网关的 IP 地址是具有路由功能的设备的 IP 地址，具有路由功能的设备有路由器、启用了路由协议的服务器（实质上相当于一台路由器）、代理服务器（也相当于一台路由器）。

3.1.5　常见的局域网拓扑结构

在计算机网络中，把计算机、终端、通信处理机等设备抽象成点，把连接这些设备的通信线路抽象成线，并将由这些点和线所构成的结构称为网络拓扑结构。网络拓扑结构反映出网络的结构关系，它对于网络的性能、可靠性以及建设管理成本等都有着重要的影响，因此网络拓扑结构的设计在整个网络设计中占有十分重要的地位，在网络构建时，网络拓扑结构往往是首先要考虑的因素之一。

局域网与广域网的一个重要区别在于它们覆盖的地理范围的差别。由于局域网设计的主要目标是覆盖一个公司、一所大学或一幢甚至几幢大楼的"有限的地理范围"，因此它在基本通信机制上选择了"共享介质"方式和"交换"方式。因此，局域网在传输介质的物理连接方式、介质访问控制方法上形成了自己的特点，主要有以下几种网络拓扑结构。

1. 星形拓扑

星形拓扑是由中央节点和通过点对点链路连接到中央节点的各站点（网络工作站等）组成，如图 3-6 所示。

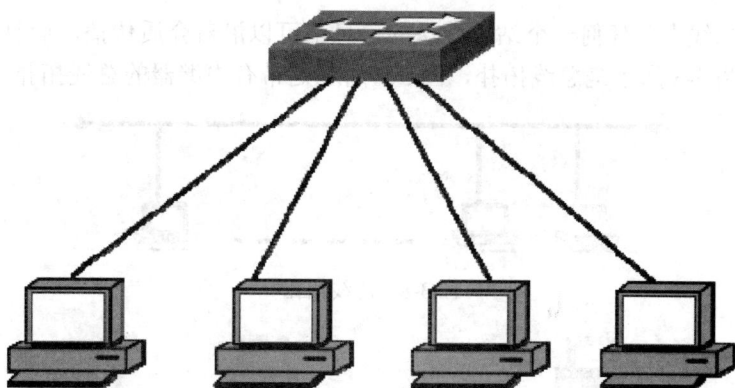

图 3-6　星形拓扑结构

　　星形拓扑以中央节点为中心，执行集中式通信控制策略，因此，中央节点相当复杂，而各个站的通信处理负担都很小，又称集中式网络。中央节点是一个具有信号分离功能的"隔离"装置，它能放大和改善网络信号，外部有一定数量的端口，每个端口连接一个站点，如 Hub 集线器、交换机等。

　　采用星形拓扑的交换方式有线路交换和报文交换，尤以线路交换更为普遍，现有的数据处理和声音通信的信息网大多采用这种拓扑。一旦建立了通信的连接，可以没有延迟地在两个连通的站点之间传输数据。图 3-7 所示为使用配线架的星形拓扑，配线架相当于中间集中点，可以在每个楼层配置一个，并具有足够数量的连接点，以供该楼层的站点使用，站点的位置可灵活放置。

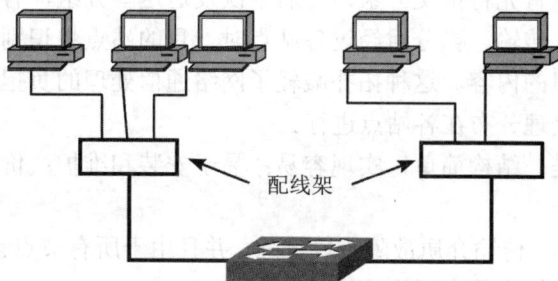

图 3-7　带配线架的星型拓扑结构

　　星形拓扑的优点是：结构简单，管理方便，可扩充性强，组网容易。利用中央节点可方便地提供网络连接和重新配置，且单个连接点的故障只会影响一个设备，不会影响全网，容易检测和隔离故障，便于维护。

　　星形拓扑的缺点是：每个站点直接与中央节点相连，需要大量电缆，因此费用较高；如果中央节点产生故障，则全网不能工作，所以对中央节点的可靠性和冗余度要求很高。

　　星形拓扑广泛应用于网络中智能集中于中央节点的场合。目前在传统的数据通信中，这种拓扑占支配地位。

　　2. 总线拓扑

　　总线拓扑采用单根传输线作为传输介质，所有的站点都通过相应的硬件接口直接连接到传输介质即总线上。任何一个站点发送的信息都可以沿着介质传播，而且能被所有其他的站点接收。图 3-8 所示是总线拓扑，图 3-9 所示是带有中继器的总线拓扑。

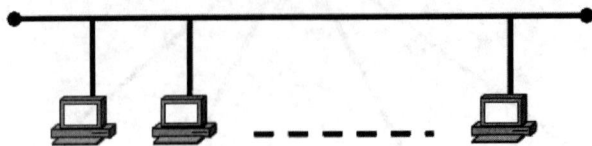

图 3-8　总线拓扑

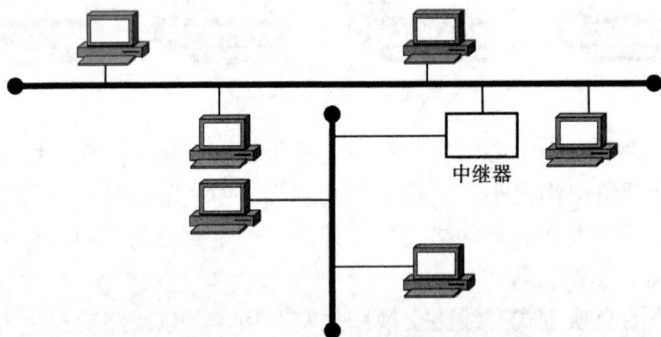

图 3-9　带有中继器的总线拓扑

在总线拓扑中，由于所有的站点共享一条公用的传输链路，所以一次只能有一个设备传输数据。通常采用分布式控制策略来决定下一次哪一个站点发送信息。

发送时，发送站点首先将报文分组，然后依次发送这些分组，有时要与其他站点发来的分组交替地在介质上传输。当分组经过各站点时，目的站点将识别分组中携带的目的地址，然后复制这些分组的内容。这种拓扑减轻了网络通信处理的负担，它仅仅是一个无源的传输介质，而通信处理分布在各站点进行。

总线拓扑的优点是：结构简单，实现容易；易于安装和维护；价格低廉，用户站点入网灵活。

总线拓扑的缺点是：传输介质故障难以排除，并且由于所有节点都直接连接在总线上，因此任何一处故障都会导致整个网络的瘫痪。

不过，对于站点不多（10 个站点以下）的网络或各个站点相距不是很远的网络，采用总线拓扑还是比较适合的。但随着在局域网上传输多媒体信息的增多，总线拓扑就不能满足用户的需求。

3. 环形拓扑

环形拓扑由一些中继器和连接中继器的点到点链路首尾相连形成一个闭合的环。如图 3-10 所示，每个中继器都与两条链路相连，它接收一条链路上的数据，并以同样的速度串行地把该数据送到另一条链路上，而不在中继器中缓冲。这种链路是单向的，也就是说，只能在一个方向上传输数据，而且所有的链路都按同一方向传输，数据就在一个方向上围绕着环进行循环。

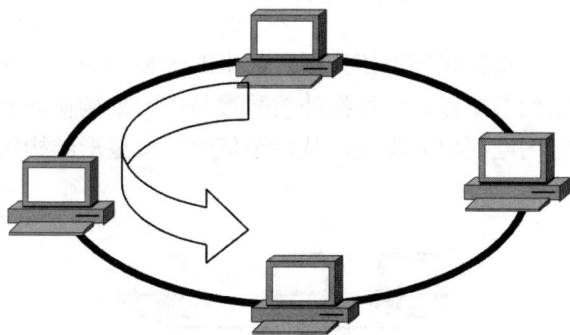

图 3-10　环形拓扑结构

　　由于多个设备共享一个环，因此需要对此进行控制，以便决定每个站在什么时候可以把分组放在环上。这种功能是用分布控制的形式完成的，每个站都有控制发送和接收的访问逻辑。由于信息包在封闭环中必须沿每个结点单向传输，因此，环中任何一段的故障都会使各站之间的通信受阻。为了提高环形拓扑的可靠性，还引入了双环拓扑。所谓双环拓扑就是在单环的基础上在各站点之间再连接一个备用环，从而当主环发生故障时，由备用环继续工作。

　　环形拓扑的优点是能够较有效地避免冲突；其缺点是环形拓扑中的网卡等通信部件比较昂贵且管理复杂。

　　在实际的应用中，多采用环形拓扑作为宽带高速网络的结构。

　　4. 树形拓扑

　　树形拓扑是从总线拓扑演变而来的，它把星形拓扑和总线拓扑结合起来，形状像一棵倒置的树，顶端有一个带分支的根节点，每个分支还可以延伸出子分支，如图 3-11 所示。

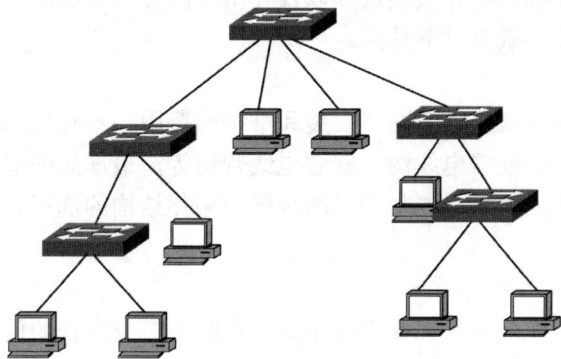

图 3-11　树形拓扑

　　这种拓扑和带有几个段的总线拓扑的主要区别在于根节点的存在。当节点发送时，首先由根节点接收该信号，然后再重新广播发送到全网。

　　树形拓扑的优点是易于扩展和故障隔离；缺点是对根的依赖性太大，如果根发生故障，则全网不能正常工作，对根的可靠性要求很高。

5. 星形环拓扑

星形环拓扑是将星形拓扑和环形拓扑混合起来的一种拓扑，集中了星形拓扑和环形拓扑的优点，并克服了它们的缺点。这种拓扑的配置是由一批接在环上的连接集中器（实际上是指安装在楼内各层的配线架）组成，从每个集中器按星形结构接至每个用户站上，如图 3-12 所示。

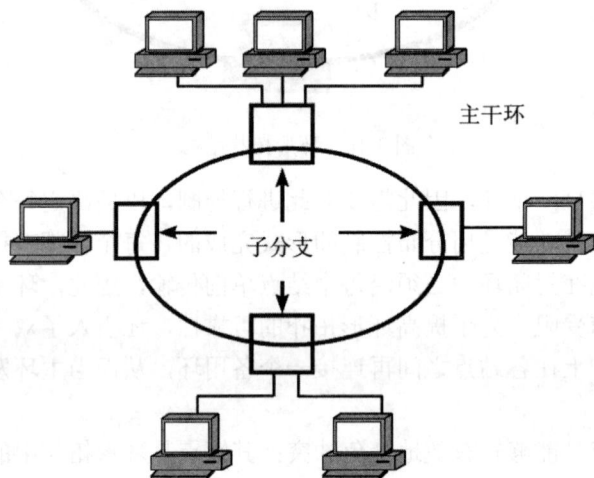

图 3-12　星形环拓扑

星形环拓扑的优点是故障诊断和隔离，易于扩展，安装电缆方便；缺点是需要智能的集中器，安装电缆长、不方便等。

6. 拓扑的选择

拓扑的选择往往和传输介质的选择以及介质访问控制方法的确定紧密相关。选择拓扑时，应该考虑的主要因素有以下几点。

（1）经济性

网络拓扑的选择直接决定了网络安装和维护的费用。不管选用什么样的传输介质，都需要进行安装。例如，安装电线沟、安装电线管道等。最理想的情况是建楼以前先进行安装，并考虑今后扩建的要求。安装费用的高低与拓扑结构的选择、传输介质的选择、传输距离有关。

（2）灵活性

灵活性以及可扩充性也是选择网络拓扑结构时应充分重视的问题。任何一个网络，随着用户数的增加，网络应用的深入和扩大，网络新技术的不断涌现，特别是应用方式和要求的改变，网络经常需要加以调整。网络的可调整性与灵活性以及可扩充性都与网络拓扑直接相关。一般说来，总线形拓扑和环形拓扑要比星形拓扑的可扩充性好得多。

（3）可靠性

网络的可靠性是任何一个网络的生命。网络拓扑决定了网络故障检测和故障隔离的方便性。

总之，选择局域网拓扑时，需要考虑的因素很多，这些因素同时影响网络的运行速度和网络软硬件接口的复杂程度等。

3.1.6 以太网

以太网（Ethernet）是一种产生较早且使用相当广泛的局域网，美国 Xerox（施乐）公司 1975 年推出了他们的第一个局域网。由于它具有结构简单、工作可靠、易于扩展等优点，因而得到了广泛的应用。1980 年美国 Xerox、DEC 与 Intel 三家公司联合提出了以太网规范，这是世界上第一个局域网的技术标准。后来的以太网国际标准 IEEE 802.3 就是参照以太网的技术标准建立的，两者基本兼容。为了与后来提出的快速以太网相区别，通常又将这种按 IEEE 802.3 规范生产的以太网产品简称为以太网。

（1）以太网分类

正式的 10 Mbps 以太网标准有以下 4 种。

① 10Base-5：10Base-5 是最初的粗同轴电缆以太网标准。

② 10Base-2：10Base-2 是细同轴电缆以太网标准。

③ 10Base-T：10Base-T 是 10 Mbps 的双绞线以太网标准。

④ 10Base-F：10Base-F 是 10 Mbps 的光缆以太网标准。

（2）10Base-T

10Base-T 是以太网中最常用的一种标准，"10" 表示信号的传输速率为 10Mbps，Base 表示信道上传输的是基带信号，T 是英文 Twisted-pair（双绞线电缆）的缩写，说明是使用双绞线电缆作为传输介质，编码也采用曼彻斯特编码方式。但其在网络拓扑结构上采用了以 10Mbps 集线器或 10Mbps 交换机为中心的星形拓扑结构。10Base-T 的组网由网卡、集线器、交换机、双绞线等设备组成。一个以集线器为星形拓扑中央节点的 10Base-T 网络，所有的工作站都通过传输介质连接到集线器 Hub 上，工作站与 Hub 之间的双绞线最大距离为 100m，网络扩展可以采用多个 Hub 来实现。Hub 之间的连接可以使用双绞线、同轴电缆或粗缆线。

10Base-T 以太网一经出现就得到了广泛的认可和应用，与 10Base-5 和 10Base-2 相比，10Base-T 以太网有如下特点。

☑ 安装简单、扩展方便；网络的建立灵活、方便，可以根据网络的大小，选择不同规格的 Hub 或交换机连接在一起，形成所需要的网络拓扑结构。

☑ 网络的可扩展性强，因为扩充与减少工作站都不会影响或中断整个网络的工作。

☑ 集线器或交换机具有很好的故障隔离作用。当某个工作站与中央节点之间的连接出现故障时，也不会影响其他节点的正常运行；甚至当网络中某一个集线器或交换机出现故障时，也只会影响到与该集线器或交换机直接相连的节点。

应该指出，10Base-T 的出现对于以太网技术发展具有里程碑式的意义。其一，体现在首次将星形拓扑引入了以太网中；其二，突破了双绞线不能进行 10Mbps 以上速度传输的传统技术限制；其三，在后期发展中，引入了第 2 层交换机取代第 1 层集线器作为星形拓扑的核心，从而使以太网从共享以太网时代进入了交换以太网阶段。

3.1.7 对等网络

对等网络不使用专用服务器，各站点既是网络服务提供者——服务器，又是网络服务申请者——工作站，所以又称点对点网络（Peer To Peer）。

1. 对等网络的优点

（1）对等网络较容易实现和操作。它是一组具有网络操作系统允许对等的资源共享的客户计算机，建立一个对等网络只需要集线器、计算机、连接导线以及提供资源访问的操作系统。

（2）对等网络操作的花费较少。它不需要昂贵、复杂、精密的服务器和服务器需要的特殊管理和环境条件，从而减少了人员配备以及培训和维护费用，同时也不需要为服务器建立一个温度和湿度可调节的房间。从理论上说，位于桌面上的每一台计算机只需要由使用它的用户来维护就可以了。

（3）对等网络可使用人们熟悉的操作系统来建立，例如 Windows XP 和 Windows 7 操作系统。

（4）对等网络由于没有层次依赖，因此，它比基于服务器的网络有更大的容错性。从理论上说，客户机/服务器网络中的服务器是一个单故障点，单故障点是可以影响整个网络的弱点。而在对等网络中，任何计算机发生故障只会使网络连接资源的一个点变为不可使用的点。

2. 对等网络的局限性

对等网络也有许多弱点，它在安全性、性能和管理方面存在很大的局限性。对等网络在安全性上存在的问题是：

（1）用户必须保存多个口令，以便能进入他们需要访问的计算机。

（2）由于缺少共享资源的中心存储器，增加了用户查找信息的负担量。如果用户所在工作组的成员都同意，这个困难可用一定的方法和过程来克服。用户倾向于使用创造性的方法来解决口令过多的问题，但大多数方法会直接破坏对等网络中计算机的安全性。

（3）和网络资源一样，安全性也是平均分配的。对等网络中的安全性通常通过 ID 和口令验证用户身份和对特定资源的访问权限来体现。只有"管理员"才能定义网络中所有用户的权限结构。

注意

> 虽然在对等网络中每台计算机的用户都可作为计算机的管理员，但这些用户中很少有精通管理的知识和技术和全面的管理技能和水平的人才，这是对等网络的一个缺点。

（4）网络中技术不是均匀分布的，因此，网络的安全性往往和为数不多的技术人员的技能和能力密切相关。例如，一个链，链的强度取决于最薄弱的环节。同理，对等网络中的安全性也取决于网络中技术最弱的终端。虽然对等网络中管理员的负担要比客户机/服务器网络中管理员负担轻得多，但这种负担是加在用户身上的。技术分布不均匀可能导致很多问题，例如，数据和软件的备份不协调或不变。

3. 对等网络的用途

对等网络有两个主要用途：首先它适应于有限信息技术预算和有限信息共享需求的小组织；另外，大组织中的工作组也可使用该方法在组内共享信息。

3.2　项 目 实 施

3.2.1　双绞线的制作

1. 所需材料

（1）线缆

☑　AMP NETCONNECT 为线缆生产厂商标识。

☑　CATEGORY 5e CABLE 表示该双绞线属于 CAT E5 类，即超 5 类线材。

☑　E13804 1300 为电缆产品型号。

☑　24 AWG 说明双绞线是由 24 AWG 直径的线芯构成。铜电缆的直径通常用 AWG 单位来衡量，通常 AWG 数值越小，电线直径越大，常见的有 22/24/26 等。

☑　CM（UL）CMG/MPG（UL）说明线材属于通信通用电缆。

（2）RJ-45 接口

RJ-45 接口采用透明塑料材料制作，由于其外观晶莹透亮，常被称为"水晶头"。RJ-45接口具有 8 个铜制引脚，在没有完成压制前，引脚凸出于接口，引脚的下方是悬空的，有两到三个尖锐的突起。在压制线材时，引脚向下移动，尖锐部分直接穿透双绞线铜芯外的绝缘塑料层与线芯接触，很方便地实现接口与线材的连通。RJ-45 的正、侧面如图 3-13 所示，RJ-45 的接触口如图 3-14 所示。

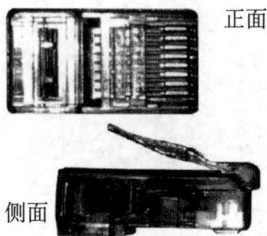

图 3-13　RJ-45 正、侧面

图 3-14　RJ-45 接触口

（3）压线钳

压线钳规格型号很多，分别适用于不同类型接口与电缆的连接。接口类型通常用 XPYC的方式来表示（其中 X、Y 为数字），P 表示接口的槽位（Position）数量，常见的有 8P、4P和 6P，分别表示接口有 8 个、4 个和 6 个引脚凹槽；C 表示接口引脚连接铜片（Contact）的数量。如我们常用的标准网线接口为 8P8C，表示有 8 个凹槽和 8 个引脚，如图 3-15 所示。

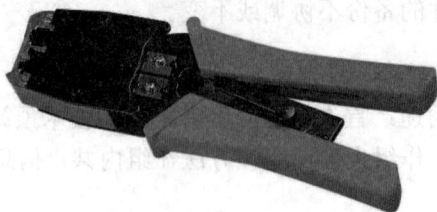

图 3-15　压线钳

2.　网络连接电缆适用的环境

网络连接电缆适用的环境如表 3-1 所示。

表 3-1　网络连接电缆适用环境

类　别	标准接口线序	适 用 环 境
直通缆	T568B -T568B T568A -T568A	计算机—集线器、计算机—交换机、 路由器—集线器、路由器—交换机、 集线器/交换机（Uplink 级联口）—集线器/交换机
交叉缆	T568A -T568B	计算机—计算机、路由器—路由器、 集线器—集线器、交换机—交换机、 集线器—交换机
全反缆	—	Cisco 等网络设备 Console（控制口）专用

3.　双绞线的制作过程

制作 RJ-45 网线接口是组建局域网的基础技能，即把双绞线的 4 对 8 芯网线按一定的规则制作到 RJ-45 插头中。所需材料为双绞线和 RJ-45 插头，使用的工具为一把专用的压线钳。以制作最常用的遵循 T568B 标准的直通线为例，制作步骤如下：

（1）用双绞线压线钳把双绞线的一端剪齐然后把剪齐的一端插入到压线钳用于剥线的缺口中。顶住压线钳后面的挡位以后，稍微握紧压线钳慢慢旋转一圈，让刀口划开双绞线的保护胶皮并剥除外皮，如图 3-16 所示。

图 3-16　剥除外皮

网线钳挡位离剥线刀口长度通常恰好为水晶头长度,这样可以有效避免剥线过长或过短。如果剥线过长往往会因为网线不能被水晶头卡住而容易松动,如果剥线过短则会造成水晶头插针不能跟双绞线完好接触。

(2)剥除外包皮后会看到双绞线的 4 对芯线,用户可以看到每对芯线的颜色各不相同。将绞在一起的芯线分开,按照橙白、橙、绿白、蓝、蓝白、绿、棕白、棕的颜色顺序排列,并用网线钳将线的顶端剪齐,如图 3-17 所示。

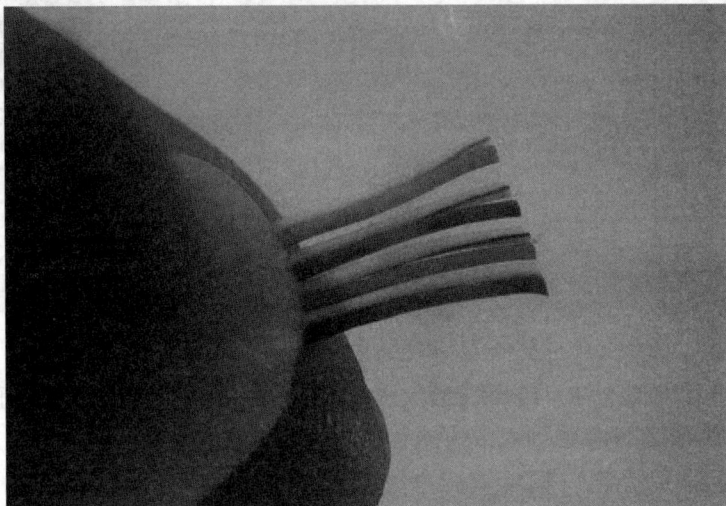

图 3-17　排列芯线

按照上述顺序排列的每条芯线分别对应 RJ-45 插头的 1、2、3、4、5、6、7、8 针脚,如图 3-18 所示。

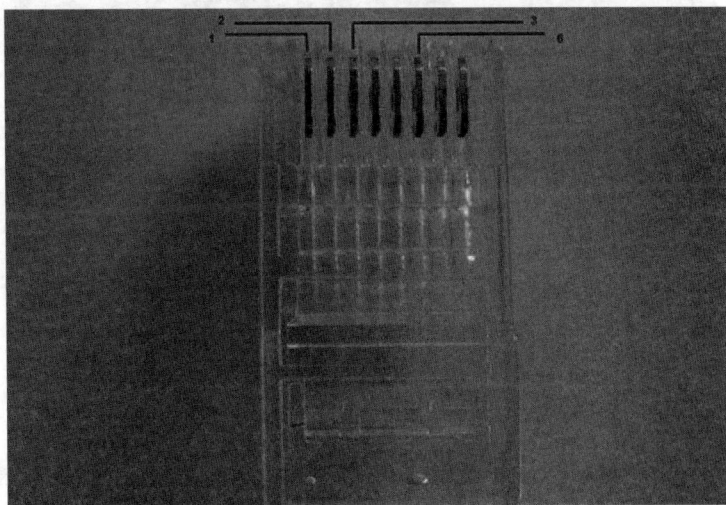

图 3-18　RJ-45 插头的针脚顺序

（3）使 RJ-45 插头的弹簧卡朝下，然后将正确排列的双绞线插入 RJ-45 插头中。在插的时候一定要将各条芯线都插到底部。由于 RJ-45 插头是透明的，因此可以观察到每条芯线插入的位置，如图 3-19 所示。

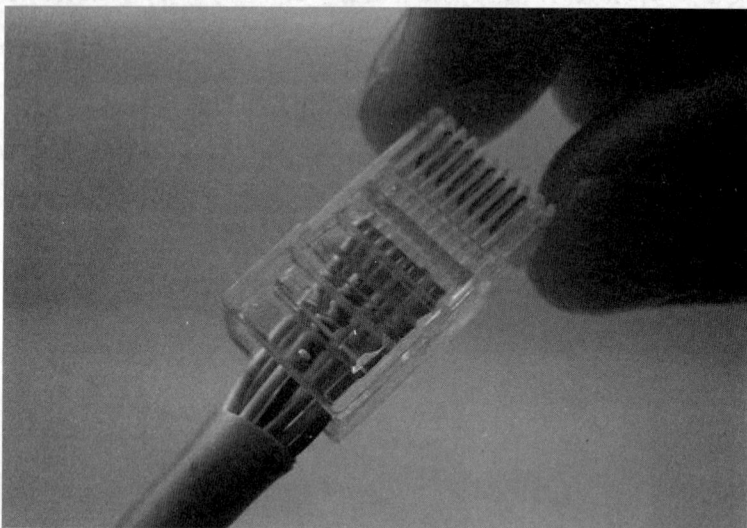

图 3-19　将双绞线插入 RJ-45 插头

（4）将插入双绞线的 RJ-45 插头插入压线钳的压线插槽中，用力压下压线钳的手柄，使 RJ-45 插头的针脚都能接触到双绞线的芯线，如图 3-20 所示。

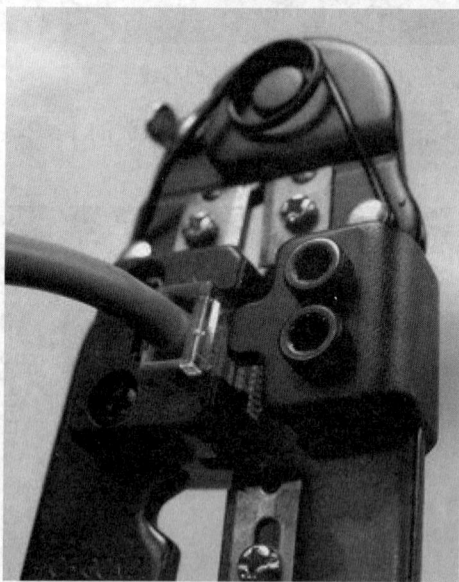

图 3-20　将 RJ-45 插头插入压线插槽

（5）完成双绞线一端的制作工作后，按照相同的方法制作另一端即可。注意双绞线两端的芯线排列顺序要完全一致，如图 3-21 所示。

图 3-21　制作完成的双绞线

　　在完成双绞线的制作后，建议使用网线测试仪对网线进行测试。将双绞线的两端分别插入网线测试仪的 RJ-45 接口，并接通测试仪电源。如果测试仪上的 8 个绿色指示灯都顺利闪过，说明制作成功。如果其中某个指示灯未闪烁，则说明插头中存在断路或者接触不良的现象，应再次对网线两端的 RJ-45 插头用力压一次并重新测试，如果依然不能通过测试，则只能重新制作，如图 3-22 所示。

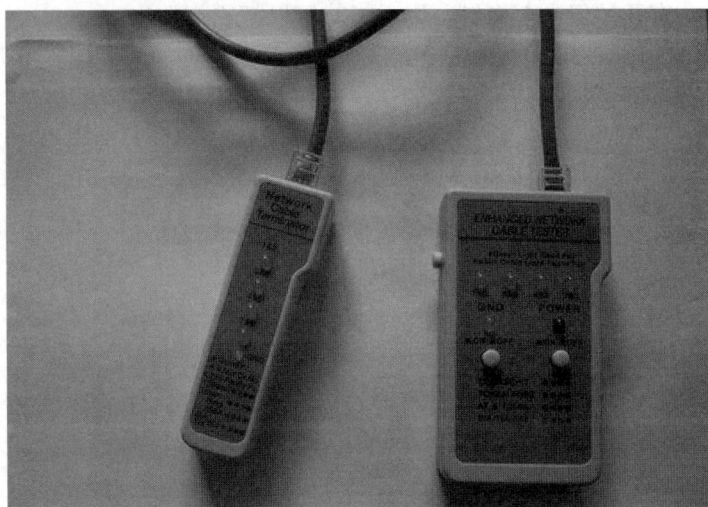

图 3-22　使用测试仪测试网线

提示

　　实际上在目前的 100Mbps 带宽的局域网中，双绞线中的 8 条芯线并没有完全用上，而只有第 1、2、3、6 线有效，分别起着发送和接受数据的作用。因此在测试网线的时候，如果网线测试仪上与芯线线序相对应的第 1、2、3、6 指示灯能够被点亮，则说明网线已经具备了通信能力，而不必关心其他芯线是否连通。

3.2.2 网络接口卡的安装

1. 选择正确的网络接口卡

网络接口卡（Network Interface Card，NIC），简称网卡。为工作站选择网络接口卡时，应该考虑的因素主要有：首先最基本也是最严格的要求就是必须与现有系统相匹配；其次选择的网络接口卡须满足网络介质、连接器类型、传输速度以及网络模型的要求；最后，还要确保这块网络接口卡的驱动程序是可以运行在你所用的操作系统上的。除了以上的因素之外，还要注意一些细节因素，例如影响网络运行速度的因素。

2. 安装网络接口卡硬件

不管安装什么硬件，都应该先阅读随该硬件附带的制造商的文档。安装网络接口卡的步骤如下：

（1）关掉计算机的电源。打开运行着的计算机的机箱会损害计算机的内部电路，也会危及安全。

（2）打开机箱。

（3）在计算机的主板上选择一个用来插网络接口卡的插槽。要保证该插槽与网络接口卡的类型匹配。如果这台计算机有不止一种类型的插槽，应该使用最先进的那种（例如 PCI）。移掉主板上该插槽的金属挡板。有些挡板是用十字形螺钉拧上的，还有一些只是金属边缘的金属部分有孔，但未上螺钉，用手指就可以把它们拨出。

（4）把网络接口卡竖起，使其插接头与插槽垂直对应，插入插槽，用力按下网络接口卡使其与插槽结合牢固。如果插入正确的话，即使左右摇晃，它也不会松动。如果插得不牢固的话，有可能会造成连接问题。图 3-23 显示了一块正确插入的网络接口卡。

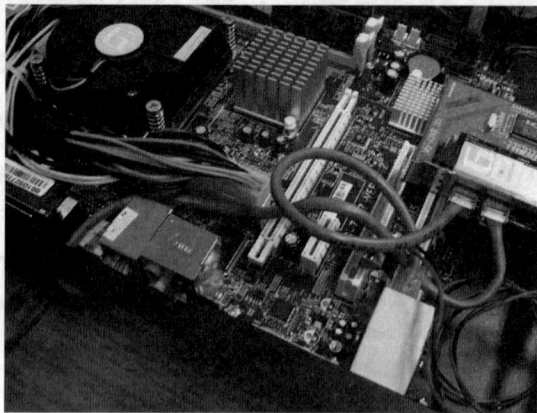

图 3-23　插入网络接口卡

（5）网络接口卡边缘处的金属托架应该固定在先前插槽的金属挡板的位置。用一枚十字形螺钉固定好网络接口卡。

（6）检查计算机内的线缆或板卡是否松动，是否把螺钉或金属碎片遗留在计算机内。

（7）重新盖上机箱盖。

（8）接通电源，打开计算机，配置网络接口卡的软件。

安装 PCMCIA 型的网络接口卡比安装总线适配器型的网络接口卡要容易得多。其安装过程为：关掉机器，把 PCMCIA 卡插入 PCMCIA 插槽，然后开机就可以了。如图 3-24 所示，最新的操作系统允许热插拔 PCMCIA 适配器而不用重新启动计算机。检查 PCMCIA 卡插得是否牢固，如果可以晃动，就需要把它插得更紧一些。

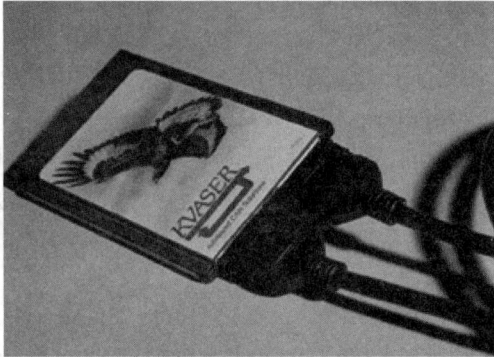

图 3-24　插入 PCMCIA 适配器

3. 配置网络接口卡软件

即使计算机具有即插即用功能，也必须为网络接口卡安装正确的设备驱动程序，并为其配置好软件环境。在 Windows 98 环境下安装网络接口卡驱动程序过程如下。在这个过程中需要网络接口卡附带的光盘。

注意

如果网络接口卡没有附带光盘，则可以从网络接口卡制造商的网站上下载其相应驱动程序。如果采取这种方式，要检查下载的驱动程序是否适合操作系统和网络接口卡的类型。

（1）打开电源，启动操作系统，一般系统能自动找到添加的网卡，会出现"发现新的硬件正查找其软件"、"正在安装新硬件的软件"等类似的提示消息，如图 3-25 所示。

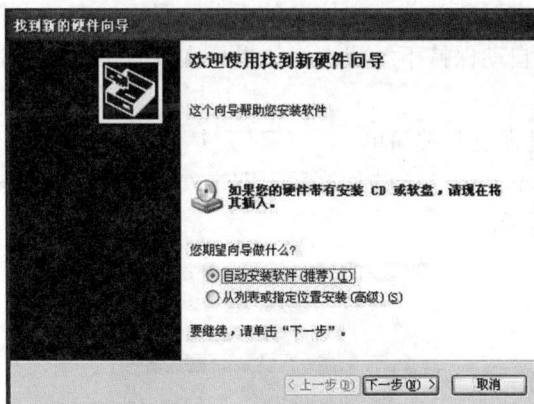

图 3-25　安装驱动程序

（2）如果在安装系统时已经预先安装了网卡的驱动程序，则系统会自动安装并更新驱动程序。如果系统中无该类网卡的驱动库，则需要人工搜索安装驱动程序。

（3）系统会提示选择搜索的路径。把驱动程序光盘（或软盘）插入光驱（或软驱），选择从光盘搜索，单击【下一步】按钮，开始安装网卡驱动程序。

3.2.3　实现基于对等网络的文件共享

本项目将介绍目前在网络上比较流行的两个软件，即 BitTorrent 和 BitComet。这两个软件的设计思想是基于对等网络的。其中 BitTorrent 主要用来下载共享文件；BitComet 则是在 BitTorrent 的基础上对 BitTorrent 的界面等方面做了一些优化，使文件的下载更加方便。这两个软件都是免费的软件，可以在很多网站上找到，并直接下载。

下面分别介绍这两种软件的主要功能和使用方法。

1. BitTorrent

BitTorrent 利用了多点对多点的原理，安装了 BitTorrent 软件的节点就是 BitTorrent 网络中的对等节点，对等节点在其他的对等节点上下载需要的文件，并同时作为种子给另外的对等节点提供文件。因此，越多的节点参与文件的下载，下载文件的速度将会越快。

BitTorrent 的安装过程非常简单，下载了 BitTorrent4.0.1 安装程序后，双击安装文件。当出现如图 3-26 所示的完成界面后，说明安装成功。

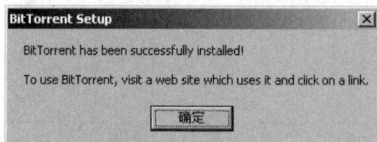

图 3-26　安装成功

2. BitComet

BitComet 的原名是 SimpleBT，它是基于 BitTorrent 协议并对 BitTorrent 做了一些改进。主要包括在多个任务同时下载时保持很少的 CPU 和内存的占用；可以对一个 Torrent 中的文件进行选择，只下载需要的部分；支持多种语言；采用缓存技术保护磁盘，减小高速随机读写对硬盘的损伤；自动保持下载状态，如果一次没有下载完所有的文件，续载时不需要再次扫描文件等。

BitComet 的安装过程也非常简单。

（1）下载完 BitComet 0.57 安装程序后，双击安装文件，打开安装界面，首先选择安装的语言，如图 3-27 所示。

图 3-27　选择语言

（2）选中简体中文（Chinese(Simplified)）后，单击 OK 按钮，打开安装向导，如图 3-28 所示。

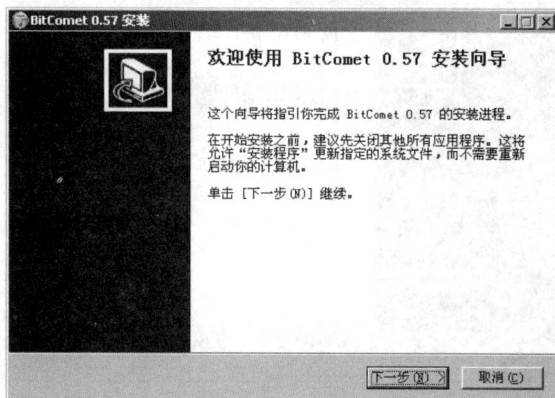

图 3-28 安装向导

（3）根据安装向导，在开始安装之前，关闭其他所有应用程序，然后单击【下一步】按钮，弹出【许可证协议】对话框，单击【我同意】按钮后，进入下一步。

（4）在【选定组件】对话框中，一定要选中.torrent File Association 复选框，这是和 torrent 文件的关联选项。其他两项作为可选项，如图 3-29 所示。

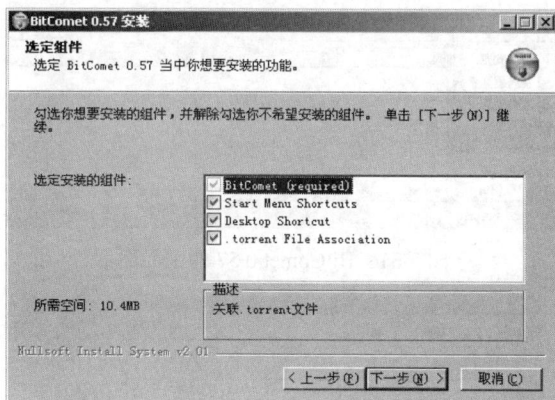

图 3-29 选定组件

（5）单击【下一步】按钮，弹出【选定安装位置】对话框，利用【浏览】按钮选择合适的安装路径后，单击【安装】按钮开始安装。安装过程可能需要十几秒钟。当出现如图 3-30 所示的【完成 BitComet 0.57 安装向导】对话框后，表示 BitComet 0.57 安装成功。

（6）选中【运行 BitComet 0.57】复选框，单击【完成】按钮，打开 BitComet 0.57 的主界面，如图 3-31 所示。

3．下载文件

单击【浏览】的下拉按钮，选择一个站点打开，浏览或者直接搜索需要下载的文件，单击文件名，下载 torrent 文件，下载完毕后将出现如图 3-32 所示的【任务属性】对话框，在【常规】选项卡中设置下载任务的属性。其中，【文件】列表框中的文件名前的黑色小方框代表文件是否被选中，只有被选中的文件才会被下载。

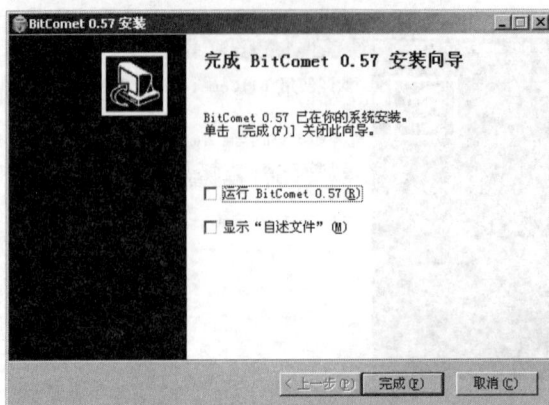

图 3-30　安装完成

图 3-31　BitComet 0.57 的主界面

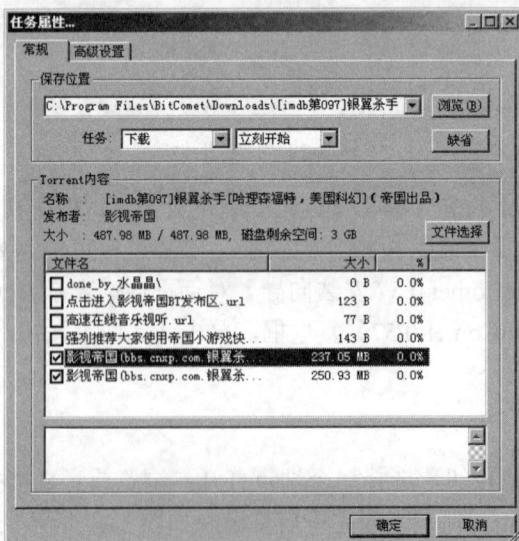

图 3-32　设置下载任务属性

设置完成后，单击【确定】按钮，开始下载文件，如图 3-33 所示。

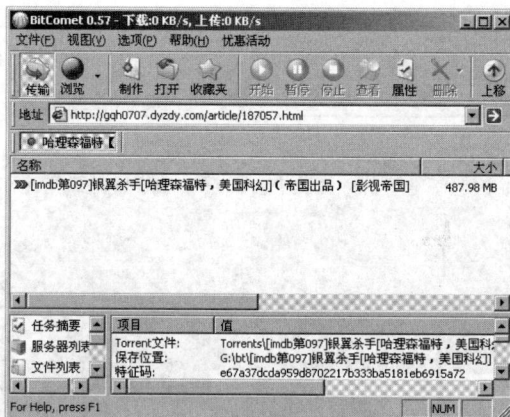

图 3-33　下载文件

当文件名前的双箭头变为向下的绿色箭头时，代表正在下载。下载完成后，将出现向上的红色箭头，代表文件在上传。

4. 上传文件

在上传文件前，需要先制作 torrent 文件，通常被称为"种子"。其制作方法是，首先单击【制作】按钮，弹出【制作 Torrent 文件】对话框；接着在【源文件】区域中选中【整个目录(多文件)】单选按钮，单击【浏览】按钮选择要制作成 torrent 文件的源文件；最后在【生成】区域中单击【浏览】按钮选择存放制作好的 torrent 文件的目标位置，如图 3-34 所示。

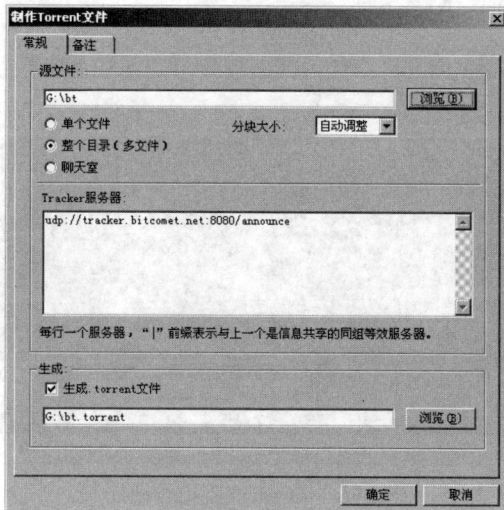

图 3-34　制作 torrent 文件

单击【确定】按钮后，需要几分钟制作 torrent 文件。接着选择一个比较稳定的服务器，将制作好的 torrent 文件发布到 torrent 服务器上。单击【浏览】按钮选中制作好的 torrent

文件后，单击【Upload/点击上传】按钮上传 torrent 文件，如图 3-35 所示。

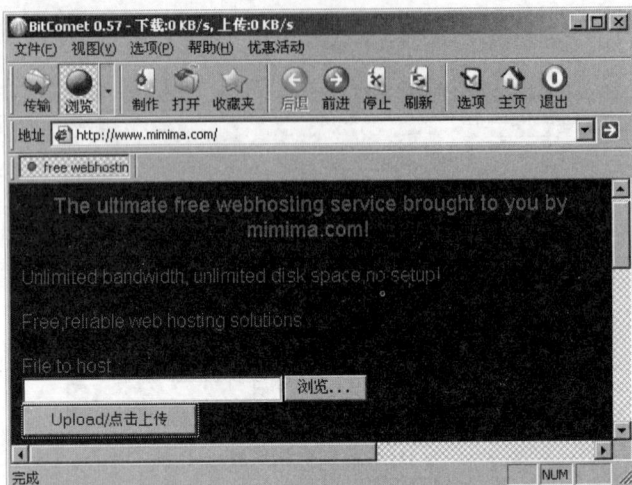

图 3-35　上传 torrent 文件

torrent 文件上传到服务器之后会给出一个 torrent 文件的地址，如图 3-36 所示。

将这个地址复制到网页上，浏览者单击这个地址就会打开相应的页面，单击下载就可以共享此次上传文件了。但是，在提供共享文件的期间是不能关闭计算机和 BT 软件的。

本项目是关于两种免费软件的安装和使用。这两种软件都采用了对等网络的思想，在很大的范围内实现了客户机之间文件的共享，使高访问率不再成为系统的瓶颈。即使在教育网等内网中的用户也可以和外网一样共享资源。

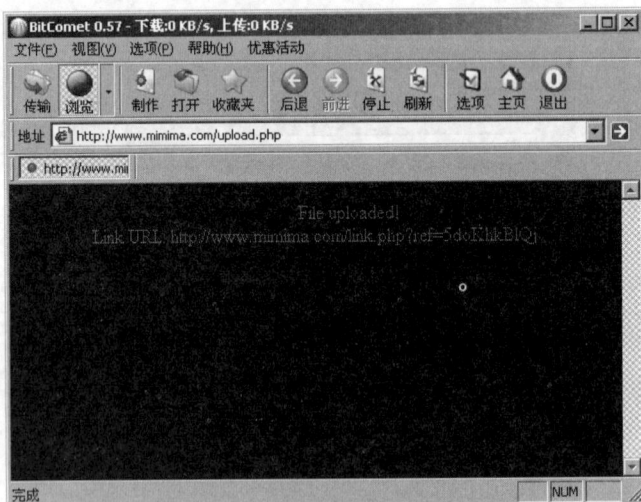

图 3-36　torrent 文件上传地址

3.2.4　双机互联对等网络的组建

（1）实验目的：实现双机对等网的实现。

（2）实验环境：Windows XP

（3）实验内容：设计计算机名和工作组名

（4）实验步骤：

① 设置计算机名和工作组名。

右击【我的电脑】，在弹出快捷菜单中选择【属性】命令，弹出【系统属性】对话框，如图 3-37 所示。

单击【计算机名】选项卡，单击【更改】按钮，弹出【计算机名/域更改】对话框，在【计算机名】文本框中输入新的计算机名，在【工作组】文本框中输入新的工作组名称，如图 3-38 所示，单击【确定】按钮即可完成计算机名、工作组名的更改。重启计算机使设置生效。

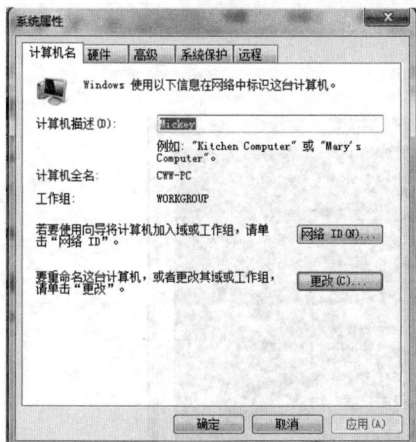

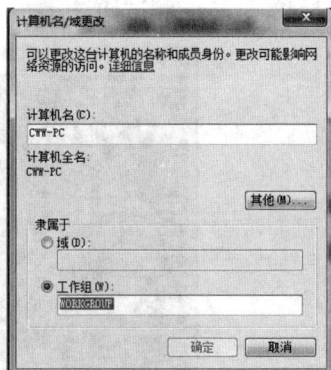

图 3-37　系统属性　　　　　　　　　　　　　　图 3-38　更改工作组名

② 设置虚拟机的 IP 地址，如图 3-39 所示。配置主机的 IP 地址如图 3-40 所示。

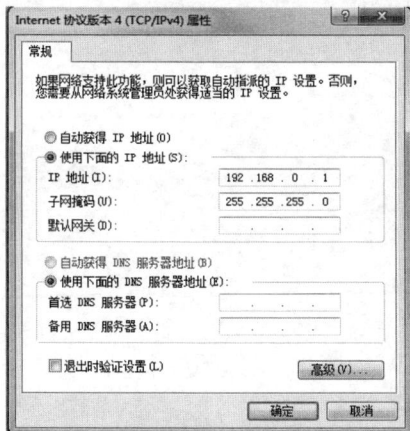

图 3-39　设置虚拟机的 IP 地址　　　　　　　　图 3-40　设置虚拟机的 IP 地址

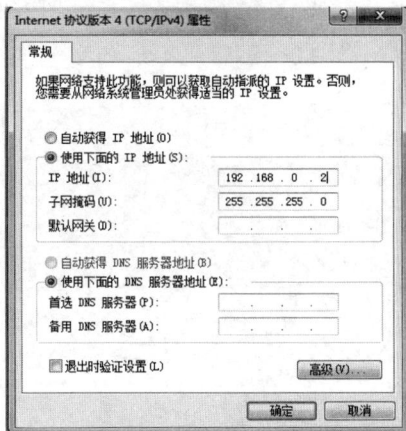

③ 检测两台主机是否 ping 通，如图 3-41 为 ping 测试未通过。

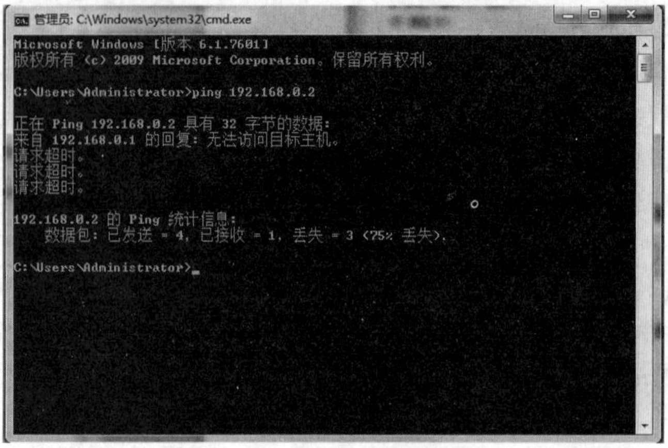

图 3-41　ping 测试未通过

图 3-42 为 ping 测试通过。

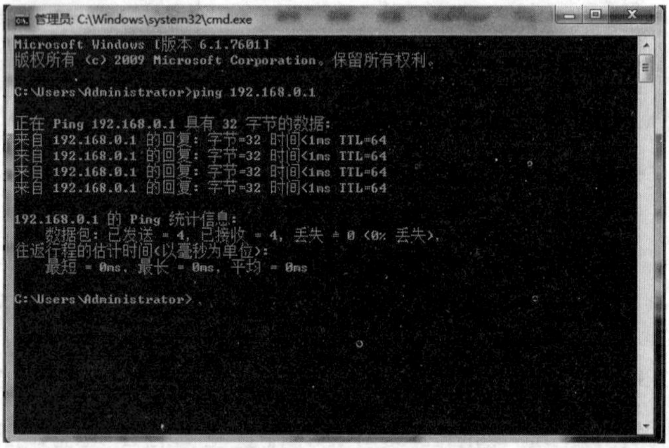

图 3-42　ping 测试通过

项目 4
局域网的结构化布线技术

知识点、技能点

➤ 结构化布线的基础知识
➤ 结构化布线技术的适用环境
➤ 结构化布线技术的组成和安装
➤ 校园网综合布线系统

学习要求

➤ 掌握和了解结构化布线的基础知识
➤ 掌握和了解校园网综合布线系统
➤ 了解结构化布线技术的适用环境
➤ 了解结构化布线技术的组成和安装

教学基础要求

➤ 掌握结构化布线的基础知识
➤ 掌握校园网综合布线系统

4.1　项目分析

目前，网络通信已经成为人们工作和生活中不可缺少的一部分。在项目 3 中完成了局域网的设计后，如何进行网络布线就成为接下来要考虑的问题。网络布线是网络实现的基础，由于不合适的设计和不合格的安装所造成的网络故障很常见的，因此在局域网设计过程中，对布线安装投入大量的精力是必要的。

4.1.1　结构化布线的发展

1.　结构化布线技术的产生

20 世纪 90 年代以来，非屏蔽双绞线已经在电信业得到了广泛的应用。由于电信业的发展早于计算机通信，因此电信业在电话线路铺设方面已经有了各种方法和标准。为了节约资源，提高线缆的利用率，人们想到了将电话线路的连接方法应用到网络的布线中，于是就产生了最早的计算机网络布线系统。

因此，从某些意义上说，结构化布线并非一个全新的概念，它只是在传统的电话线路基础上加入了计算机通信的特征。

2.　结构化布线的发展

最早的结构化布线的实施是 1984 年美国的第一座智能大楼。当时人们对哈特福特市的一座旧式的大楼进行了全面改造，在大楼内安装了局域网后，利用计算机对大楼中的空调、电梯、照明、防火防盗系统等进行监控，并为客户提供语音通信、文字处理、电子邮件以及情报资料等信息服务。

1985 年初，计算机工业协会（CCIA）提出对大楼布线系统实施标准化的倡议，于是美国电子工业协会（EIA）和美国电信工业协会（TIA）开始标准化的制定工作。1991 年 7 月，EIA/TIA568 标准，即《商业大楼电信布线标准》问世，同时推出的还有布线通道及空间、管理、电缆性能及连接硬件性能等有关的相关标准。

1995 年底，EIA/TIA568 标准正式更新为 EIA/TIA/568A。新的标准中包括了办公环境中电信布线的最低要求、建议的拓扑结构、距离和决定性能的介质参数等内容。

同时，国际标准化组织（ISO）也发布了相应标准 ISO/IEC/IS11801。

4.1.2　结构化布线系统

1.　结构化布线系统的概念

结构化布线系统指的是在一栋建筑或者建筑群中安装网络传输系统。这种网络传输系统能够支持语音、图形、图像、数据多媒体、安全监控、传感等各种信息的传输，并将各种语音、数字设备和电话系统连接起来。

结构化布线系统包括布置在大楼和楼群中所有的传输介质、传输介质间的连接配件、用户端的语音和数字设备接口以及与外界网络的接口。但是各种交换设备不属于布线系统的范围。

2. 结构化布线系统的特点

传统的布线系统中，建筑的各个子系统独立布线，并采用不同的传输介质，导致安装结构复杂、难以维护，布线时需要重复施工，造成人员和材料的浪费。由于子系统间不能兼容，无法适应设备改变和移动的需要。

与传统的布线系统相比，结构化布线系统具有以下特点。

（1）安装简单：设计思路简单，减少重复施工的费用。

（2）实用性强：结构化系统能支持多种传输介质的使用、多种数据通信、多媒体技术及信息管理系统等，既能兼容现有的技术，也能适应未来技术的发展。

（3）能够灵活地安置设备：任意信息点都能够连接不同类型的设备，如微机、打印机、终端、服务器、监视器等。设备移动位置不需要重新布线。

（4）具有开放性：能够支持任何厂家的任意网络产品，支持任意网络结构，如总线型、星状、环状等。

（5）模块化连接：所有的连接插件都是积木式的标准件，便于使用、管理和扩充。

（6）可扩展性：结构化布线系统是可扩充的。新的设备能够很容易地加入到现有的系统中。

4.1.3　智能大楼的提出

1. 智能大楼的概念

智能大楼是信息时代的产物。随着计算机技术和通信技术的发展，人们对办公环境和生活环境提出了更高的要求。因此，人们把计算机通信技术、信息服务技术与建筑安全监控技术利用系统集成技术有机地结合在一起，达到在一栋建筑或建筑群内，实现信息资源的管理、使用者的信息服务以及建筑监控的优化组合。

在第一栋智能大楼出现后，这项工程引起了人们广泛的注意和高度的重视。许多国家开始研究智能大楼的概念和实现方法。目前，智能大楼已经逐渐发展成为一种产业，形成了自己的一系列标准规范。

2. 智能大楼的特点

智能大楼具有以下几个特点。

（1）布线结构化

结构化布线是智能大楼的基础，设计良好的结构化布线系统，就像智能大楼中的骨架只要足够实用和灵活，就可以根据需要在其上建立其他的系统。

（2）办公自动化

办公自动化是智能大楼的基本特征。自动化的办公设备主要包括各种传真机、计算机等硬件设备以及与之相应的软件，其可以为用户提供各种高效的办公手段，例如文件处理等。信息管理系统也属于办公自动化系统的范围。

（3）通信自动化

通信自动化系统主要包括电话通信网和建筑内的局域网。智能大楼内的通信自动化意味着传输网络不仅能够传输语音和数据，还必须可以传输图像和动画等多媒体信息。

（4）楼宇自动化

智能大楼具有楼宇自动化的特点指的是智能大楼采用全自动的监控和管理技术，将电力系统、身份识别系统、保安系统、防火系统以及各种设备监控系统组合起来，作为楼宇自动化系统。楼宇自动化系统采用传感器、监控器和计算机等设备对大楼实行分散的控制和集中的管理。

因此智能大楼是适合信息社会要求并且有安全、高效、舒适、便利与灵活特点的建筑物。

4.1.4 结构化布线系统的适用环境

目前结构化布线系统主要应用在以下 3 种环境中。

☑ 建筑物综合布线系统。

☑ 智能大楼布线系统。

☑ 工业布线系统。

1. 建筑物综合布线系统

目前，使用建筑物综合布线系统的环境主要有企业、银行、酒店、校园、火车站、医院等。建筑物综合布线系统采用的是模块化的结构，具有良好的开放性、可扩展性和灵活性。

建筑物综合布线系统支持各种设备，可以保护用户目前在硬件、软件和人员培训的投资，已有的设备可以和新增的设备协同工作。在传输介质的使用上，从最初的使用非屏蔽双绞线到现在的双绞线和光纤的混合应用，建筑物综合布线系统在传输速度和结构上都能够根据建筑的具体要求采用灵活的布线方式。

2. 智能大楼布线系统

智能大楼布线系统需要紧随着建筑的建立同步实施。也就是说，在大楼修建的时候必须同时完成布线系统，为其他子系统的建立提供必要的"骨架"。在布线系统的基础上，其他子系统可以根据实际需要建立起来。

智能大楼是可以随着技术和需求的发展而发展的，除布线系统外，其他集成的子系统可以不断地完善和增加。建造智能大楼布线系统需要使用一套完整的设备，如传输介质、匹配器、接线箱、电子设备、保安设备等。结构化布线使用的线材比传统的布线要贵，但是结构化布线统一安排线路走向和统一施工，不仅可以节约大楼空间，也可以保证美观大方。

3. 工业布线系统

工业布线系统是专门为工业环境设计的布线标准和设备。现代化的工厂一般采用自动

控制系统控制机械化生产。将生产的自动控制系统和企业的管理系统、通信系统连接起来，提高工厂的现代化水平，能为工厂带来明显的经济效益。

工业布线系统因为其特殊的用途而具有独特的布线要求。由于在生产中存在干扰，因此，往往需要使用双层网络结构提高布线系统的可靠性，并且使用光纤作为布线系统的传输介质，这也进一步提高了工业布线系统的数据传输速率。

为了提高系统的灵活性，为今后的设备扩充做好准备，工业布线系统通常也采用模块设计，从而降低网络设备和结构对布线系统的影响。

4.1.5　结构化布线系统的组成和安装

一般来说，结构化布线系统由以下 6 个子系统组成。
- ☑　建筑群主干子系统。
- ☑　垂直主干子系统。
- ☑　管理子系统。
- ☑　水平支干子系统。
- ☑　工作区子系统。
- ☑　设备子系统。

不同的结构化布线技术产品对各个子系统的称呼可能有所不同，但是几乎所有的结构化布线技术都将布线系统划分为 6 个子系统。下面将分别介绍这 6 个子系统。

1. 建筑群主干子系统

建筑群主干子系统有时被称作户外系统。该子系统提供外部建筑物与大楼内布线的连接，将建筑物内外的系统连接起来。建筑群主干子系统是建筑物内外信息交流的通道，主要包括建筑物群间通信的传输介质和各种电气保护设备。电气保护设备的用途主要是保护建筑群主干子系统的安全，防止由于建筑群主干子系统的安全问题影响到整个系统。

EIA/TIA569 标准规定了建筑物群之间网络接口的物理规格。建筑群子系统的传输介质通常使用的是光纤或者多对双绞线，在进入建筑物时，通常需要在入口处经过一次转接，这是因为建筑物内外的通信介质可能具有不同的规格，转接处应该安装电气保护设备。

建筑群主干子系统可以通过地下管道进入建筑物内，也可以通过架空的方式进入建筑物内，使用哪种方式取决于具体的实施情况。对于大多数建筑物，通常将所有来自建筑物外部的连接集中到一处，方便管理，但是可能产生各连接间的干扰，因此在设计和实施建筑群主干子系统时，要考虑如何屏蔽设备间的干扰。

建筑群主干子系统在进入建筑物后，必须保持良好的接地状态，并通过线路接口连接到管理子系统。

2. 垂直主干子系统

垂直主干子系统连接通信室、设备间和入口设备，包括主干电缆、中间交换和主交接、机械终端和用于主干到主干交换的接插线或插头，是整个结构化布线系统的骨干部分。

在高层建筑物中布线时，每层或者每隔一层都应该有一个水平支干子系统，垂直主干子系统将这些水平支干子系统连接起来。垂直主干子系统和水平支干子系统之间的汇合点成为配线分支点。垂直主干子系统通常是垂直安装的，在安装时电缆被固定在建筑物各层的竖井或者通风口中，避免因为线缆本身的重力导致电缆的接触不良。但是，并不是所有的垂直主干子系统都是垂直铺设的，也可以采用水平铺设的方式。

在实施主干布线时，EIA/TIA568 规定商用的结构化布线必须采用星形拓扑结构。这是因为无论将来网络技术如何发展，其局域网络的拓扑结构一定是总线、环形、树形，或以上几种形式的结合，而星形的结构化物理布线，通过在配线室内的跳线灵活变换，便可实现以上所述的总线、环形、树形或混合型的拓扑结构。因此主干布线要采用星形拓扑结构，接地应符合 EIA/TIA607 规定的要求。

垂直主干子系统采用的传输介质主要为光纤或者大对数双绞线，如 5 类双绞线。

3. 管理子系统

管理子系统有时被称为布线配线系统，主要用于将各个子系统连接起来。

管理子系统的主要设备是各种各样的跳线板和跳线，跳线采用交连和互联的方式，将各个通信线路定位或者重定位到建筑物的不同部分，这样的设计使得管理通信线路更加方便。即使在移动终端设备时，只需要简单地进行插拔跳线就可以，而不需要重新布线。

综合布线系统要求新建的信息点同时带上一个电话语音点。管理间有一个机柜，机柜内分为 3 部分。

（1）集线器区：放置集线器。

（2）数据点区：数据点区有一个配线面板。该管理间所管理的用户均连接到此处。

（3）语音点区：语音点区有一个 S110 配线面板，该配线区分两部分，一部分是来自语音用户的双绞线缆；另一部分是 25 对大对数线。经语音点与 25 对大对数线跳线后，25 对大对数线的另一端交付电话班使用。

每个用户点安装两个信息模块，一个是数据点，一个是语音点。用户点与管理间的连线，目前已要求采用同一类型的双绞线缆，便于将来数据与语音互换使用。

4. 水平支干子系统

水平支干子系统是在建筑物的各个楼层间水平铺设的，如果一层楼的网络规模比较小的话，可以采用在两层中铺设水平支干子系统，也就是一个水平支干子系统完成两层楼的布线。

水平支干子系统一端连接工作区子系统，一端通过管理子系统和垂直主干子系统连接，也可以不经过垂直主干子系统直接和设备子系统连接。

水平支干子系统是将干线子系统线路延伸到用户的工作区，包括水平布线、信息插座、电缆终端及交换。基于垂直主干子系统同样的原因，水平支干子系统的拓扑结构为星形拓扑结构。水平布线可选择的传输介质主要有 5 类双绞线和光纤。

使用双绞线可以使数据传输速率达到 100Mb/s，最远的延伸距离达到 90m，除了 90m 水平电缆外，工作区与管理子系统的接插线和跨接线电缆的总长可达 10m，并且双绞线可以保证工作区子系统采用标准的 RJ-45 接口。当然光纤也是非常好的水平布线介质，越来越多的设备已经开始采用 FDDI 来通信。

5. 工作区子系统

工作区子系统将用户的设备和水平支干子系统连接起来，主要包括与用户设备连接的各种信息插座、信息模块、网卡和连接所需的跳线。信息插座的数量可以根据用户的需要而定，目前使用的最广泛的是 RJ-45 插座和 RJ-11 插座。RJ-11 插座主要用来连接电信系统，如打印机、传真机等。

用户信息插座安装位置规定：RJ-45 埋入式信息插座与其旁边的电源插座应保持 30cm~150cm 的距离，信息插座和电源插座的底边沿线距地板水平面距离应为 30cm（与电源插座保持同一高度）。

工作区子系统的传输介质主要采用超 5 类双绞线，这种设计使得子信息能够支持未来的可视电话等高级应用。工作区子系统是离用户最近的子系统，因此在安装的时候要求避免装在容易被损坏的地方，并且要求工作区布线尽可能简单，方便移动、添加和变更设备。

6. 设备子系统

设备子系统是结构化布线系统中最主要的管理区域，所有楼层的信息都由电缆或者光缆传输到设备子系统中，因此设备子系统通常被安装在主机房内。设备子系统主要包括计算机系统、网络服务器、主机设备和程控机设备。

设备子系统可以说是整个结构化布线系统的大脑，为其他子系统特别是工作区子系统提供服务的，因此在设计设备子系统时必须仔细考虑设备子系统的安装位置。因为这直接关系到整个布线系统的结构、安装难易程度、维护难易程度和系统造价。

由于机房是所有线缆的集中处，并且存放了大量的设备，因此一定要注意机房的防火措施，尽量远离存放危险物品的场所。

4.2 项 目 实 施

某学校需要组建校园网，要求使用的线缆及布线装置运行安全可靠，维护操作方便，在安装使用后的电气寿命及使用寿命均达到 20 年以上。该学校共有教学楼一栋，图书馆一栋，行政楼一栋。3 栋楼中都有信息点，总数为 50 个。校园的建筑分布结构如图 4-1 所示。

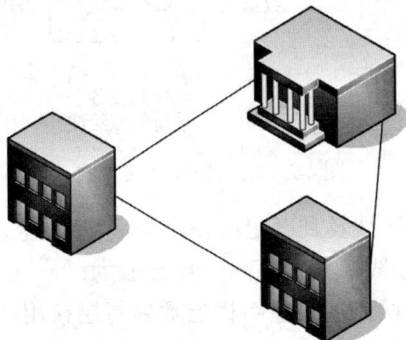

图 4-1 校园建筑物分布

在布线施工开始前，必须做好准备工作。主要包括以下几项。

☑ 设计综合布线实际施工图，确定布线的走向位置，以供施工人员、督导人员和主管人员使用。

☑ 准备材料。网络工程施工过程需要许多施工材料，这些材料有的必须在开工前就准备好，有的可以在开工过程中准备。

☑ 向工程单位提交开工报告。

布线施工涉及到的材料主要有光缆、双绞线、插座、信息模块、服务器、稳压电源、集线器、塑料槽板、PVC 防火管、蛇皮管、自攻螺丝等。

（1）设计工作区子系统，确定所有工作区所需的信息模块、信息座、面版的数量。

一般来说，RJ-45 水晶头的需求量一般用以下公式计算：

$$RJ-45 \text{ 的总需求量} = 4n + 4n \times 15\%$$

n 表示信息点的总量，$4n \times 15\%$ 表示预留的富余量。

信息模块的需求量按以下公式计算：

$$\text{信息模块的需求量} = n + n \times 3\%$$

n 表示信息点的总量，$n \times 3\%$ 表示预留的富余量。

本综合布线系统的信息点为 200 个，所以大概需要 RJ-45 水晶头 920 个，信息模块 206 个。

在终端（工作站），将带有 8 针的 RJ-45 插头跳线插入网卡；在信息插座一端，跳线的 RJ-45 头连接到插座的数据点上。要注意信息插座必须距离地面 30cm 以上。信息插座的安装如图 4-2 所示。一根带有 RJ-45 接口的跳线从数据点上连接计算机，一根带有 RJ-11 的跳线从语音点上连接电话。必要的时候，数据点和语音点可以互换。

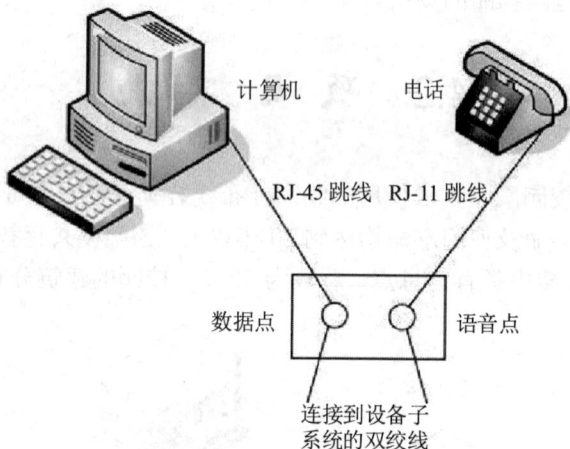

图 4-2　信息插座连接方式

（2）水平子干子系统设计涉及到确定线路走向，线缆的数量、长度和类型，线槽和管的数量。线缆选用无屏蔽双绞线，其长度的计算一般为：

$$\text{整幢楼的用线量} = \text{楼层数} \times \text{每层楼用线量}$$

其中

$$\text{每层楼用线量} = [0.55 \times (L+S) + 6] \times N$$

注意

L 代表本楼层同管理间最远的信息点距离；S 代表本楼层同管理间最近的信息点距离；
N 代表本楼层的信息插座总数；0.55 是备用系数；6 是端接容差。

在布线时，采用先走线槽再走支管方式。用横梁式线槽将电缆引向所要布线的区域，到各房间后，经分支线槽从横梁式电缆管道分叉后将电缆穿过一段支管引向墙柱或墙壁，贴墙而下到本层的信息出口，最后端接在用户的插座上，如图 4-3 所示。

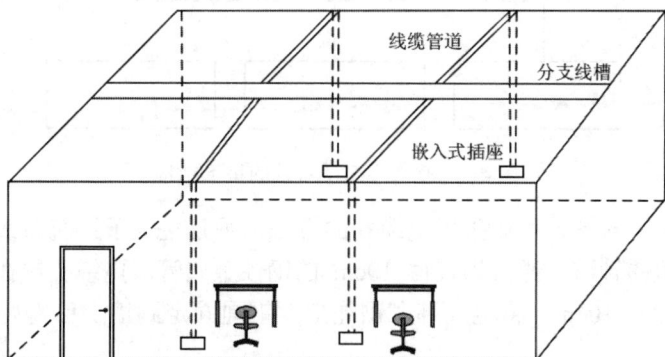

图 4-3　水平支干子系统

（3）在设计管理子系统的时候，为每一层楼都设计管理间是目前结构化布线系统的发展趋势，为了适应将来可能的发展，这里也采用为每一层楼设计一个管理间。

管理间一般有以下设备：机柜、集线器、信息点集线面板、语音点集线面板、集线器的电源线等如图 4-4 所示。

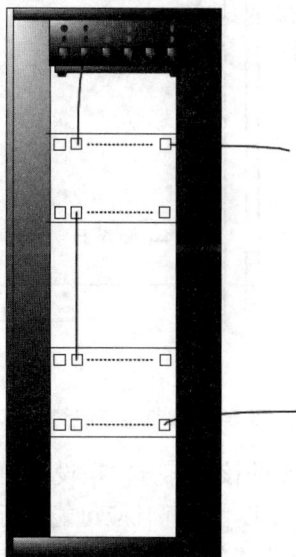

图 4-4　管理子系统的机柜结构

设计管理间管理子系统时，管理间的信息点连接是最重要的步骤，为了方便维护，应该尽可能选择简单的连线方式。为了方便设计垂直主干子系统，管理间设在每层楼的最后一个房间，并且各个管理间应上下对齐。

（4）垂直主干子系统将各个管理子系统连接到设备间，采用的是星形结构，如图 4-5 所示。

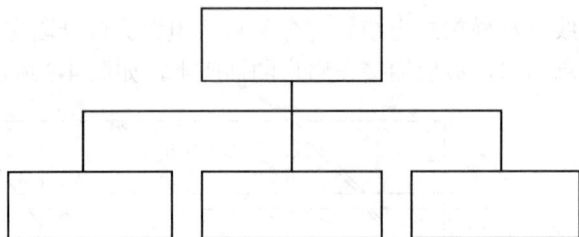

图 4-5　垂直主干子系统的星形结构

由于管理间上下对齐，可以采用电缆孔的方法为垂直主干子系统布线，干线通道中所用的电缆孔是很短的管道，通常为直径 10cm 的钢性金属管。电缆孔嵌在混凝土地板中，比地板表面高出 2.5~10cm。将电缆绑在钢绳上，钢绳固定到墙上已铆好的金属条上，如图 4-6 所示。

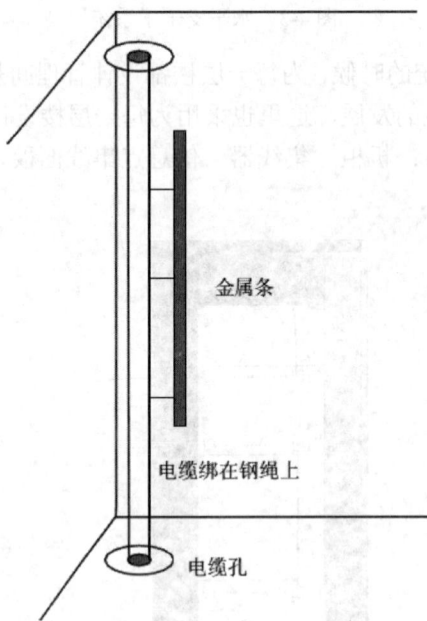

图 4-6　垂直主干线缆

（5）设备间是结构化布线系统的核心部分，在设计的时候要注意选择设备间的位置，应选在服务电梯附近，便于装运笨重设备，并且应可能靠近建筑物电缆引入区和网络接口。还必须考虑设备间的温度、湿度和尘埃等，因为这些因素对微电子设备的正常运行及使用寿命都有很大的影响。

在综合考虑了这些因素后，决定将该校园综合布线系统的设备间选在每栋楼的第二层，最靠近电梯的房间，并重新装修。使用符合《建筑设计防火规范》中规定的难燃材料或非燃材料，能防潮、吸噪、不起尘、抗静电。地面采用抗静电活动地板。

设备间包括了交换机、服务器、路由器和调制解调器等设备，其结构如图 4-7 所示。

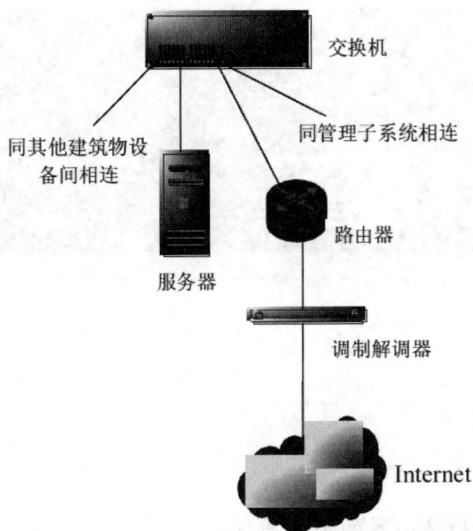

图 4-7　设备间子系统结构

（6）完成 3 栋楼各自的建筑物内部系统后，将这 3 栋楼的布线连接起来。3 栋楼间的电缆直接埋在校园的地下，保证校园的美观。

在完成所有的布线工作后，需要进行测试。测试的内容包括工作区到设备间的连接情况，主干线的连接情况，信息传输速率、衰减率、距离接线图、近端串扰等。

本项目使用了一个校园网结构化布线系统的例子，介绍了如何在一个具体的环境中实施布线，以及各个子系统的布线方式。读者在对具体的环境进行结构化布线时，应该根据实际情况采用最合适的布线方式，同时也要考虑到布线系统的可扩展性。

项目 5
路由及其配置

知识点、技能点

➤ 路由的基本概念和路由器的工作原理
➤ 路由器的分类
➤ 路由器基础配置
➤ VPN 的实现

学习要求

➤ 掌握和了解路由的基本概念和路由器的工作原理
➤ 掌握和了解路由器的分类
➤ 掌握和了解路由器基础配置
➤ 了解 VPN 的实现

教学基础要求

➤ 掌握路由的基本概念和工作原理
➤ 掌握路由器的分类
➤ 掌握路由器基础配置

5.1 项目分析

5.1.1 路由概述

1. 路由的基本概念

路由就是在被物理隔离的子网之间转发数据包的过程。路由使不同子网之间可以互通，用户可以访问到其他子网中的资源。路由功能是靠路由器来实现的，企业网络中有很多路由器连接多个子网，并保证多个子网可以互相通信。路由器中会存储路由表，根据路由表决定最有效的数据包路由转发路径，如图5-1所示。

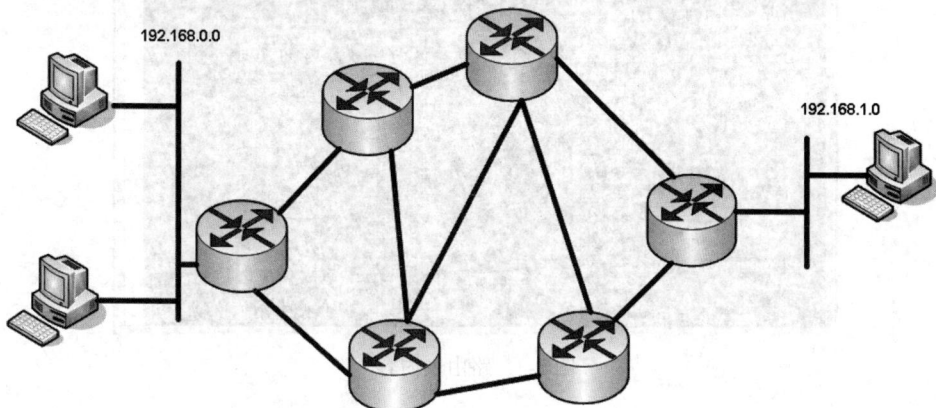

图 5-1   路由器的作用

在图5-1中，192.168.0.0网络中的主机要能访问到192.168.1.0网络中的主机，在网络中可能会经过很多个路由器。数据包在这两个网络中传输的时候可以选择的路径有很多种。

2. 路由器

路由器是一种多端口设备，它可以连接不同传输速率并运行于各种环境的局域网和广域网，也可以采用不同的协议。路由器可以隔绝广播数据，所以可以减少整个网络中的带宽消耗，提高网络性能。路由器通常有两个以上的网络接口，可以连接两个以上的不同子网。当在不同子网之间路由转发数据包的时候，路由器靠寻址和选择路径功能把数据包从合适的网络接口转发出去。路由器工作在OSI模型中的网络层，也就是说，路由器可以看到IP数据包的网络层信息，例如源地址、目的地址、源端口、目的端口等。

路由器的核心功能就是为经过路由器的每个数据包寻找一条最佳的传输路径，然后把数据包发向目的地。选择最佳路径是靠路由器的路由算法来实现的。在路由器中保存了不同的传输路径的相关数据，这就是路由表，在进行路由选择的时候，由路由表的信息确定数据如何进行路由转发。

路由器可以靠专业的硬件路由器设备实现，也可以使用路由器软件来实现。在Windows Server 2008中，路由和远程访问服务就可以完成路由器的功能。

3. 路由表

路由表中存储的是文本信息，其中包含了不同子网的标识、下一个路由器的地址、网络接口以及经过的路由器的个数等。路由表中的内容可以由管理员预先设置，也可以由路由器动态修改。

运行 TCP/IP 协议的主机可以使用路由表维护其他网络和主机的地址信息。在一台运行了路由和远程访问服务的具有两个网络接口的计算机上，使用 route print 命令可以显示路由表的内容，如图 5-2 所示。

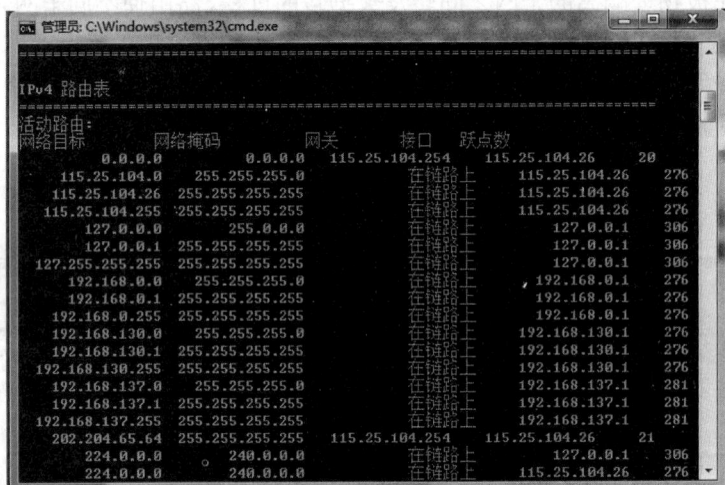

图 5-2　路由表内容

5.1.2　路由器的工作原理

当 IP 子网中的一台主机发送 IP 分组给同一 IP 子网的另一台主机时，它将直接把 IP 分组送到网络上，对方就能收到。而要送给不同 IP 子网上的主机时，它要选择一个能到达目的子网上的路由器，把 IP 分组送给该路由器，由路由器负责把 IP 分组送到目的地。如果没有找到这样的路由器，主机就把 IP 分组送给一个称为"默认网关"（default gateway）的路由器上。"默认网关"是每台主机上的一个配置参数，它是接在同一个网络上的某个路由器端口的 IP 地址。

路由器转发 IP 分组时，只根据 IP 分组目的 IP 地址的网络号部分，选择合适的端口，把 IP 分组送出去。同主机一样，路由器也要判定端口所接的是否是目的子网，如果是，就直接把分组通过端口送到网络上；否则，也要选择下一个路由器来传送分组。路由器也有它的默认网关，用来传送找不到目的地的 IP 分组。这样，通过路由器把知道目的地的 IP 分组正确转发出去，不知道目的地的 IP 分组送给"默认网关"路由器，这样一级级地传送，IP 分组最终将送到目的地，送不到目的地的 IP 分组则被网络丢弃了。

目前 TCP/IP 网络，全部是通过路由器互联起来的，Internet 就是由成千上万个 IP 子网通过路由器互联起来的国际性网络。这种网络称为以路由器为基础的网络（router based network），形成了以路由器为节点的"网间网"。在"网间网"中，路由器不仅负责对 IP

分组的转发，还要负责与别的路由器进行联络，共同确定"网间网"的路由选择和维护路由表。

　　路由动作包括两项基本内容：寻径和转发。寻径，即判定到达目的地的最佳路径，由路由选择算法来实现。由于涉及到不同的路由选择协议，路由选择算法要相对复杂一些。为了判定最佳路径，路由选择算法必须启动并维护包含路由信息的路由表，其中路由信息取决于所用的路由选择算法，算法不同路由信息也不尽相同。路由选择算法将收集到的不同信息填入路由表中，根据路由表可将目的网络与下一站（nexthop）的关系告诉路由器。路由器间互通信息进行路由更新，更新维护路由表使之正确反映网络的拓扑变化，并由路由器根据量度来决定最佳路径。这就是路由选择协议（Routing Protocol），例如路由信息协议（RIP）、开放式最短路径优先协议（OSPF）和边界网关协议（BGP）等。

　　转发，即沿寻径好的最佳路径传送信息分组。路由器首先在路由表中查找、判断是否知道如何将分组发送到下一个站点（路由器或主机），如果路由器不知道如何发送分组，通常将该分组丢弃；否则就根据路由表的相应表项将分组发送到下一个站点，如果目的网络直接与路由器相连，路由器就把分组直接送到相应的端口上。这就是路由转发协议（Routed Protocol）。

　　路由转发协议和路由选择协议是相互配合又相互独立的概念，前者使用后者维护的路由表，同时后者要利用前者提供的功能来发布路由协议数据分组。

5.1.3　路由选择方式

　　典型的路由选择方式有两种：静态路由和动态路由。

　　静态路由是在路由器中设置固定的路由表。除非网络管理员干预，否则静态路由不会发生变化。由于静态路由不能对网络的改变作出反应，一般用于网络规模不大、拓扑结构固定的网络中。静态路由的优点是简单、高效、可靠。在所有的路由中，静态路由优先级最高。当动态路由与静态路由发生冲突时，以静态路由为准。

　　动态路由是网络中的路由器之间相互通信，传递路由信息，利用收到的路由信息更新路由器表的过程。它能实时地适应网络结构的变化。如果路由更新信息表明网络发生了变化，路由选择软件就会重新计算路由，并发出新的路由更新信息。这些信息通过各个网络，引起各路由器重新启动其路由算法，并更新各自的路由表以动态地反映网络拓扑变化。动态路由适用于规模大、拓扑复杂的网络。当然，各种动态路由协议会不同程度地占用网络带宽和 CPU 资源。

　　静态路由和动态路由有各自的特点和适用范围，因此在网络中动态路由通常作为静态路由的补充。当一个分组在路由器中进行寻径时，路由器首先查找静态路由，如果查到则根据相应的静态路由转发分组；否则再查找动态路由。

　　根据是否在一个自治域内部使用，动态路由协议分为内部网关协议（IGP）和外部网关协议（EGP）。这里的自治域指一个具有统一管理机构、统一路由策略的网络。自治域内部采用的路由选择协议称为内部网关协议，常用的有 RIP、OSPF；外部网关协议主要用于多个自治域之间的路由选择，常用的是 BGP 和 BGP-4。下面分别进行简要介绍。

1. RIP 路由协议

RIP 路由协议最初是为 Xerox 网络系统的 Xerox parc 通用协议而设计的，是 Internet 中常用的路由协议。RIP 采用距离向量算法，即路由器根据距离选择路由，所以也称为距离向量协议。路由器收集所有可到达目的地的不同路径，并且保存有关到达每个目的地的最少站点数的路径信息，除到达目的地的最佳路径外，任何其他信息均予以丢弃。同时路由器也把所收集的路由信息用 RIP 路由协议通知相邻的其他路由器。这样，正确的路由信息逐渐扩散到了全网。

RIP 使用非常广泛，它简单、可靠，便于配置。但是 RIP 只适用于小型的同构网络，因为它允许的最大站点数为 15，任何超过 15 个站点的目的地均被标记为不可达。而且 RIP 每隔 30s 一次的路由信息广播也是造成网络广播风暴的重要原因之一。

2. OSPF 路由协议

80 年代中期，RIP 已不能适应大规模异构网络的互连，OSPF 随之产生。它是 Internet 工程任务组织（IETF）的内部网关协议工作组为 IP 网络而开发的一种路由协议。

OSPF 是一种基于链路状态的路由协议，需要每个路由器向其同一管理域的所有其他路由器发送链路状态广播信息。在 OSPF 的链路状态广播中包括所有接口信息、所有的量度和其他一些变量。利用 OSPF 的路由器首先必须收集有关的链路状态信息，并根据一定的算法计算出到每个节点的最短路径。而基于距离向量的路由协议仅向其邻接路由器发送有关路由更新信息。

与 RIP 不同的是，OSPF 将一个自治域再划分为区，相应地即有两种类型的路由选择方式：当源和目的地在同一区时，采用区内路由选择；当源和目的地在不同区时，则采用区间路由选择。这就大大减少了网络开销，并增加了网络的稳定性。当一个区内的路由器出了故障时并不影响自治域内其他区路由器的正常工作，这也给网络的管理、维护带来方便。

3. BGP 和 BGP-4 路由协议

BGP 是为 TCP/IP 互联网设计的外部网关协议，用于多个自治域之间。它既不是基于纯粹的链路状态算法，也不是基于纯粹的距离向量算法。它的主要功能是与其他自治域的 BGP 交换网络可达信息。各个自治域可以运行不同的内部网关协议。BGP 更新信息包括网络号/自治域路径的成对信息。自治域路径包括到达某个特定网络须经过的自治域串，这些更新信息通过 TCP 传送出去，以保证传输的可靠性。

为了满足 Internet 日益扩大的需要，BGP 还在不断地发展。在最新的 BGP-4 中，还可以将相似路由合并为一条路由。

4. 路由表项的优先问题

在一个路由器中，可同时配置静态路由和一种或多种动态路由。它们各自维护的路由表都提供给转发程序，但这些路由表的表项间可能会发生冲突。这种冲突可通过配置路由表的优先级来解决。通常静态路由具有默认的最高优先级，当其他路由表表项与它发生冲突时，均按静态路由转发。

5.1.4　路由器的分类

Internet 各种级别的网络中随处都可见到路由器。接入网络使得家庭和小型企业可以连接到某个 Internet 服务提供商；企业网中的路由器连接一个校园或企业内成千上万的计算机；骨干网上的路由器终端系统通常是不能直接访问的，它们连接长距离骨干网上的 ISP 和企业网络。Internet 的快速发展无论是对骨干网、企业网还是接入网都带来了不同的挑战。骨干网要求路由器能对少数链路进行高速路由转发。企业级路由器不但要求端口数目多、价格低廉，而且要求配置起来简单方便，并提供 QoS，例如，飞鱼星的企业级路由器就提供 SmartQoSIII。

路由器按照其使用级别可以分为以下 5 类。

1.　接入路由器

接入路由器连接家庭或 ISP 内的小型企业客户。接入路由器不仅提供 SLIP 或 PPP 连接，还支持诸如 PPTP 和 IPSec 等虚拟私有网络协议。这些协议能在每个端口上运行。诸如 ADSL 等技术将很快提高各家庭的可用带宽，这将进一步增加接入路由器的负担。由于这些趋势，接入路由器将来会支持许多异构和高速端口，并在各个端口能够运行多种协议，同时还要避开电话交换网。

2.　企业级路由器

企业或校园级路由器连接许多终端系统，其主要目标是以尽量便宜的方法实现尽可能多的端点互联，并且进一步要求支持不同的服务质量。现有企业网络大多是由 Hub 或网桥连接起来的以太网段。尽管这些设备价格便宜、易于安装、无需配置，但是它们不支持服务等级。相反，有路由器参与的网络能够分成多个碰撞域，并因此能够控制一个网络的大小。此外，路由器还支持一定的服务等级，至少允许分成多个优先级别。但是路由器的每端口造价要贵些，并且在能够使用之前要进行大量的配置工作。因此，选择企业路由器的关键就在于是否提供大量端口且每端口的造价很低，是否容易配置，是否支持 QoS。另外还要求企业级路由器有效地支持广播和组播。企业网络还要处理历史遗留的各种 LAN 技术，支持多种协议，包括 IP、IPX 和 Vine。它们还要支持防火墙、包过滤、VLAN 以及大量的管理和安全策略。

3.　骨干级路由器

骨干级路由器实现企业级网络的互联。对它的要求是速度和可靠性，而路由查找代价则处于次要地位。硬件可靠性可以采用电话交换网中使用的技术，如热备份、双电源、双数据通路等来获得。这些技术对所有骨干路由器而言是同一标准。骨干 IP 路由器的主要性能瓶颈是在转发表中查找某个路由所耗的时间。当收到一个包时，输入端口在转发表中查找该包的目的地址以确定其目的端口，当包越短或者当包要发往许多目的端口时，势必增加路由查找的代价。因此，将一些常访问的目的端口放到缓存中能够提高路由查找的效率。不管是输入缓冲还是输出缓冲路由器，都存在路由查找的瓶颈问题。除了路由查找瓶颈问题之外，路由器的稳定性也是一个常被忽视的问题。

4. 太比特路由

在未来核心 Internet 使用的三种主要技术中，光纤和 DWDM 都已经是很成熟的并且是现成的。如果没有与光纤和 DWDM 对应的路由器提供原始带宽，新的网络基础设施将无法从性能上得到根本改善，因此开发高性能的骨干交换/路由器（太比特路由器）已经成为一项迫切的要求。太比特路由器技术现在还主要处于开发实验阶段。

5. 双 WAN 路由器

双 WAN 路由器具有物理上的 2 个 WAN 口作为外网接入，这样内网电脑就可以经过双 WAN 路由器的负载均衡功能同时使用 2 条外网接入线路，大幅提高了网络带宽。当前双 WAN 路由器主要有"带宽汇聚"和"一网双线"的应用优势，这是传统单 WAN 路由器做不到的。

5.1.5　VPN 的实现

虚拟专用网络（Virtual Private Network，VPN）就是利用 Internet 或其他网络作为 WAN 的骨干网络，即借助公网来形成企业专网。在 VPN 中，用与 ISP 的本地连接代替与远程用户和租用线路的拨号连接或帧中继连接。VPN 允许专用企业内部网安全地在 Internet 或其他网络服务上扩展，使电子商务以及外部网与商业伙伴、供应商和顾客的连接更加方便可靠。VPN 的目的是以更低的成本，采用更灵活的连接方式与 ISP 相连，提供在传统 WAN 环境下的可靠性、安全性和高性能，如图 5-3 所示。

1. VPN 的特点

虚拟专用网有以下特点。

（1）统一的资源定位机制。

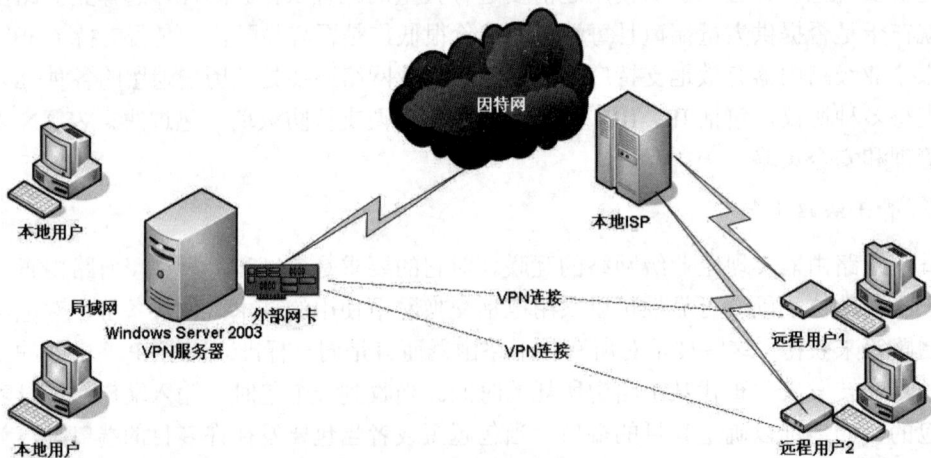

图 5-3　VPN 示意图

（2）专用硬件平台，加密、验证和 IP 报转发分别采用专用芯片，以求达到最大的网络吞吐量和最小的网络延时。

（3）基于 IPSec（IPSecurity，IP 安全协议）标准的网络数据加密和网管数据加密。

（4）集成的防火墙功能。

（5）冗余备份隧道。

（6）先进的动态密钥管理和密钥交换机制。

（7）网络地址转换（NAT）。

（8）自动网络拓扑学习。

（9）友好的管理界面，简单、安全、易用。

2．VPN 的相关安全协议

（1）PPTP

PPTP（Pointto Point Tunnel Protocal，点对点隧道协议）是一个最流行的 Internet 协议，它提供 PPTP 客户机与 PPTP 服务器之间的加密通信，允许公司使用专用的"隧道"，通过公共 Internet 来扩展公司的网络。PPTP 实现对数据流进行封装和加密，从而可以通过 Internet 实现多功能通信。这就是说，通过 PPTP 的封装或"隧道"服务，使非 IP 网络可以获得进行 Internet 通信的优点。但是 PPTP 会话不可通过代理器进行，PPTP 是 Microsoft 和其他厂家支持的标准，是 PPP 协议的扩展，它可以通过 Internet 建立多协议 VPN。

（2）L2TP

L2TP（Layer2 Tunneling Protocol，第二层隧道协议）。除 Microsoft 外，另有一些厂家也做了许多开发工作，Cisco 的 L2F（Layer2 Forwarding）是另一个隧道协议。Microsoft、Cisco 和其他一些网络厂商正一起努力使 L2F 与 PPTP 融合，产生一个新的 L2TP 协议。PPTP 和 L2TP 十分相似，因为 L2TP 有一部分就是采用 PPTP，两个协议都允许客户通过其间的网络建立隧道。L2TP 由包括 Microsoft 在内的几家厂商开发。L2TP 还支持信道认证，但它没有规定信道保护的方法。

（3）IPSec

IPSec 是在 IETF 的指导下开发。开发这个协议的目的是要解决当前协议中存在的一些缺点。Microsoft 承诺支持 L2TP 和 IPSec。IPSec 是由 IETFIP 安全性工作组定义的协议集，它用于确保网络层之间的安全通信。该协议草案建议使用 IPSec 协议集保护 IP 网和非 IP 网上的 L2TP 业务，定义了如何将 IPSec 和 L2TP 一起使用，但它并未试图将端对端的安全性标准化。

（4）SOCKS

SOCKS（Protocol for sessions traversal across firewall securely，防火墙安全会话转换协议）是一个网络连接的代理协议，它使 SOCKS 一端的主机完全访问 SOCKS，而另一端的主机不要求 IP 直接可达。SOCKS 能对连接请求进行鉴别和授权，并建立代理连接和传送数据。SOCKS 通常用作网络防火墙，它使 SOCKS 后面的主机能通过 Internet 取得完全的访问权，而避免了通过 Internet 对内部主机进行未授权访问。目前，有 SOCKS V4 和 SOCKS V5 两个版本，SOCKS V5 可以处理 UDP，而 SOCKS V4 则不能。

5.2 项目实施

5.2.1 路由器基础配置

1. 基本配置方式

一般来说，可以用 5 种方式来配置路由器，如图 5-4 所示。

☑ Console 口接终端或运行终端仿真软件的计算机。

☑ AUX 口接 MODEM，通过电话线与远方的终端或运行终端仿真软件的计算机相连。

☑ 通过 Ethernet 上的 TFTP 服务器。

☑ 通过 Ethernet 上的 Telnet 程序。

☑ 通过 Ethernet 上的 SNMP 网管工作站。

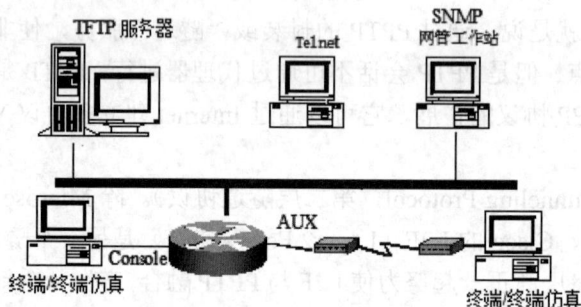

图 5-4　路由器的 5 种配置方式

但路由器的第一次设置必须通过 Console 口接终端或运行终端仿真软件的计算机的方式进行，此时终端的硬件配置如下：

☑ 波特率：9600

☑ 数据位：8

☑ 停止位：1

☑ 奇偶校验：无

2. 命令状态

（1）router>

路由器处于用户命令状态，这时用户可以看到路由器的连接状态，访问其他网络和主机，但不能看到和更改路由器的配置内容。

（2）router#

在 router>提示符下输入 enable，路由器进入特权命令状态 router#，这时不但可以执行所有的用户命令，还可以看到和更改路由器的配置内容。

（3）router(config)#

在 router#提示符下输入 configure terminal，出现提示符 router(config)#，此时路由器处

于全局设置状态，可以设置路由器的全局参数。

（4）router(config-if)#、router(config-line)#、router(config-router)#

此时路由器处于局部设置状态，可以设置路由器某个局部参数。

（5）>

路由器处于 RXBOOT 状态，在开机后 60 秒内按 Ctrl+Break 键可进入此状态，这时路由器不能完成正常的功能，只能进行软件升级和手工引导。

（6）设置对话状态

此时是一台新路由器开机时自动进入的状态，在特权命令状态使用 SETUP 命令也可进入此状态，这时可通过对话方式对路由器进行配置。

3. 设置对话过程

利用设置对话过程可以避免手工输入命令的烦琐，但它还不能完全代替手工输入，一些特殊的设置还必须通过手工输入的方式完成。

进入设置对话过程后，路由器首先会显示一些提示信息：

```
--- System Configuration Dialog ---
At any point you may enter a question mark '?' for help.
Use ctrl-c to abort configuration dialog at any prompt.
Default settings are in square brackets '[]'.
```

这是告诉你在设置对话过程中的任何地方都可以输入"?"得到系统的帮助，按 Ctrl+C 键可以退出设置过程，默认设置将显示在"[]"中。然后路由器会问是否进入设置对话：

```
Would you like to enter the initial configuration dialog? [yes]:
```

如果按 y 键或 Enter 键，路由器就会进入设置对话过程。首先你可以看到各端口当前的状况：

```
First, would you like to see the current interface summary? [yes]:
Any interface listed with OK? value "NO" does not have a valid configuration
Interface    IP-Address    OK?    Method    Status    Protocol
Ethernet0    Unassigned    NO     unset     up        Up
Serial0      Unassigned    NO     unset     up        up
.........
```

然后，路由器就开始全局参数的设置：

```
Configuring global parameters:
```

（1）设置路由器名：

```
Enter host name [Router]:
```

（2）设置进入特权状态的密文（secret），此密文在设置以后不会以明文方式显示：

```
The enable secret is a one-way cryptographic secret used instead of the enable password when it exists.
Enter enable secret: cisco
```

（3）设置进入特权状态的密码（password），此密码只在没有密文时起作用，并且在设置以后会以明文方式显示：

The enable password is used when there is no enable secret and when using older software and some boot images.

Enter enable password: pass

（4）设置虚拟终端访问时的密码：

Enter virtual terminal password: cisco

（5）询问是否要设置路由器支持的各种网络协议：

Configure SNMP Network Management? [yes]:
Configure DECnet? [no]:
Configure AppleTalk? [no]:
Configure IPX? [no]:
Configure IP? [yes]:
Configure IGRP routing? [yes]:
Configure RIP routing? [no]:
………

（6）如果配置的是拨号访问服务器，系统还会设置异步口的参数：

Configure Async lines? [yes]:

☑ 设置线路的最高速度：

Async line speed [9600]:

☑ 是否使用硬件流控：

Configure for HW flow control? [yes]:

☑ 是否设置 modem：

Configure for modems? [yes/no]: yes

☑ 是否使用默认的 modem 命令：

Configure for default chat script? [yes]:

☑ 是否设置异步口的 PPP 参数：

Configure for Dial-in IP SLIP/PPP access? [no]: yes

☑ 是否使用动态 IP 地址：

Configure for Dynamic IP addresses? [yes]:

☑ 是否使用默认 IP 地址：

Configure Default IP addresses? [no]: yes

☑　是否使用 TCP 头压缩：

Configure for TCP Header Compression? [yes]:

☑　是否在异步口上使用路由表更新：

Configure for routing updates on async links? [no]: y

☑　是否设置异步口上的其他协议。

接下来，系统会对每个接口进行参数的设置。

Configuring interface Ethernet0:

☑　是否使用此接口：

Is this interface in use? [yes]:

☑　是否设置此接口的 IP 参数：

Configure IP on this interface? [yes]:

☑　设置接口的 IP 地址：

IP address for this interface: 192.168.162.2

☑　设置接口的 IP 子网掩码：

Number of bits in subnet field [0]:
Class C network is 192.168.162.0, 0 subnet bits; mask is /24

在设置完所有接口的参数后，系统会把整个设置对话过程的结果显示出来：

The following configuration command script was created:
hostname Router
enable secret 5 1W5Oh$p6J7tIgRMBOIKVXVG53Uh1
enable password pass
············

🖊 **注意**

在 enable secret 后面显示的是乱码，而 enable password 后面显示的是设置的内容。

显示结束后，系统会问是否使用这个设置：

Use this configuration? [yes/no]: yes

如果回答 yes，系统就会把设置的结果存入路由器的 NVRAM 中，然后结束设置对话过程，使路由器开始正常的工作。

4. 常用命令

（1）帮助。在路由器操作系统的配置过程中，无论任何状态和位置，都可以输入"？"得到系统的帮助。

（2）改变命令状态，如表 5-1 所示。

表 5-1　改变命令

任　　务	命　　令
进入特权命令状态	enable
退出特权命令状态	disable
进入设置对话状态	setup
进入全局设置状态	config terminal
退出全局设置状态	end
进入端口设置状态	interface type slot/number
进入子端口设置状态	interface type number.subinterface [point-to-point | multipoint]
进入线路设置状态	line type slot/number
进入路由设置状态	router protocol
退出局部设置状态	exit

（3）显示命令，如表 5-2 所示。

表 5-2　显示命令

任　　务	命　　令
查看版本及引导信息	show version
查看运行设置	show running-config
查看开机设置	show startup-config
显示端口信息	show interface type slot/number
显示路由信息	show ip router

（4）网络命令，如表 5-3 所示。

表 5-3　网络命令

任　　务	命　　令
登录远程主机	telnet hostname|IP address
网络侦测	ping hostname|IP address
路由跟踪	trace hostname|IP address

（5）基本命令，如表 5-4 所示

表 5-4　基本命令

任　　务	命　　令
全局设置	config terminal
设置访问用户及密码	username username password password
设置特权密码	enable secret password
设置路由器名	hostname name
设置静态路由	ip route destination subnet-mask next-hop
启动 IP 路由	ip routing
启动 IPX 路由	ipx routing
端口设置	interface type slot/number
设置 IP 地址	ip address address subnet-mask
设置 IPX 网络	ipx network network
激活端口	no shutdown
物理线路设置	line type number
启动登录进程	login [local|tacacs server]
设置登录密码	password password

5.2.2　在路由器上配置 Telnet

路由器用于连接多个子网时，通常放置位置都相距较远，查看和修改配置都比较麻烦，此时如果可以远程登录到路由器上进行操作，将能够大大降低管理员的工作量。

本项目需要掌握如何配置路由器的密码，如何配置 Telnet 服务，以及如何通过 Telnet 远程登录路由器进行操作的方法。项目拓扑图如图 5-5 所示。

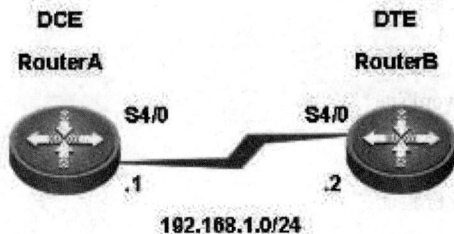

DCE　　　　　　　　　　　　　DTE

RouterA　　　　　　　　　　　RouterB

S4/0　　　　　　　S4/0

.1　　　　　　　　.2

192.168.1.0/24

图 5-5　项目拓扑图

【项目设备】

☑　路由器（带串口）2 台

☑　V.35 DCE/DTE 线缆 1 对

【项目原理】

将两台路由器通过串口，以 V.35 DCE/DTE 线缆连接在一起，分别配置 Telnet，可以互相以 Telnet 方式登录对方。

路由器提供广域网接口——SERIAL（高速同步串口），使用 V.35 线缆连接广域网接口链路。在广域网连接时一端为 DCE（数据通信设备），一端为 DTE（数据终端设备）。要求必须在 DCE 端配置时钟频率（clock rate）才能保证链路的连通。

【实施步骤】

1. 配置路由器的名称、接口 IP 地址和时钟

R3740#configure terminal
Enter configuration commands, one per line. End with CNTL/Z.
R3740(config)#hostname RouterA
!配置路由器的名称
RouterA(config)#interface serial 4/0
!进入串口的接口配置模式
RouterA(config-if)#clock rate 512000
!设置 DCE 端的时钟频率
RouterA(config-if)#ip address 192.168.1.1 255.255.255.0
!配置接口 IP 地址
RouterA(config-if)#no shutdown
!启用端口
RouterA(config-if)#exit
R3740#configure terminal
Enter configuration commands, one per line. End with CNTL/Z.
R3740(config)#hostname RouterB
RouterB(config)#interface serial 4/0
RouterB(config-if)#ip address 192.168.1.2 255.255.255.0
RouterB(config-if)#no shutdown
RouterB(config-if)#exit

2. 配置 Telnet

RouterA(config)#enable password ruijie
!配置路由器的特权模式密码
RouterA(config)#line vty 0 4
!进入线程配置模式
RouterA(config-line)#password star
!配置 Telnet 密码
RouterA(config-line)#login
!设置 Telnet 登录时进行身份验证
RouterA(config-line)#end
RouterB(config)#enable password ruijie
RouterB(config)#line vty 0 4
RouterB(config-line)#password star
RouterB(config-line)#login
RouterB(config-line)#end

3. 测试网络连通性，以 Telnet 方式登录路由器

RouterB#ping 192.168.1.1
Sending 5, 100-byte ICMP Echoes to 192.168.1.1, timeout is 2 seconds:
< press Ctrl+C to break >
!!!!!
Success rate is 100 percent (5/5), round-trip min/avg/max = 1/2/10 ms

```
RouterB#telnet 192.168.1.1
Trying 192.168.1.1, 23...
User Access Verification
Password:
!提示输入 Telnet 密码，此处输入 ruijie
RouterA>en
Password:
!提示输入特权模式密码，此处输入 star
RouterA#en
!远程登录路由器 A，可进行配置
RouterA#
RouterA#conf t
Enter configuration commands, one per line. End with CNTL/Z.
RouterA(config)#exit
RouterA#
RouterA#
RouterA#exit
!使用 exit 命令退出 Telnet 登录
RouterB#
RouterA#ping 192.168.1.2
Sending 5, 100-byte ICMP Echoes to 192.168.1.2, timeout is 2 seconds:
< press Ctrl+C to break >
!!!!!
Success rate is 100 percent (5/5), round-trip min/avg/max = 1/4/10 ms
RouterA#telnet 192.168.1.2
Trying 192.168.1.2, 23...
User Access Verification
Password:
RouterB>en
Password:
RouterB#
RouterB#conf t
Enter configuration commands, one per line. End with CNTL/Z.
RouterB(config)#exit
RouterB#
RouterB#exit
RouterA#
```

注意

（1）如果两台路由器通过串口直接互联，则必须在其中一端设置时钟频率（clock rate）。

（2）如果没有配置 Telnet 密码，则登录时会提示"Password required, but none set"。

（3）如果没有配置 enable 密码，则远程登录到路由器上后不能进入特权模式，会提示"Password required, but none set"。

5.2.3　配置静态路由

【拓扑结构图】

配置静态路由的拓扑结构如图 5-6 所示。

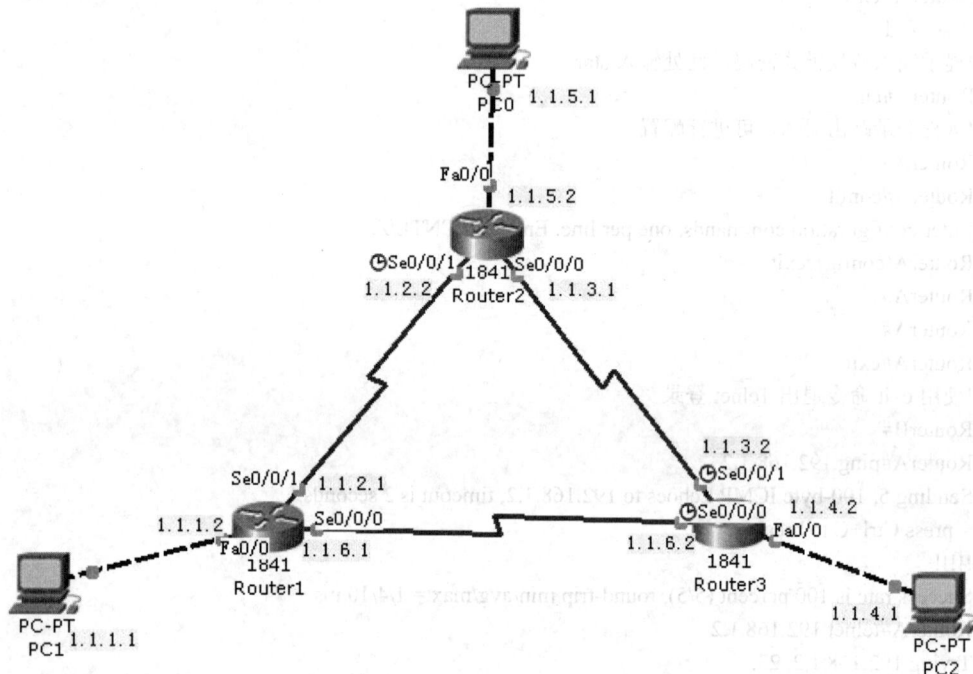

图 5-6　配置静态路由的拓扑结构

【实施步骤】

Router1:

| Router>en | !进入特权模式 |
| Router#conf ter | !进入全局配置模式 |

```
Enter configuration commands, one per line.    End with CNTL/Z.
Router(config)#int Fa0/0                        !配置 Fa0/0 接口
Router(config-if)#ip add 1.1.1.2 255.255.255.0
Router(config-if)#no shu
%LINK-5-CHANGED: Interface FastEthernet0/0, changed state to up
%LINEPROTO-5-UPDOWN: Line protocol on Interface FastEthernet0/0, changed state to up
Router(config-if)#exi
Router(config)#int serial 0/0/1                 !配置串口
Router(config-if)#ip add 1.1.2.1 255.255.255.0
Router(config-if)#clock rate 64000
Router(config-if)#no shutdown
%LINK-5-CHANGED: Interface Serial0/0/1, changed state to down
Router(config-if)#exi
Router(config)#int s0/0/0                        !配置串口
Router(config-if)#ip add 1.1.6.1 255.255.255.0
```

Router(config-if)#clock rate 64000
Router(config-if)#no shutdown
%LINK-5-CHANGED: Interface Serial0/0/0, changed state to down
Router(config)#ip route 1.1.4.0 255.255.255.0 1.1.6.2   !静态路由
Router(config)#ip route 1.1.5.0 255.255.255.0 1.1.2.2   !静态路由
Router(config)#
Router2：
Router>en   !进入特权模式
Router#conf ter   !进入全局配置模式
Enter configuration commands, one per line.   End with CNTL/Z.
Router(config)#interface Fa0/0   !配置 Fa0/0 接口
Router(config-if)#ip add 1.1.5.2 255.255.255.0
Router(config-if)#no shutdown
Router(config-if)#exit
Router(config)#interface s0/0/0   !配置串口
Router(config-if)#ip add 1.1.3.1 255.255.255.0
Router(config-if)#clock rate 64000
Router(config-if)#no shutdown
Router(config-if)#exit
Router(config)#interface s0/0/1   !配置串口
Router(config-if)#ip add 1.1.2.2 255.255.255.0
Router(config-if)#clock rate 64000
Router(config-if)#no shutdown
Router(config-if)#exit
Router(config)#ip route 1.1.1.0 255.255.255.0 1.1.2.1   !静态路由
Router(config)#ip route 1.1.4.0 255.255.255.0 1.1.3.2   !静态路由
Router(config)#
Router3：
Router>en   !进入特权模式
Router#conf ter   !进入全局配置模式
Enter configuration commands, one per line.   End with CNTL/Z.
Router(config)#int Fa0/0   !配置 Fa0/0 接口
Router(config-if)#ip add 1.1.4.2 255.255.255.0
Router(config-if)#no shutdown
%LINK-5-CHANGED: Interface FastEthernet0/0, changed state to up
%LINEPROTO-5-UPDOWN: Line protocol on Interface FastEthernet0/0, changed state to up
Router(config-if)#exi
Router(config)#int s0/0/1   !配置串口
Router(config-if)#ip add 1.1.3.2 255.255.255.0
Router(config-if)#clock rate 64000
Router(config-if)#no shutdown
%LINK-5-CHANGED: Interface Serial0/0/1, changed state to up
Router(config-if)#exit
Router(config)#int s0/0/0   !配置串口
Router(config-if)#ip add 1.1.6.2 255.255.255.0
Router(config-if)#clock rate 64000
Router(config-if)#no shutdown
%LINK-5-CHANGED: Interface Serial0/0/0, changed state to up
Router(config)#ip route 1.1.5.0 255.255.255.0 1.1.3.1   !静态路由

Router(config)#ip route 1.1.1.0 255.255.255.0 1.1.6.1   !静态路由
Router(config)#

最后按照图 5-6 配置好主机的 IP 地址，使用 ping 命令测试相互之间的连通性，主机之间可以相互 ping 通的。

5.2.4　配置动态路由

【拓扑结构图】

配置动态路由的拓扑结构如图 5-7 所示。

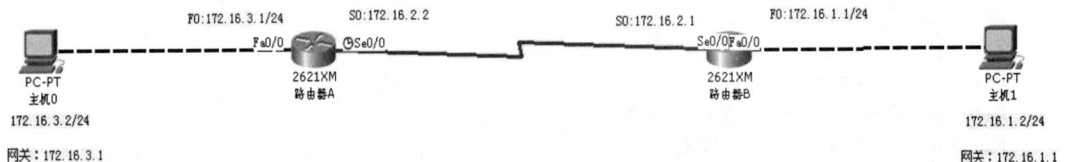

图 5-7　配置动态路由的拓扑结构图

【配置步骤】

1. 路由器 A 的配置（左边）

（1）基本配置

① 配置路由器主机名

```
Router>enable                              !从用户模式进入特权模式
Router#configure  terminal                 !从特权模式进入全局配置模式
Router(config)#hostname  A                 !将主机名配置为"A"
A(config)#
```

② 路由器各接口分配 IP 地址

```
A(config)#interface serial 0/0
A(config-if)#ip address 172.16.2.2  255.255.255.0
```

> 📝 **注意**
>
> 设置路由器 serial 0 的 IP 地址为 172.16.2.2，对应的子网掩码为 255.255.255.0

```
A(config-if)#no shutdown                   !开启 serial 0 口
A(config-if)#exit
A(config)#interface fastethernet 0/0
A(config-if)#ip address 172.16.3.1  255.255.255.0
```

> 📝 **注意**
>
> 设置路由器 fastethernet 0 的 IP 地址为 172.16.3.1，对应的子网掩码为 255.255.255.0

A(config-if)#no shutdown		!开启 fastethernet 0　口

（2）配置接口时钟频率（DCE）

A(config-if)#exit
A(config)#interface serial 0/0
A(config-if)clock rate 64000　　　　　!设置接口物理时钟频率为 64Kbps

（3）配置 RIP 路由协议

A(config-if)#exit
A(config)#router rip　　　　　　　　!在路由器 A 上启用路由协议 RIP
A(config-router)#network 172.16.0.0

注意

（1）公布属于 172.16.0.0 主类的子网；

（2）包含在 172.16.0.0 主类内的接口发送接收路由信息。

2. 路由器 B 的配置（右边）

（1）基本配置

① 配置路由器主机名

Router>enable　　　　　　　　　　!从用户模式进入特权模式
Router#configure terminal　　　　　　!从特权模式进入全局配置模式
Router(config)#hostname　　B　　　　!将主机名配置为"B"
B(config)#

② 路由器各接口分配 IP 地址

B(config)#interface serial 0/0
B(config-if)#ip address 172.16.2.1　　255.255.255.0
B(config-if)#no shutdown　　　　　　!开启 serial 0　口
B(config-if)#exit
B(config)#interface fastethernet 0/0
B(config-if)#ip address 172.16.1.1　　255.255.255.0
B(config-if)#no shutdown　　　　　　!开启 fastethernet 0　口

（2）配置 RIP 路由协议

B(config-if)#exit
B(config)#router rip　　　　　　　　!启用路由器 B 的 RIP 协议
B(config-router)#network 172.16.0.0

注意

（1）公布属于 172.16.0.0 主类的子网；

（2）包含在 172.16.0.0 主类内的接口发送接收路由信息。

（3）验证命令

show ip int brief
show ip route
show ip protocols
ping

5.2.5　配置 VPN 服务器并建立 VPN 连接

1. 服务器的配置

（1）选择【开始】|【管理工具】|【路由和远程访问】命令，打开【路由和远程访问】对话框，单击【端口】，可以看到默认的 WAN 端口中有 5 个 PPTP 端口和 5 个 L2TP 端口，这些就是提供给 VPN 连接的，如果要支持更多的客户连接，还可以添加更多的端口，如图 5-8 所示。

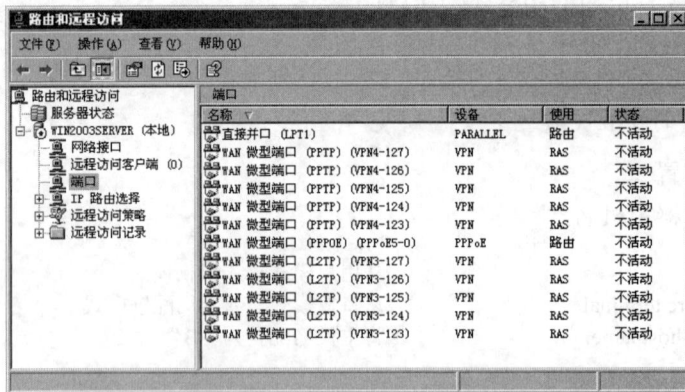

图 5-8　【路由和远程访问】对话框

（2）右击【端口】，在弹出的快捷菜单中选择【属性】命令，打开【端口属性】对话框，在列表框中选择【WAN 微型端口（PPTP）】选项，如图 5-9 所示。

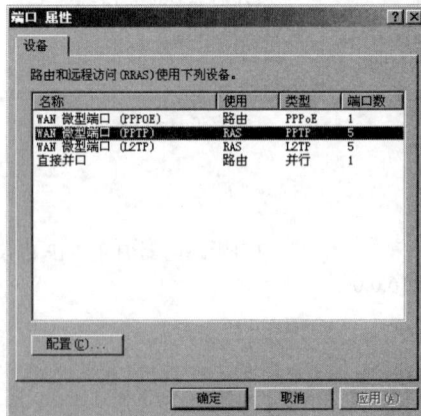

图 5-9　配置 WAN 微型端口(PPTP)

（3）单击【确定】按钮，弹出【配置设备】对话框，选中【远程访问连接(仅入站)】复选框，单击【确定】按钮，如图 5-10 所示。

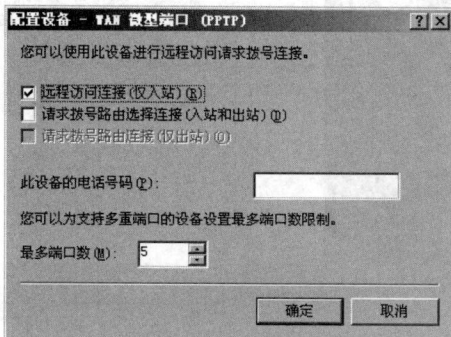

图 5-10　配置设备

（4）与配置远程服务器相同，VPN 服务器端还需要配置认证的方式、IP 地址的指派，并为本地或域用户授予允许访问的权限，如图 5-11 所示。

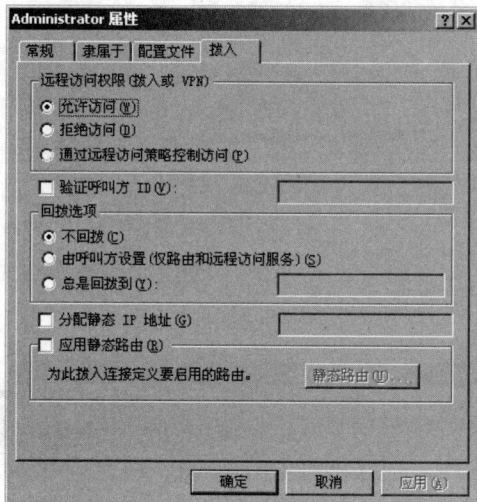

图 5-11　【拨入】选项卡

2. 客户端配置

（1）在客户端主机上，右击【网上邻居】图标，在弹出的快捷菜单中选择【属性】命令，弹出【网络和拨号连接】窗口，双击【新建连接】图标，打开【网络连接向导】对话框，如图 5-12 所示。

（2）单击【下一步】按钮，设置网络连接类型，选中【通过 Internet 连接到专用网络】单选按钮，如图 5-13 所示。

（3）单击【下一步】按钮，设置目标地址，输入主机 IP 地址"192.168.1.1"，如图 5-14 所示。

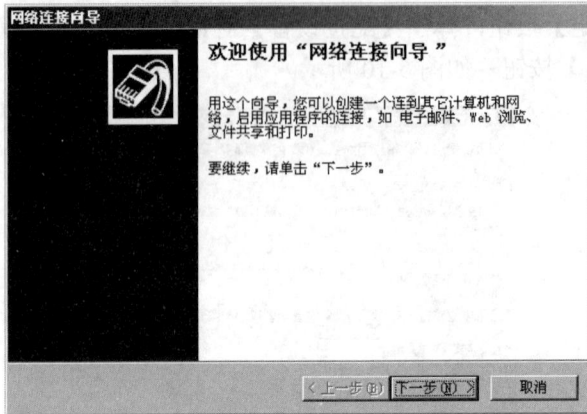

图 5-12   网络连接向导

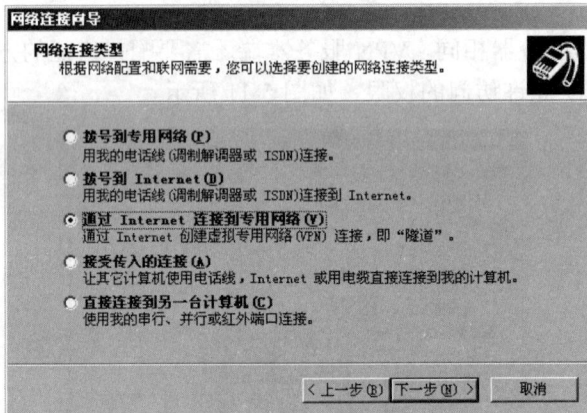

图 5-13   设置网络连接类型

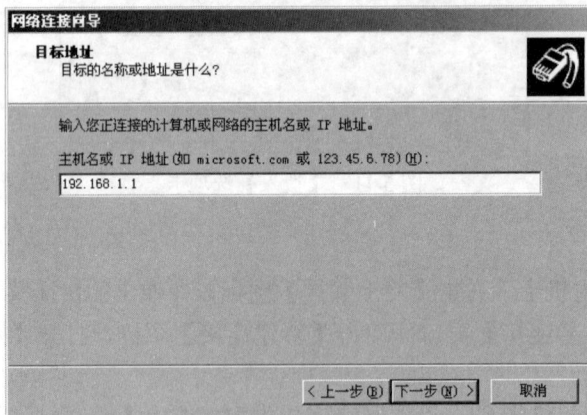

图 5-14   设置目标地址

（4）单击【下一步】按钮，设置可用连接，选中【所有用户使用此连接】单选按钮，如图 5-15 所示。

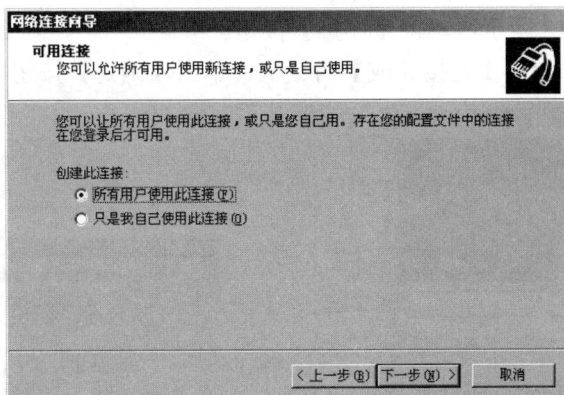

图 5-15　设置可用连接

（5）单击【下一步】按钮，设置 Internet 连接共享，如图 5-16 所示。

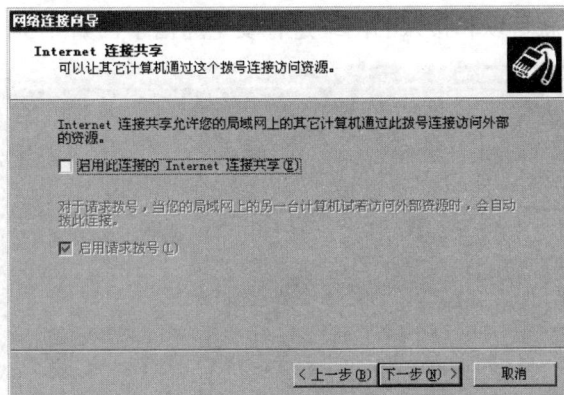

图 5-16　设置 Internet 连接共享

（6）单击【下一步】按钮，完成网络连接向导，如图 5-17 所示，单击【完成】按钮。

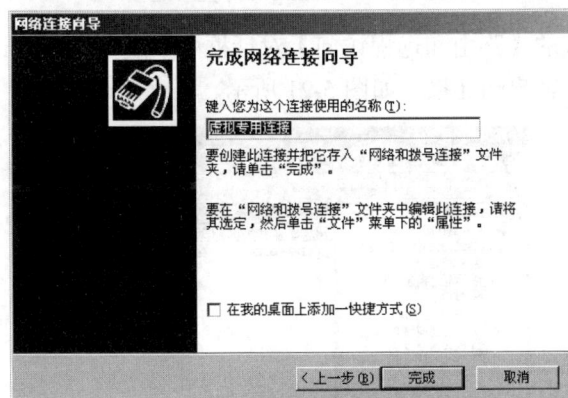

图 5-17　完成网络连接向导

3. 测试连接

（1）在桌面双击【虚拟专用连接】图标，打开【连接虚拟专用连接】对话框，输入用户名和密码，如图 5-18 所示，单击【连接】按钮。

（2）连接成功，弹出【连接完成】对话框，单击【确定】按钮，如图 5-19 所示。

图 5-18　连接虚拟专用连接对话框

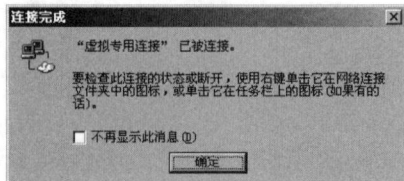

图 5-19　连接完成

（3）建立了 VPN 连接后，使用 ipconfig 命令查看已经建立的 PPP 类型的连接，并获得相应 IP 地址，这样就可以和接入的网络进行安全通信了，如图 5-20 所示。

图 5-20　ipconfig 命令查看连接

（4）在服务器端的【路由和远程访问】对话框中，展开【远程访问客户端】，可以查看到已经建立的 VPN 客户端连接，如图 5-21 所示。

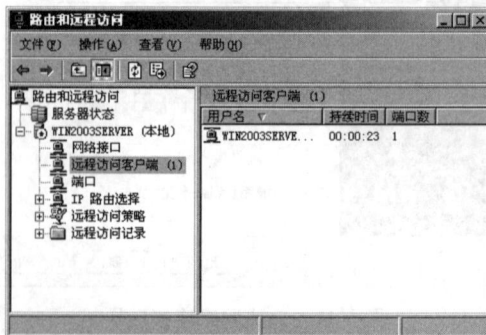

图 5-21　查看 VPN 客户端的连接

项目 6
交换机及其配置

知识点、技能点

➤ 交换机的工作原理
➤ 交换表的建立与维护
➤ 交换机的交换模式和结构
➤ 虚拟局域网 VLAN 技术
➤ 交换机的配置

学习要求

➤ 掌握和了解交换机的工作原理
➤ 了解交换表的建立与维护
➤ 掌握和了解交换机的交换模式和结构
➤ 了解虚拟局域网 VLAN 技术
➤ 掌握和了解交换机的配置

教学基础要求

➤ 掌握交换机的工作原理
➤ 掌握交换机的交换模式和结构
➤ 掌握交换机的配置

6.1　项　目　分　析

6.1.1　交换机的工作原理

　　1993 年，局域网交换设备出现，到 1994 年，国内掀起了交换网络技术的热潮。其实，交换机是一个具有简化、低价、高性能和高端口密集特点的产品，体现了桥接技术，交换机工作在 OSI 参考模型的第二层。与桥接器一样，交换机简单地按每一个包中的 MAC 地址决策信息转发。而这种转发决策一般不考虑包中隐藏的更深的其他信息。与桥接器不同的是，交换机转发延迟很小，操作接近单个局域网性能，远远超过了普通桥接互联网络之间的转发性能。

　　交换技术允许共享型和专用型的局域网段进行带宽调整，以减轻局域网之间信息流通出现的带宽瓶颈问题。现在已有以太网、快速以太网、FDDI 和 ATM 技术的交换产品。类似传统的桥接器，交换机提供了许多网络互联功能。交换机以更经济的方式将网络分成小的冲突网域，为每个工作站提供更高的带宽。协议的透明性使得交换机在软件配置简单的情况下直接安装在多协议网络中；交换机使用现有的电缆、中继器、集线器和工作站的网卡，不必作高层的硬件升级；交换机对工作站是透明的，这样管理开销低，简化了网络节点的增加、移动等操作。利用专门设计的集成电路可使交换机以线路速率在所有的端口并行转发信息，提供了比传统桥接器高得多的操作性能。如理论上单个以太网端口对含有 64 个八进制数的数据包，可提供 14880bps 的传输速率。这意味着一台具有 12 个端口、支持 6 道并行数据流的线路速率以太网交换器必须提供 89280bps 的总体吞吐率（6×14880bps）。专用集成电路技术使得交换器在更多端口的情况下以更高的性能运行，其端口造价低于传统桥接器。

6.1.2　交换表的建立与维护

　　交换机在首次开机的时候，交换表是空的，在使用的过程中，慢慢"学习"建立起它的交换表。当交换机接收到一个数据帧时，得到该帧的目的 MAC 地址，交换机通过该地址查询交换表，确定目的端口。如果该 MAC 地址已经存在于交换表中，则交换机找到相应的目的端口后，通过交换表中所给出的路径，对数据帧进行转发操作；如果在交换表中找不到该 MAC 地址，则交换机发出一个广播帧，把数据包发给源端口以外的所有交换机端口，而拥有该 MAC 地址的站点在接收到该广播帧时，作出应答，交换机即可得到该 MAC 地址所对应的端口信息。随后，该交换机就将得到的目的 MAC 地址以及与该地址相关联的交换机的端口信息保存在交换表中，建立一个新的表项目。交换机通过上述的"学习"方式慢慢建立起自己的交换表。

　　交换表保存在交换机一个有限的高速缓存中，即 CAM（Content-Addressable Memory，可编址内容存储器），这个高速缓存在一些高端的交换机中才有。由于高速缓存空间是有限

的，因此交换机必须定时刷新交换表，删去长时间不使用的表项，加入新的表项。交换机每次查询交换表时，对所使用到的表项都会盖上一个时间戳；同时交换机每存入一个新的表项时，也给它盖上一个时间戳。交换机就是以这个时间戳为依据，把长时间没有被使用到的表项删除，以便交换表有足够的空间来存入新的表项。

例如，主机 A 与主机 B 是两个终端用户。设主机 A 的 MAC 地址为 0002.2173.8b5c，连接到交换机的端口是 Fast Ethernet0/1；主机 B 的 MAC 地址是 0002.c8ec.7323，连接到交换机的端口是 Fast Ethernet0/5。主机 A 与 B 都被划分在 VLAN 的 ID 为 133 的虚拟网中，这时交换表中关于主机 A 与 B MAC 地址的表项如表 6-1 所示。

表 6-1　交换表的表项

	Destination Address （目的地址）	Address Type （地址类型）	VLAN ID	Destination Port （目的端口）
主机 A	0002.2173.8b5c	Dynamic	113	Fast Ethernet 0/1
主机 B	0002.c8ec.7323	Dynamic	113	Fast Ethernet 0/5

主机 A 向主机 B 发送数据时，交换机从 Fast Ethernet 0/1 接收到数据帧，得到主机 B 的 MAC 地址为 0002.c8ec.7323，查询交换表，从表 6-1 的第 2 个表项得到目的主机所连接的端口为 Fast Ethernet 0/5。交换机就在端口 Fast Ethernet 0/1 与端口 Fast Ethernet 0/5 之间建立起一条虚连接，将该数据帧通过这条虚连接直接转发给端口 Fast Ethernet 0/5，再由该端口将数据帧输出给主机 B，从而实现了主机 A 向主机 B 的数据传输。

6.1.3　交换机的交换模式和结构

1. 端口交换

端口交换技术最早出现在插槽式的集线器中，这类集线器的背板通常划分有多条以太网段（每条网段为一个广播域），不用网桥或路由连接，网络之间互不相通。以太模块插入后通常被分配到某个背板的网段上，端口交换用于将以太模块的端口在背板的多个网段之间进行分配、平衡。根据支持的程度，端口交换还可细分为：

☑　模块交换。即将整个模块进行网段迁移。

☑　端口组交换。通常模块上的端口被划分为若干组，每组端口允许进行网段迁移。

☑　端口级交换。支持每个端口在不同网段之间进行迁移。这种交换技术是基于 OSI 第一层上完成的，具有灵活和平衡负载能力等优点。如果配置得当，那么还可以在一定程度进行容错，但没有改变共享传输介质的特点，因而不能称之为真正的交换。

2. 帧交换

帧交换是目前应用最广的局域网交换技术，它通过对传统传输媒介进行分段，提供并行传送机制，以减小冲突域，获得较高的带宽。通常不同公司的交换产品的实现技术均会有差异，但对网络帧的处理方式一般有以下几种：

☑ 直通交换。提供线速处理能力，交换机只读出网络帧的前 14 个字节，便将网络帧传送到相应的端口上。

☑ 存储转发。通过对网络帧的读取进行验错和控制。

前一种方法的交换速度非常快，但缺乏对网络帧进行更高级的控制，缺乏智能性和安全性，同时也无法支持具有不同速率的端口交换。因此，厂商大多把后一种技术作为重点，有的厂商甚至对网络帧进行分解，将帧分解成固定大小的信元，该信元处理极易用硬件实现，处理速度快，同时能够完成高级控制功能（如美国 MADGE 公司的 LET 集线器），如优先级控制等。

3. 信元交换

ATM（Asynchronous Transfer Mode，异步传输模式）技术代表了网络和通信技术发展的未来方向，也是解决目前网络通信中众多难题的一剂"良药"。ATM 采用固定长度 53 个字节的信元交换，由于长度固定，因而便于用硬件实现。ATM 采用专用的非差别连接，并行运行，可以通过一个交换机同时建立多个节点，但不会影响每个节点之间的通信能力。ATM 还容许在源节点和目标节点之间建立多个虚拟链接，以保障足够的带宽和容错能力。ATM 采用了统计时分复用方法，因而能大大提高通道的利用率。ATM 的带宽可以达到 25MB、155MB、622MB 甚至数 GB 的传输能力。

6.1.4　虚拟局域网 VLAN 技术

1. 虚拟局域网概述

随着以太网技术的普及，以太网的规模从小型的办公环境到大型的园区网络，变得越来越大，网络管理变得越来越复杂。第一，在采用共享介质的以太网中，所有节点位于同一冲突域中，同时也位于同一广播域中，即一个节点向网络中某些节点的广播会被网络中所有的节点所接收，造成很大的带宽资源和主机处理能力的浪费。为了解决传统以太网的冲突域问题，采用了交换机来对网段进行逻辑划分。但是，交换机虽然能解决冲突域问题，却不能克服广播域问题。例如，一个 ARP 广播就会被交换机转发到与其相连的所有网段中，当网络上类似的广播大量存在时，不仅是对带宽的浪费，还会因过量的广播产生广播风暴，当交换网络规模增加时，网络广播风暴问题还会更加严重，并可能导致网络瘫痪。第二，在传统的以太网中，同一个物理网段中的节点也就是一个逻辑工作组，不同物理网段中的节点是不能直接相互通信的。这样，当用户由于某种原因在网络中移动位置但同时还要保留在原来的逻辑工作组时，就必然会需要进行新的网络连接乃至重新布线。

为了解决上述问题，虚拟局域网（Virtual Local Area Network，VLAN）应运而生。虚拟局域网是以局域网交换机为基础，通过交换机软件实现虚拟工作组或逻辑网段的技术，其最大的特点是在组成逻辑网段时无须考虑用户或设备在网络中的物理位置。VLAN 可以在一个交换机或者跨交换机实现。

1996 年 3 月，IEEE 802 委员会发布了 IEEE 802.1q VLAN 标准。目前，该标准得到全世界主要网络厂商的支持。

在 IEEE 802.1q 标准中对虚拟局域网是这样定义的：虚拟局域网是由一些局域网网段构成的与物理位置无关的逻辑组，而这些网段具有某些共同的需求。每一个 VLAN 的帧都有一个明确的标识符，指明发送这个帧的工作站是属于哪一个 VLAN。利用以太网交换机可以方便地实现虚拟局域网。虚拟局域网其实只是局域网给用户提供的一种服务，而并不是一种新型局域网。图 6-1 给出一个关于 VLAN 划分的示例，图 6-1 是使用了 4 个交换机的网络拓扑结构，有 9 个工作站分布在 3 个楼层中，构成了 3 个局域网，即 LAN1：（A1，B1，C1）、LAN2：（A2，B2，C2）、LAN3：（A3，B3，C3）。

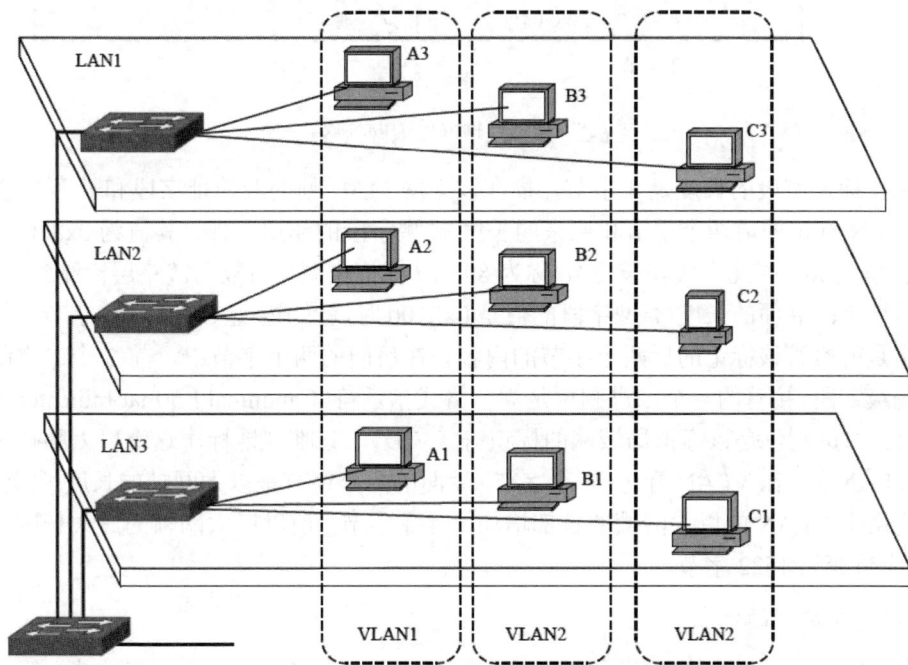

图 6-1　虚拟局域网 VLAN 的示例

把这 9 个用户划分为 3 个工作组，即划分为 3 个虚拟局域网 VLAN1：（A1，A2，A3）、VLAN2：（B1，B2，B3）、VLAN3：（C1，C2，C3）。

在虚拟局域网上的每一个工作站都可以接收到同一虚拟局域网上的其他成员所发出的广播。如工作站 B1、B2、B3 同属于虚拟局域网 VLAN2。当 B1 向工作组内成员发送数据时，B2 和 B3 将会收到广播的信息（尽管它们没有连在同一交换机上），但 A1 和 C1 不会收到 B1 发出的广播信息（尽管它们连在同一个交换机上）。

2. 虚拟局域网使用的以太网帧格式

1988 年，IEEE 批准了 802.3ac 标准，这个标准定义了虚拟局域网的以太网帧格式，在传统的以太网的帧格式中插入一个 4 字节的标识符，称为 VLAN 标记，用来指明发送该帧的工作站属于哪一个虚拟局域网，如图 6-2 所示。如果还使用传统的以太网帧格式，那么就无法划分虚拟局域网。

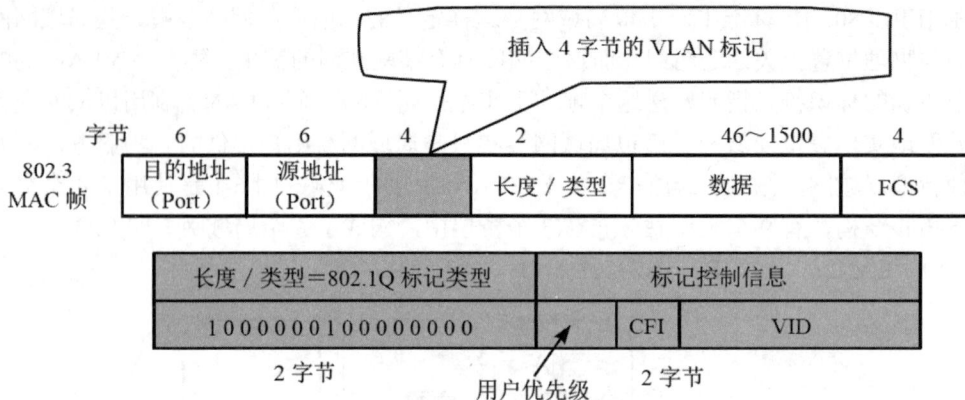

图 6-2　虚拟局域网以太网帧格式

VLAN 标记字段的长度是 4 字节，插在以太网 MAC 帧的源地址字段和长度/类型字段之间。VLAN 标记的前两个字节和原来的长度/类型字段的作用一样，其值为 0x8100（这个数值大于 0x0600，因此不代表长度），称为 802.1q 标记类型。当数据链路层检测到在 MAC 帧的源地址字段后面的长度/类型字段的值是 0x8100 时，就知道现在插入了 4 字节的 VLAN 标记。于是就检查该标记的后两个字节的内容。在后面的两个字节中，前 3 个二进制位是用户优先级字段，接着的一个二进制位是规范格式指示符（Canonical Format Indicator，CFI），最后的 12 二进制位是该虚拟局域网的标识符（VID），它唯一地标志这个以太网帧是属于哪一个 VLAN 的。在 VLAN 标记（4 个字节）后面的两个字节是以太网帧的长度/类型字段。

因为用于 VLAN 的以太网帧的首部增加了 4 个字节，所以以太网帧的最大长度从原来的 1518 字节变为 1522 字节。

3.　虚拟局域网的优点

采用 VLAN 后，在不增加设备投资的前提下，可在许多方面提高网络性能，简化网络管理。其优点具体表现在以下几个方面：

☑　VLAN 提供了一种控制网络广播的方法：基于交换机组成的网络的优势在于可提供低延时、高吞吐量的传输性能，但其会将广播包发送到所有互联的交换机、交换机端口、干线连接及用户，从而引起网络中广播流量的增加，甚至产生广播风暴。通过将交换机划分到不同的 VLAN 中，使得一个 VLAN 的广播不会影响到其他 VLAN 的性能。即使是同一交换机上的两个相邻端口，只要它们不在同一 VLAN 中，则相互之间也不会渗透广播流量。这种配置方式大大地减少了网络中的广播流量，提高了用户的可用带宽，弥补了网络易受广播风暴影响的弱点，比采用路由器在共享集线器间进行网络广播阻隔的传统方法更灵活有效。

☑　VLAN 提高了网络的安全性：VLAN 的数目及每个 VLAN 中的用户和主机是由网络管理员决定的。网络管理员通过将可以相互通信的网络结点放在一个 VLAN 内，或者将受限制的应用和资源放在一个安全的 VLAN 内，同时提供基于应用类型、协议类型、访问权限等不同策略的访问控制表，这样就可以有效地限制广播组或

共享域的大小。

☑ VLAN 简化了网络管理：一方面，VLAN 可以不受网络用户物理位置限制而根据用户需求进行网络管理，例如，同一项目或部门中的协作者，功能上有交叉的工作组，共享相同网络应用或软件的不同用户群；另一方面，VLAN 可以在单独的交换设备或跨多个交换设备中实现，大大减少了在网络中增加、删除或移动用户时的管理开销。增加用户时只要将其所连接的交换机端口指定到其所属于的VLAN 中即可，而在删除用户时只要将其 VLAN 配置撤销或删除即可，移动用户时，只要他们还能连接到任何交换机的端口，则无须重新布线。

☑ VLAN 提供了基于第 2 层的通信优先级服务：在最新的以太网技术如千兆位以太网中，基于与 VLAN 相关的 IEEE 802.1p 标准可以在交换机上为不同的应用提供不同的服务（如传输优先级等）。

总之，VLAN 是交换式网络的灵魂，其不仅从逻辑上对网络用户和资源进行有效、灵活、简便管理提供了手段，同时提供了极高的网络扩展性和移动性。但是请注意，尽管 VLAN 具有众多的优越性，但是它并不是一种新型的局域网技术，而是一种基于现有交换机设备的网络管理技术或方法，是提供给用户的一种服务。

4. 虚拟局域网的工作方式

（1）基于交换端口的 VLAN

这种方式是把局域网交换机的某些端口的集合，作为 VLAN 的成员。这些集合有时只在单个局域网交换机上，有时则跨越多台局域网交换机。虚拟局域网的管理应用程序，根据交换机端口的标识 ID，将不同的端口分配到对应的分组中，分配到同一个 VLAN 的各个端口上的所有站点都在一个广播域中，它们相互之间可以通信，不同的 VLAN 站点之间进行通信需经过路由器来进行。这种 VLAN 方式的优点在于简单、容易实现、易于监控，从一个端口发出的广播，直接发送到 VLAN 内的其他端口。它的缺点是自动化程度低、灵活性不好，例如，不能在给定的端口上支持一个以上的 VLAN；网络站点从一个端口移动到另一个新的端口时，如果新端口与旧端口不属于同一个 VLAN，则用户必须对该站点重新进行网络地址配置。

（2）基于 MAC 地址的 VLAN

这种方式的 VLAN，要求交换机对站点的 MAC 地址和交换机端口进行跟踪，在新站点入网时，根据需要将其划归至某一个 VLAN。不论站点在网络中怎样移动，由于其 MAC 地址保持不变，因此该站点的用户不需要对网络地址重新配置。然而所有的站点必须明确地分配给一个 VLAN，对站点的自动跟踪才成为可能。在一个大型网络中，需要网络管理人员将每个站点一一划分到某一个 VLAN 中，这种初始化工作是十分烦琐的。

（3）基于路由的 VLAN

路由协议工作在 OSI 7 层协议的第 3 层——网络层，即基于 IP 和 IPX 协议的转发，它是利用网络层的业务属性来自动生成 VLAN，把使用不同路由协议的站点分配在相对应的VLAN 中。IP 子网 1 为第 1 个 VLAN，IP 子网 2 为第 2 个 VLAN，IPX 子网 3 为第 3 个

VLAN……依此类推。通过检查所有的广播和多点广播帧，交换机能自动生成 VLAN。

这种方式构成的 VLAN，在不同的 LAN 网段上的站点可以属于同一 VLAN，同一物理端口上的站点也可分属于不同的 VLAN，从而保证了用户完全自由地进行增加、移动和修改等操作。这种根据网络上应用的网络协议和网络地址划分 VLAN 的方式，对于那些想针对具体应用和服务来组织用户的网络管理人员来说是十分有效的。它减少了人工参与配置 VLAN，使 VLAN 有更大的灵活性，比基于 MAC 地址的 VLAN 更容易做到自动化管理。

（4）基于策略的 VLAN

基于策略的 VLAN 的划分是一种比较灵活有效而直接的方式。这主要取决于在 VLAN 的划分中所采用的策略。目前常用的策略有：

☑　按 MAC 地址划分

☑　按 IP 地址划分

☑　按以太网协议类型划分

☑　按网络的应用划分

6.1.5　虚拟局域网的实现

从实现的方式上看，所有 VLAN 均是通过交换机软件实现的。从实现的机制或策略划分，VLAN 分为静态 VLAN 和动态 VLAN。

1．静态 VLAN

在静态 VLAN 中，由网络管理员根据交换机端口进行静态的 VLAN 分配，如图 6-3 所示，当把交换机的某一个端口分配给一个 VLAN 时，将一直保持不变直到网络管理员改变这种配置，所以又被称为基于端口的 VLAN。

基于端口的 VLAN 配置简单，网络的可监控性强。但缺乏足够的灵活性，当用户在网络中的位置发生变化时，必须由网络管理员将交换机端口重新进行配置。所以静态 VLAN 比较适合用户或设备位置相对稳定的网络环境。

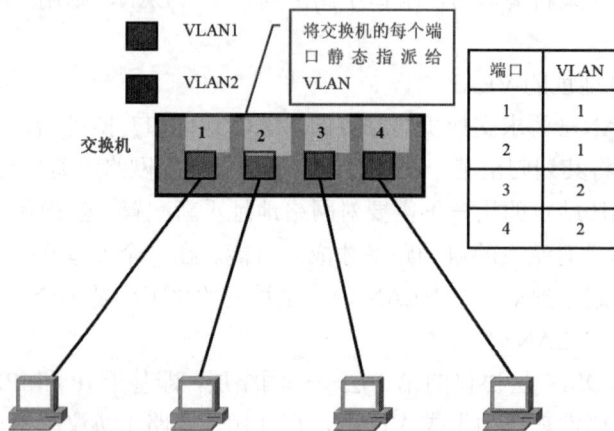

图 6-3　静态 VLAN

2. 动态 VLAN

动态 VLAN 以联网用户的 MAC 地址、逻辑地址（如 IP 地址）或数据报协议等信息为基础将交换机端口动态分配给 VLAN 的方式。当用户的主机连入交换机端口时，交换机通过检查 VLAN 管理数据库中相应的关于 MAC 地址、逻辑地址或数据报协议等信息的表项，以相应的数据库表项内容动态地配置相应的交换机端口。

动态 VLAN 主要有以下三种实现方式：

（1）基于 MAC 地址的动态 VLAN，如图 6-4 所示。网络管理员首先需要在 VLAN 策略服务器上配置一个关于 MAC 地址与 VLAN 划分映射关系的数据库，当交换机初始化时将从 VLAN 策略服务器上下载关于 MAC 地址与 VLAN 划分映射关系的数据库文件，此时，若有一台主机连接到交换机的某个端口时，交换机将会检测该主机的 MAC 地址信息，然后查找 VLAN 管理数据库中的 MAC 地址表项，用相应的 VLAN 配置内容来配置这个端口。这种机制的好处在于只要用户的应用性质不变，并且其所使用的主机不变（严格地说，是使用的网卡不变），则用户在网络中移动时，并不需要对网络进行再次配置或管理。但是，在使用 VLAN 管理软件建立 VLAN 管理数据库和维护该数据库时需要做大量的管理工作。

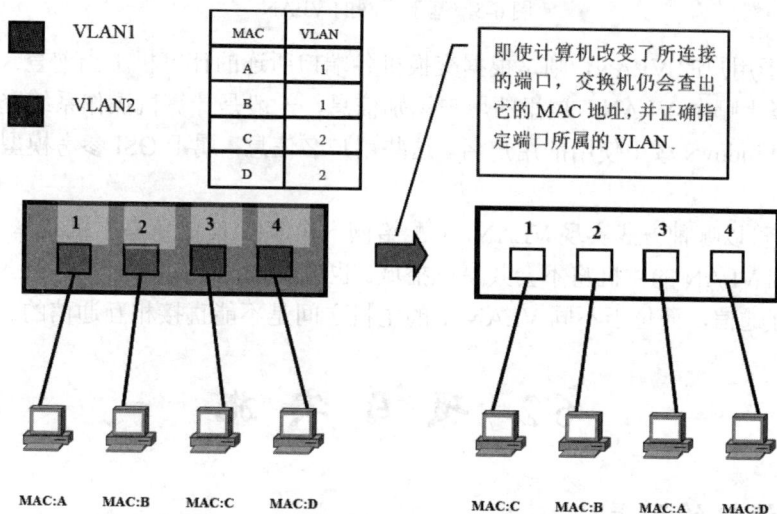

图 6-4 基于 MAC 地址的动态 VLAN

（2）基于子网的 VLAN，则是通过所连计算机的 IP 地址来决定端口所属 VLAN 的。不像基于 MAC 地址的 VLAN，即使计算机因为交换了网卡或是其他原因导致 MAC 地址改变，只要它的 IP 地址不变，就仍可以加入原先设定的 VLAN。基于子网的 VLAN 如图 6-5 所示。

因此，与基于 MAC 地址的 VLAN 相比，基于子网的 VLAN 能够更简便地改变网络结构。IP 地址是 OSI 参考模型中 VLAN 第 3 层的信息，所以我们把基于子网的 VLAN 理解为一种在 OSI 参考模型的第 3 层设定访问链接的方法。一般路由器与三层交换机都使用基于子网的方法划分 VLAN。

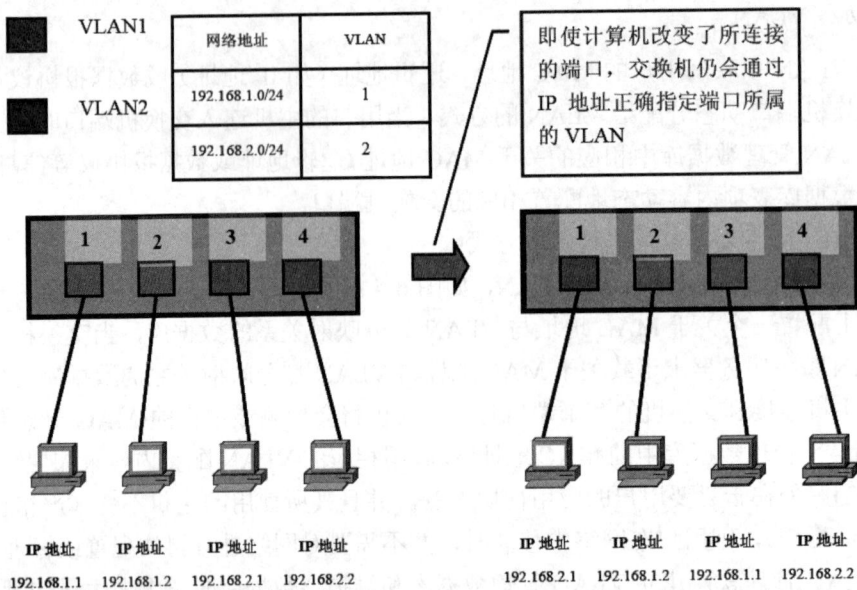

网络地址	VLAN
192.168.1.0/24	1
192.168.2.0/24	2

即使计算机改变了所连接的端口，交换机仍会通过IP 地址正确指定端口所属的VLAN

图 6-5　基于子网的 VLAN

（3）基于用户的 VLAN，则是根据交换机各端口所连的计算机上当前登录的用户，来决定该端口属于哪个 VLAN。这里的用户识别信息，一般是计算机操作系统登录的用户，比如可以是 Windows 域中使用的用户名。这些用户名信息，属于 OSI 参考模型第 4 层以上的信息。

总之，不管以哪种方式实现 VLAN，分配给同一个 VLAN 的所有主机共享一个广播域，而分配给不同 VLAN 的主机将不会共享广播域。也就是说，只有位于同一 VLAN 中的主机才能直接相互通信，而位于不同 VLAN 中的主机之间是不能直接相互通信的。

6.2　项 目 实 施

6.2.1　交换机的配置

配置交换机的基本参数，检查交换机的基本参数配置。

【项目设备】

☑　交换机 Cisco Catalyst2950-24 一台。

☑　带有网卡的工作站 PC 一台。

☑　控制台电缆一条，双绞线一条。

【实施步骤】

（1）按图 6-6 连接交换机和工作站 PC。

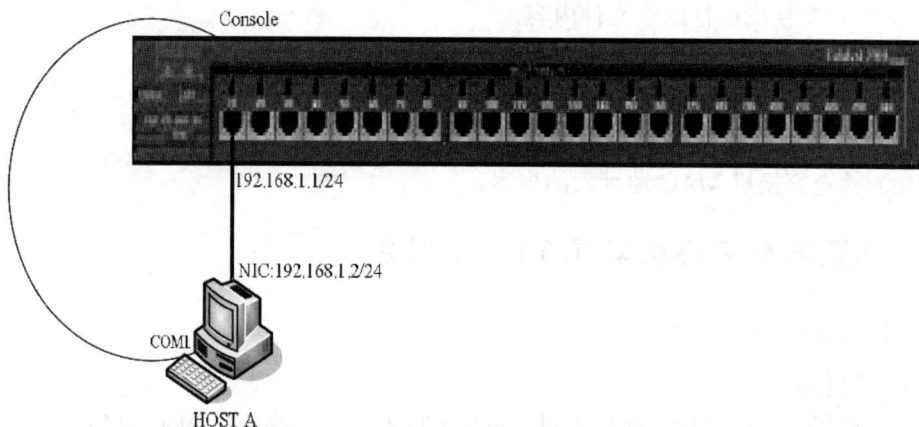

图 6-6 交换机和工作站 PC 连接示意图

（2）配置交换机主机名（SwitchA）、加密使能密码（s1）、虚拟终端口令（s2）及超时时间（5 分钟）、禁止名称解析服务。

```
Switch>enable
Switch#conf t
Switch(config)#hostname SwitchA
switchA(config)#enable password s1
switchA(config)#line vty 0 4
switchA(config-line)#password s2
switchA(config-line)#login
switchA(config-line)#line con 0
switchA(config-line)#exec-time 5 0
switchA(config-line)#no ip domain-lookup
```

（3）配置交换机 IP 地址（192.168.1.1）、子网掩码（255.255.255.0）、默认网关（192.168.1.254）。

```
switchA(config)#int vlan1
switchA(config-vlan)#ip add 192.168.1.1 255.255.255.0
switchA(config-vlan)#no sh
switchA(config-vlan)#exit
switchA(config)#ip default-gateway 192.168.1.254
```

（4）配置交换机端口速度（100Mbps）、端口双工方式（全双工）。

```
switchA(config)#int f0/1
switchA(config-if)#speed 100
switchA(config-if)#duplex full
```

（5）通过 Telnet 方式登录到交换机。

在 hostA 上：

```
C:\>telnet 192.168.1.1
```

（6）检查交换机运行配置文件内容。

（7）检查交换机启动配置文件内容。

（8）检查 VLAN1 的参数及配置。

（9）检查端口 FastEthernet 0/1 的状态及参数。

（10）检查交换机 MAC 地址表的内容。

6.2.2　配置单个交换机实现 VLAN 划分

1. 思科交换机配置方法

【项目设备】

☑　交换机：工作组级交换机思科 Catalyst 2960 系列交换机（2960-24TT）1 台。

☑　PC 机：有以太网卡的 PC 机 2 台（两台 PC 机的 IP 地址必须在同一网段）。

☑　传输设备：直通线 2 条。

【实施步骤】

（1）在思科模拟软件 Packet Tracer5.2 中绘制如图 6-7 所示网络拓扑结构图。

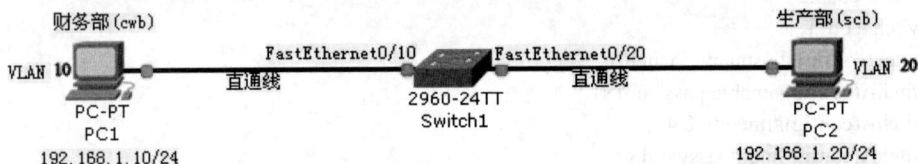

图 6-7　基于端口 VLAN 划分的网络拓扑结构

（2）测试网络连通性，分别在 PC1 和 PC2 上配置如图 6-7 所示 IP 地址及子网掩码，并验证网络连通性，并分析此时网络为什么是连通状态。

（3）配置二层交换机 VLAN 技术。

【配置详解】

步骤 1：创建 VLAN 10、VLAN 20。

```
Switch>enable                         !进入特权模式
Switch#configure terminal             !进入全局配置模式
Switch(config)#hostname Switch1       !配置交换机名称为"Switch1"
Switch1(config)#vlan 10               !全局配置模式下进入 VLAN 模式并创建 VLAN 10
Switch1(config-vlan)#name cwb         !把 VLAN 10 命名为 cwb
Switch1(config-vlan)#vlan 20          !VLAN 模式下创建 VLAN 20
Switch1(config-vlan)#name scb         !把 VLAN 20 命名为 scb
```

步骤 2：给 VLAN 10、VLAN 20 分配端口。

```
Switch1(config-vlan)#exit                        !退出 VLAN 配置模式到全局配置模式
Switch1(config)#interface fastEthernet 0/10      !从全局模式进入端口 FastEthernet 0/10
Switch1(config-if)#switchport mode access        !配置 FastEthernet 0/10 端口接入模式（可省略）
Switch1(config-if)#switchport access vlan 10     !把该端口接入到 VLAN 10
Switch1(config-if)#interface fastEthernet 0/20   !从接口模式进入端口 FastEthernet 0/20
```

Switch1(config-if)#switchport mode access　　　　!配置 FastEthernet 0/20 端口接入模式（可省略）

Switch1(config-if)#switchport access vlan 20　　　!把该端口接入到 VLAN 20

步骤 3：测试网络连能性。

由于 PC1 所连端口接入了 VLAN 10，PC2 所连端口接入了 VLAN 20，不同部门之间的主机不能相互通信。

2. 锐捷交换机配置方法

【项目设备】

☑　交换机：锐捷交换机 S21 或 S35 系列交换机 1 台。

☑　PC 机：有以太网卡的 PC 机 2 台，两台 PC 机的 IP 地址必须在同一网段。

☑　传输线缆：直通线 2 条。

【实验拓扑】

网络拓扑结构如图 6-8 所示：实验时，按照拓扑图进行网络连接，注意 PC 与交换机相连的端口与自己配置的端口是否一致。

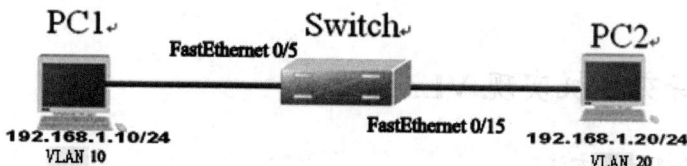

图 6-8　锐捷网络基于端口 VLAN 划分的网络拓扑结构

【操作步骤】

（1）画如图 6-8 所示网络拓扑结构图。

（2）测试网络连通性，分别在 PC1 和 PC2 上配置如图 6-8 所示 IP 地址及子网掩码，并验证网络连通性，并分析此时网络为什么是连通状态。

（3）配置二层交换机 VLAN 技术。

【配置详解】

步骤 1：创建 VLAN 10、VLAN 20。

Switch>enable　　　　　　　　　　　　　!进入特权模式

Switch#configure terminal　　　　　　　　!进入全局配置模式

Switch#show vlan　　　　　　　　　　　　!显示默认 VLAN 信息（VLAN 1）

Switch(config)#vlan 10　　　　　　　　　　!全局配置模式下进入 VLAN 模式并创建 VLAN 10

Switch(config-vlan)#vlan 20　　　　　　　　!VLAN 模式下创建 VLAN 20

Switch(config-vlan)#end　　　　　　　　　!直接退出到特权状态

Switch#show vlan　　　　　　　　　　　　!显示已配置的 VLAN 信息

步骤 2：给 VLAN 10、VLAN 20 分配端口。

Switch(config-vlan)#exit　　　　　　　　　!退出 VLAN 配置模式到全局配置模式

Switch(config)#interface fastEthernet 0/5　　!从全局模式进入端口 FastEthernet 0/5

Switch(config-if)#switchport access vlan 10　!把该端口接入到 VLAN 10

Switch(config-if)#interface fastEthernet 0/15　!从接口模式进入端口 FastEthernet 0/15

Switch(config-if)#switchport access vlan 20　!把该端口接入到 VLAN 20

步骤 3：测试网络连能性。

测试结果两台 PC 机不能相互连通。

3. 归纳总结

比较两次配置命令，可得以下结论：

（1）交换机所有端口在默认情况下均属于 access 接入模式，可直接将端口加入到一个 VLAN，默认情况下 switchport mode access 可以省略。

（2）VLAN 1 由系统自动创建，不可以被删除，要删除某个 VLAN，直接在创建 VLAN 命令前使用 no 命令。例如：switch(config)#no vlan 10。

（3）删除某个 VLAN 时，应先将属于该 VLAN 的端口接入到别的 VLAN 再删除，如果直接删除，该 VLAN 的端口直接接入到 VLAN 1。

（4）通过 Switch(config)#vlan?命令可知，VLAN ID 最大是 4094，也就是交换机上 VLAN 最多只能有 4094 个。

（5）如果不给 VLAN 命名，系统直接给 VLAN 命名，例如：把 VLAN 10 命名为 VLAN0010。

6.2.3 配置跨交换机实现 VLAN 划分

1. 思科交换机配置方法

【项目设备】

☑ 交换机：工作组级交换机思科 Catalyst 2960 系列交换机（2960-24TT）2 台。

☑ PC 机：有以太网卡的 PC 机 3 台，3 台 PC 机的 IP 地址必须在同一网段。

☑ 传输设备：直通线 3 条，交叉线 1 条。

【实验拓扑】

跨交换机 Tag VLAN 划分网络拓扑结构图如图 6-9 所示。

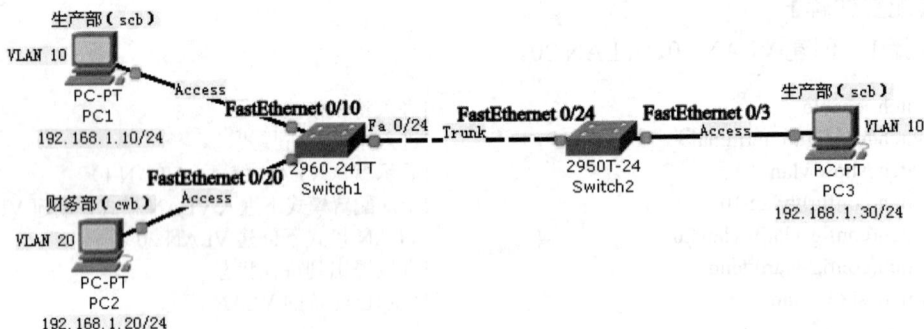

图 6-9 跨交换机 Tag VLAN 划分网络拓扑

【操作步骤】

（1）在思科模拟软件 Packet Tracer5.2 中绘制如图 6-9 所示网络拓扑结构图

（2）测试网络连通性，分别在 PC1 和 PC2 上配置如图 6-9 所示 IP 地址及子网掩码，并验证网络连通性，并分析此时网络为什么是连通状态。

（3）配置二层交换机 VLAN 技术。

【配置详解】

（1）交换机 Switch1 配置详解。

步骤 1：创建 VLAN 10、VLAN 20。

```
Switch>enable                           !进入特权模式
Switch#configure terminal               !进入全局配置模式
Switch(config)#hostname Switch1         !配置交换机名称为"Switch1"
Switch1(config)#vlan 10                 !全局配置模式下进入 VLAN 模式并创建 VLAN 10
Switch1(config-vlan)#name scb           !把 VLAN 10 命名为 scb
Switch1(config-vlan)#vlan 20            !VLAN 模式下创建 VLAN 20
Switch1(config-vlan)#name cwb           !把 VLAN 20 命名为 cwb
```

步骤 2：给 VLAN 10、VLAN 20 分配端口。

```
Switch1(config-vlan)#exit               !退出 VLAN 配置模式到全局配置模式
Switch1(config)#interface fastEthernet 0/10    !从全局模式进入端口 FastEthernet 0/10
Switch1(config-if)#switchport mode access      !配置 FastEthernet 0/10 端口接入模式（可省略）
Switch1(config-if)#switchport access vlan 10   !把该端口接入到 VLAN 10
Switch1(config-if)#interface fastEthernet 0/20 !从接口模式进入端口 FastEthernet 0/20
Switch1(config-if)#switchport mode access      !配置 FastEthernet 0/20 端口接入模式（可省略）
Switch1(config-if)#switchport access vlan 20   !把该端口接入到 VLAN 20
```

步骤 3：跨交换机相连端口设置为 Trunk 模式。

```
Switch1(config-if)#interface fastEthernet 0/24          !从接口模式进入端口 FastEthernet 0/24
Switch1(config-if)#switchport mode trunk               !配置该接口为 trunk 模式
Switch1(config-if)#switchport trunk allowed vlan all   !配置该 trunk 口在所有 VLAN 中
```

步骤 4：显示 VLAN 配置是否正确。

```
Switch1(config-if)#end                  !显示 VLAN 必须退出到特权模式
Switch1#show vlan
```

VLAN	Name	Status	Ports
1	default	active	Fa0/1, Fa0/2, Fa0/3, Fa0/4
			Fa0/5, Fa0/6, Fa0/7, Fa0/8
			Fa0/9, Fa0/11, Fa0/12, Fa0/13
			Fa0/14, Fa0/15, Fa0/16, Fa0/17
			Fa0/18, Fa0/19, Fa0/21, Fa0/22
			Fa0/23, Gig1/1, Gig1/2
10	scb	active	Fa0/10
20	cwb	active	Fa0/20

（2）交换机 Switch2 配置详解。

步骤 1：创建 VLAN 10。

```
Switch>enable                                      !进入特权模式
Switch#configure terminal                          !进入全局配置模式
Switch(config)#hostname Switch2                    !配置交换机名称为"Switch2"
Switch2(config)#vlan 10                            !全局配置模式下进入 VLAN 模式并创建 VLAN 10
Switch2(config-vlan)#name scb                      !把 VLAN 10 命名为 scb
```

步骤 2：给 VLAN 10 分配端口。

```
Switch2(config-vlan)#exit                          !退出 VLAN 配置模式到全局配置模式
Switch2(config)#interface fastEthernet 0/3         !从全局模式进入端口 FastEthernet 0/3
Switch2(config-if)#switchport mode access          !配置 FastEthernet 0/10 端口接入模式(可省略)
Switch2(config-if)#switchport access vlan 10       !把该端口接入到 VLAN 10
```

步骤 3：跨交换机相连端口设置为 Trunk 模式。

```
Switch2(config-if)#interface fastEthernet 0/24     !从接口模式进入端口 FastEthernet 0/24
Switch2(config-if)#switchport mode trunk           !配置该接口为 Trunk 模式
Switch2(config-if)#switchport trunk allowed vlan all !配置该 Trunk 口在所有 VLAN 中
```

步骤 4：显示 VLAN 配置是否正确。

```
Switch2(config-if)#end                             !显示 VLAN 必须退出到特权模式
Switch2#show vlan
VLAN      Name                    Status      Ports
---- -------------------------------- --------- -----------------------------------------------
1         default                 active      Fa0/1, Fa0/2, Fa0/4, Fa0/5
                                              Fa0/6, Fa0/7, Fa0/8, Fa0/9
                                              Fa0/10, Fa0/11, Fa0/12, Fa0/13
                                              Fa0/14, Fa0/15, Fa0/16, Fa0/17
                                              Fa0/18, Fa0/19, Fa0/20, Fa0/21
                                              Fa0/22, Fa0/23, Gig1/1, Gig1/2
10        scb                     active      Fa0/3
```

2. 锐捷交换机配置方法

【项目设备】

☑　交换机：锐捷交换机 S21 和 S35 系列交换机各 1 台。

☑　PC 机：有以太网卡的 PC 机 3 台，3 台 PC 机的 IP 地址必须在同一网段。

☑　传输线缆：直通线 3 条，交叉线 1 条。

【实验拓扑】

网络拓扑结构如图 6-10 所示。实验时，按照拓扑图进行网络连接，注意 PC 机与交换机相连的端口与自己配置的端口是否一致，注意 PC 机 IP 地址设置是否在同一子网。

【操作步骤】

（1）如图 6-10 所示网络拓扑结构图。

（2）测试网络连通性，分别在 PC1、PC2 和 PC3 上配置如图 6-10 所示 IP 地址及子网掩码，并验证网络连通性，并分析此时网络为什么是连通状态。

（3）配置二层交换机 VLAN 技术。

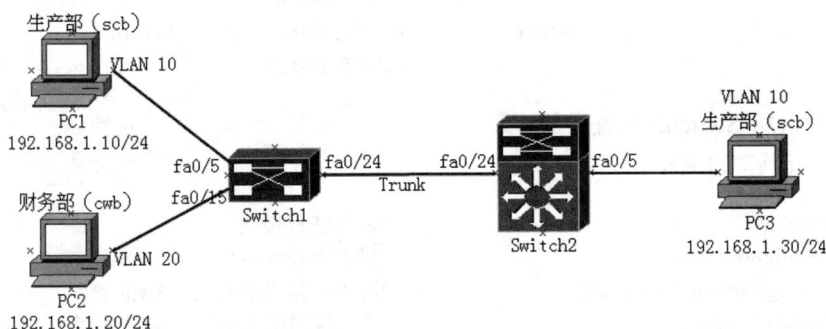

图 6-10　跨交换机实现 VLAN 拓扑结构

【配置详解】

（1）交换机 Switch1 配置详解：

步骤 1：创建 VLAN 10、VLAN 20。

Switch>enable	!进入特权模式
Switch#configure terminal	!进入全局配置模式
Switch(config)#hostname Switch1	!配置交换机名称为"Switch1"
Switch1(config)#vlan 10	!全局配置模式下进入 VLAN 模式并创建 VLAN 10
Switch1(config-vlan)#name scb	!把 VLAN 10 命名为 scb
Switch1(config-vlan)#vlan 20	!VLAN 模式下创建 VLAN 20
Switch1(config-vlan)#name cwb	!把 VLAN 20 命名为 cwb

步骤 2：给 VLAN 10、VLAN 20 分配端口。

Switch1(config-vlan)#exit	!退出 VLAN 配置模式到全局配置模式
Switch1(config)#interface range fa 0/5	!进入一组端口 fa 0/5
Switch1(config-if)#switchport access vlan 10	!把该组端口接入到 VLAN 10
Switch1(config-if)#interface range fa 0/15	!进入一组端口 fa 0/15
Switch1(config-if)#switchport access vlan 20	!把该组端口接入到 VLAN 20

步骤 3：跨交换机相连端口设置为 Trunk 模式。

Switch1(config-if)#interface fastEthernet 0/24	!从接口模式进入端口 fa 0/24
Switch1(config-if)#switchport mode trunk	!配置该接口为 trunk 模式

步骤 4：显示 VLAN 配置是否正确。

```
Switch1(config-if)#end
Switch1#show vlan                        !显示 VLAN 必须退出到特权模式
VLAN    Name            Status      Ports
---- -------------------------- --------- -------------------------------------------
1       default         active      Fa0/6, Fa0/7, Fa0/8, Fa0/9
                                    Fa0/10, Fa0/16, Fa0/17, Fa0/18
                                    Fa0/19, Fa0/20, Fa0/21, Fa0/22
                                    Fa0/23, Fa0/24
```

10	scb	active	Fa0/1, Fa0/2, Fa0/3, Fa0/4
			Fa0/5, Fa0/24
20	cwb	active	Fa0/11, Fa0/12, Fa0/13, Fa0/14
			Fa0/15, Fa0/24

（2）交换机 Switch2 配置详解：

步骤 1：创建 VLAN 10。

```
Switch>enable                            !进入特权模式
Switch#configure terminal                !进入全局配置模式
Switch(config)#hostname Switch2          !配置交换机名称为"Switch2"
Switch2(config)#vlan 10                  !全局配置模式下进入 VLAN 模式并创建 VLAN 10
Switch2(config-vlan)#name scb            !把 VLAN 10 命名为 scb
```

步骤 2：给 VLAN 10 分配端口。

```
Switch2(config-vlan)#exit                      !退出 VLAN 配置模式到全局配置模式
Switch2(config)#interface range fa 0/1-5       !进入一组端口 fa 0/1-5
Switch2(config-if)#switchport access vlan 10   !把该组端口接入到 VLAN 10
```

步骤 3：跨交换机相连端口设置为 trunk 模式。

```
Switch2(config-if)#interface fastEthernet 0/24   !从接口模式进入端口 fastEthernet 0/24
Switch2(config-if)#switchport mode trunk         !配置该接口为 trunk 模式
```

步骤 4：显示 VLAN 配置是否正确。

```
Switch2(config-if)#end                   !显示 VLAN 必须退出到特权模式
Switch2#show vlan
```

VLAN	Name	Status	Ports
1	default	active	Fa0/6, Fa0/7, Fa0/8, Fa0/9
			Fa0/10, Fa0/16, Fa0/17, Fa0/18
			Fa0/19, Fa0/20, Fa0/21, Fa0/22
			Fa0/23, Fa0/24
10	scb	active	Fa0/1, Fa0/2, Fa0/3, Fa0/4
			Fa0/5, Fa0/24

3. 归纳总结

（1）交换机所有端口在默认情况下均属于 access 接入模式，可直接将端口加入到一个 VLAN，默认情况下 switchport mode access 可以省略。

（2）如果想把一个 trunk 端口复位成默认值，使用 no switchport trunk 接口配置命令，例如，switch(config-if)# no switchport trunk。

（3）两台交换机之间相连的端口应该配置为 trunk 模式才能转发其他所有 VLAN 数据帧，非相连端口必须配置为 access 模式才能接入到某 VLAN。

（4）默认情况下 Switch(config-if)#switchport trunk allowed vlan all 可以省略，Trunk 端口默认情况下支持所有 VLAN 传输。

（5）定义 trunk 端口许可列表格式：

Switch(config-if)#switchport trunk allowed vlan {all|[add|remove|except]} vlan-list

参数 vlan-list 可以是某个 VLAN 的 ID，也可以是一个 VLAN ID 列表，例如，VLAN10-20；参数 all 的含义是许可所有 VLAN 传输，例如，switchport trunk allowed vlan all；参数 add 是将指定 VLAN 加入到许可列表，例如，switchport trunk allowed vlan add 10；参数 remove 是将指定 VLAN 从许可列表删除，例如，switchport trunk allowed vlan remove 20。

如下所示删除许可列表实例：

```
Switch1(config)#interface fastEthernet 0/24
Switch1(config-if)#switchport mode trunk
Switch1(config-if)#switchport trunk allowed vlan remove 20
Switch1(config-if)#end
Switch1#show vlan
```

VLAN	Name	Status	Ports
1	default	active	Fa0/6, Fa0/7, Fa0/8, Fa0/9 Fa0/10, Fa0/16, Fa0/17, Fa0/18 Fa0/19, Fa0/20, Fa0/21, Fa0/22 Fa0/23, Fa0/24
10	scb	active	Fa0/1, Fa0/2, Fa0/3, Fa0/4 Fa0/5，Fa0/24
20	cwb	active	Fa0/11, Fa0/12, Fa0/13, Fa0/14 Fa0/15

项目 7
无线局域网

知识点、技能点

➤ 无线网络的基础知识
➤ 无线局域网标准
➤ 无线局域网介质访问控制规范
➤ 无线局域网的组网模式
➤ 无线网络 Infrastructure 连接模式配置

学习要求

➤ 掌握和了解无线网络的基础知识
➤ 掌握和了解无线局域网标准
➤ 了解无线局域网介质访问控制规范
➤ 了解无线局域网的组网模式
➤ 掌握和了解无线网络 Infrastructure 连接模式配置

教学基础要求

➤ 掌握无线网络的基础知识
➤ 掌握无线局域网标准
➤ 掌握无线网络 Infrastructure 连接模式配置

7.1　项　目　分　析

7.1.1　无线局域网的基础知识

前面介绍的各类局域网技术都是基于有线传输介质实现的。但是有线网络在某些环境中使用有线网络存在明显的限制，例如在具有空旷场地的建筑物内，周围环境复杂的制造业工厂、货物仓库内，在机场、车站、码头、股票交易场所等用户移动频繁的公共场所，在缺少网络电缆而又不能打洞布线的历史建筑物内，在一些受自然条件影响而无法实施布线的环境，在一些需要临时增设网络节点的场合（如体育比赛场地、展示会等）。而无线网络能突破有线局域网所存在的这些限制。有线网络，要求工作站位置稳定，移动范围受办公和传输介质所限。无线联网将真正的可移动性引入了计算机世界。无线局域网（Wireless Local Area Network，WLAN）就是指采用无线传输介质的局域网。

7.1.2　无线局域网标准

目前支持无线局域网的技术标准主要有蓝牙技术、Home RF 技术以及 IEEE 802.11 系列。其中，Home RF 主要用于家庭无线网络，其通信速度比较慢；蓝牙技术是在 1994 年爱立信为蜂窝电话和 PDA（Personal Digital Assistant，掌上电脑）等辅助设备进行通信廉价无线接口，是按 IEEE 802.11 标准来设计的；IEEE 802.11 是由 IEEE 802 委员会制订的无线局域网系列标准，在 1997 年，IEEE 发布了 IEEE 802.11 协议，这也是在无线局域网领域内的第一个在国际上被广泛认可的协议，随后，IEEE 802.11a、802.11b、802.11d 标准相继完成。目前正在制订的一系列标准有 IEEE 802.11e、802.11f、802.11g、802.11h、802.11i 等，它推动着 WLAN 走向安全、高速、互联。

IEEE 802.11 协议覆盖了无线局域网的物理层和 MAC 子层。参照 OSI 参考模型，IEEE 802.11 系列规范主要从 WLAN 的物理层和 MAC 层两个层面制订系列规范，物理层标准规定了无线传输信号等基础规范，如 IEEE 802.11a、802.11b、802.11d、802.11g、802.11h，而 MAC 层标准是在物理层上的一些应用要求规范，如 802.11e、802.11f、802.11i。

7.1.3　无线局域网介质访问控制规范

在 IEEE 802.11 标准中，定义了 3 个可选的物理层实现方式，它们分别为红外线（IR）基带物理层和两种无线频率（RF）物理层。两种无线频率物理层指工作在 2.4GHz 频段上的跳频扩展频谱（FHSS）方式以及直接序列式扩频（DSSS）方式，目前，IEEE 802.11 规范的实际应用以使用 DSSS 方式为主流。下面分别介绍这 3 种方式。

1. 红外线方式

红外线局域网采用波长小于 1 的红外线作为传输媒介，有较强的方向性，受阳光干扰

大。它支持 1~2 Mbps 数据速率，适于近距离通信。

2. 直接序列式扩频

直接序列式扩频就是使用具有高码率的扩频序列，在发射端扩展信号的频谱，而在接收端用相同的扩频码序列进行解扩，把展开的扩频信号还原成原来的信号。DSSS 局域网可在很宽的频率范围内进行通信，支持 1~2 Mbps 数据速率，在发送和接收端都以窄带方式进行，而以宽带方式传输。

3. 跳频扩展频谱

跳频技术是另外一种扩频技术。跳频的载频受一个伪随机码的控制，在其工作带宽范围内，其频率按随机码规律不断改变频率，接收端的频率也按随机码规律变化，并保持与发射端的变化规律一致。跳频的高低直接反映跳频系统的性能，跳频越高，抗干扰的性能越好，军用的跳频系统可以达到上万跳每秒。实际上移动通信 GSM 系统也是跳频系统。出于成本的考虑，商用跳频系统跳速都较慢，一般在 50 跳/s 以下。由于慢跳跳频系统实现简单，因此低速无线局域网常常采用这种技术。FHSS 局域网支持 1 Mbps 数据速率，共有 22 组跳频图案，包括 79 个信道，输出的同步载波经解调后，可获得发送端送来的信息。

与红外线方式比较，使用无线电波作为载体的 DSSS 和 FHSS 方式，具有覆盖范围大、抗干扰、抗噪声、抗衰减和保密性好的优点。

IEEE 802.11 标准在 MAC 子层采用载波监听多路访问/冲突避免（Carrier Sense Multiple Access/Collision Avoidance，CSMA/CA）协议。该协议与 IEEE 802.3 标准中的 CSMA/CD（Carrier Sense Mulitple Access/Collision detection，载波监听多路访问/冲突检测）协议类似，为了减小无线设备之间在同一时刻同时发送数据导致冲突的风险，IEEE 802.11 引入了请求发送/清除发送（RTS/CTS）机制。其工作为：如果发送目的地是无线节点，数据到达基站，该基站将会向无线节点发送一个 RTS 帧，请求一段用来发送数据的专用时间；接收到 RTS 请求帧的无线节点将回应一个 CTS 帧，表示它将中断所有其他通信直到该基站传输数据结束。在此时间段内，其他设备可监听到传输事件的发生，同时将其他传输任务推迟。通过这种方式，节点间传输数据时发生冲突的概率就会大大降低。

7.1.4 无线网络硬件设备

组建无线局域网的无线网络设备主要包括：无线网卡、无线访问接入点、无线网桥和天线。几乎所有的无线网络产品中都带有无线发射/接收功能。

（1）无线网卡，在无线局域网中的作用相当于有线网卡在有线局域网中的作用。按无线网卡的总线类型可分为适用于台式机 PCI 接口无线网卡、适用笔记本 PCMCIA 接口无线网卡、笔记本和台式机均可使用的 USB 接口无线网卡。PCI 接口无线网卡，如图 7-1 所示，USB 接口无线网卡，如图 7-2 所示。

图 7-1 PCI 接口无线网卡   图 7-2 USB 接口无线网卡

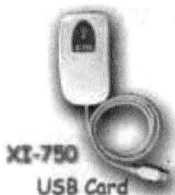

（2）无线访问接入点（AP），是在无线局域网环境中，进行数据发送和接收的设备，相当于有线网络中的集线器。通常，一个 AP 能够在几十乃至上百米的范围内连接多个无线用户。AP 可以通过标准的 Ethernet 电缆与传统的有线网络相连，从而可作为无线网络和有线网络的连接点。由于无线电波在传播过程中会不断衰减，导致 AP 的通信被限定在一定的范围之内，这个范围被称为微单元。但是，如果采用多个 AP，并使它们的微单元相互有一定范围的重合时，则用户可以在整个无线局域网覆盖区内移动，无线网卡能够自动发现附近信号强度最大的 AP，并通过这个 AP 收发数据，保持不间断的网络连接，这种方式称为无线漫游。

（3）无线网桥，主要用于无线或有线局域网之间的互联。当两个局域网无法实现有线连接或使用有线连接存在困难时，就可使用无线网桥实现点对点的连接，在这里无线网桥起到了协议转换的作用。

（4）无线路由器，集成了无线 AP 的接入功能和路由器的第 3 层路径选择功能。

（5）天线（Antenna），是将信号源发送的信号借由天线传输至远处。天线一般有所谓的定向性（Uni-directional）与全向性（Omni-directional）之分，前者较适合于长距离使用，而后者则较适合区域性应用。例如，若要将在第一栋楼内无线网络的范围扩展到 1km 甚至数千米以外的第二栋楼，其中的一个方法是在每栋楼上安装一个定向天线，天线的方向互相对准，第一栋楼的天线经过网桥连到有线网络上，第二栋楼的天线是接在第二栋楼的网桥上，如此无线网络就可接通相距较远的两个或多个建筑物。

7.1.5 无线局域网的组网模式

将 7.1.4 节介绍的无线局域网设备结合在一起使用，就可以组建出多层次、无线与有线并存的计算机网络。一般来说，无线局域网有两种组网模式，一种是无固定基站的自组网络模式，另一种是有固定基站的基础结构网络模式。这两种模式各有特点，无固定基站组成的网络，主要用于在便携式计算机之间组成平等状态的网络；有固定基站的网络类似于移动通信的机制，网络用户的便携式计算机通过基站（又称为访问点 AP）连入网络。这种网络是应用比较广泛的网络，一般用于有线局域网覆盖范围的延伸或作为宽带无线互联网的接入方式。

1. 自组网络（Ad-Hoc）模式

自组网络又称对等网络，是最简单的无线局域网结构，是一种无中心的拓扑结构，连接在网络上的计算机具有平等的通信关系，适用于数量少的计算机无线互联（通常是在 5

台主机以内），如图 7-3 所示。

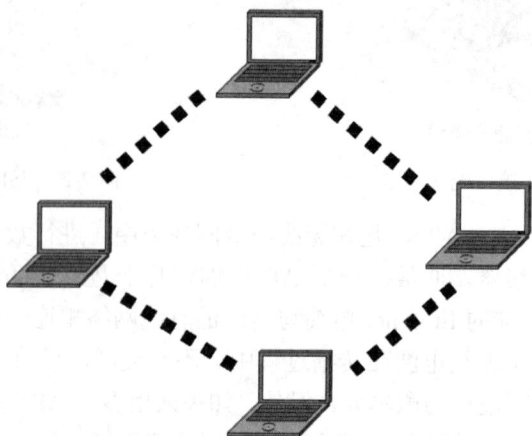

图 7-3　自组网络示意图

这些计算机要有相同的工作组名和密码。任何时间，只要两个或更多的无线网络接口互相都在彼此的范围之内，它们就可以建立一个独立的网络，实现点对点与点对多点连接。自组网络不需要固定设施，是临时组成的网络，非常适合于野外作业和军事领域。组建这种网络，只需要在每台计算机中插入一块无线网卡，不需要其他任何设备就可以完成通信。

2. 基础结构网络（Infrastucture）模式

在具有一定数量用户或是需要建立一个稳定的无线网络平台时，一般会采用以 AP 为中心的基础结构模式，即将有限的"信息点"扩展为"信息区"，这种模式采用固定基站，是无线局域网最为普通的构建模式。在基础结构网络模式中，要求有一个无线固定基站充当 AP 中心站，所有站点对网络的访问均由其控制，如图 7-4 所示。

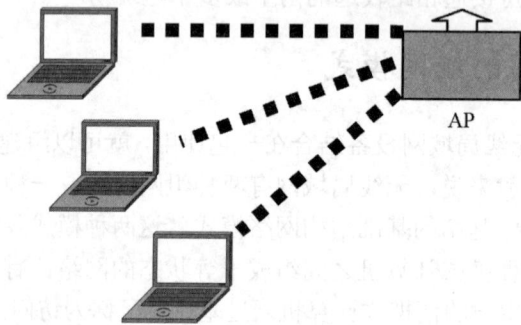

图 7-4　基础结构网络示意图

在基于 AP 的无线网络中，AP 访问点和无线网卡还可针对具体的网络环境调整网络连接速度，例如，11Mbps 的 IEEE 802.11b 的可使用速率可以调整为 1Mbps、2Mbps、5.5Mbps 和 11Mbps4 种；54Mbps 的 IEEE 802.11a 和 IEEE 802.11g 的可调整速率有 54Mbps、48Mbps、36Mbps、24Mbps、18Mbps、12Mbps、11Mbps、9Mbps、6Mbps、5.5Mbps、2Mbps、1Mbps

共 12 种，以发挥不同网络环境下的最佳连接性能。

由于每个站点只需在中心站覆盖范围之内就可与其他站点通信，故网络中站点布局受环境限制较小。

通过无线接入访问点、无线网桥等无线中继设备还可以把无线局域网与有线网连接起来，并允许用户有效地共享网络资源，如图 7-5 所示。中继站不仅仅提供与有线网络的通信，也为网上邻居解决了无线网络拥挤的状况。复合中继站能够有效地扩大无线网络的覆盖范围，实现漫游功能。有中心网络拓扑结构的缺点是抗毁性差，中心站点的故障容易导致整个网络瘫痪，并且中心站点的引入增加了网络成本。在实际应用中，无线局域网往往与有线主干网络结合起来使用。这时，中心站点充当无线局域网与有线主干网的转接器。

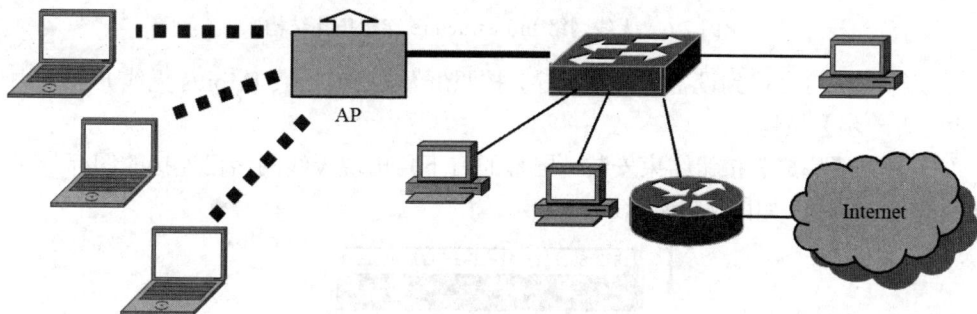

图 7-5　无线局域网与有线网相连

7.2　项目实施

Infrastructure 是无线网络搭建的基础模式。移动设备通过无线网卡或者内置无线模块与无线 AP 取得联系，多台移动设备可以通过一个无线 AP 来构建无线局域网，实现多台移动设备的互联。无线 AP 覆盖范围一般在 100~300m，适合移动设备灵活地接入网络。

【项目设备】

RG-WG54U（802.11g 无线 LAN 外置 USB 网卡，2 块）、RG-WG54P（无线 LAN 接入器，1 台）。

【拓扑结构】

无线网络 Infrastructure 连接拓扑结构如图 7-6 所示。

【实施步骤】

步骤 1：安装 RG-WG54U。

（1）把 RG-WG54U 适配器插入到计算机空闲的 USB 端口，系统会自动搜索到新硬件并且提示安装设备的驱动程序。

（2）选择【从列表或指定位置安装】命令并插入驱动光盘或软盘，选择驱动所在的相应位置（软驱或者指定的位置），然后单击【下一步】按钮。

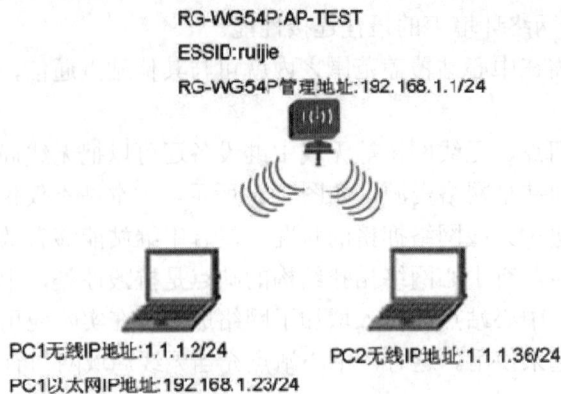

RG-WG54P:AP-TEST
ESSID:ruijie
RG-WG54P管理地址:192.168.1.1/24
PC1无线IP地址:1.1.1.2/24
PC1以太网IP地址:192.168.1.23/24
PC2无线IP地址:1.1.1.36/24

图 7-6　无线网络 Infrastructure 连接拓扑结构

（3）计算机将会找到设备的驱动程序，按照屏幕指示安装 54Mbit/s 无线 USB 适配器，再单击【下一步】按钮。

（4）单击【完成】按钮结束安装，屏幕的右下角出现无线网络已连接的图标，其中包括速率和信号强度，如图 7-7 所示。

IEEE 802.11g Wireless LAN Utility
11:57

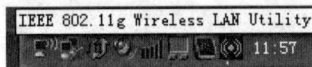

图 7-7　无线网络图标

步骤 2：配置 RG-WG54P 基本信息。

（1）按图 7-8 所示正确连接 RG-WG54P。

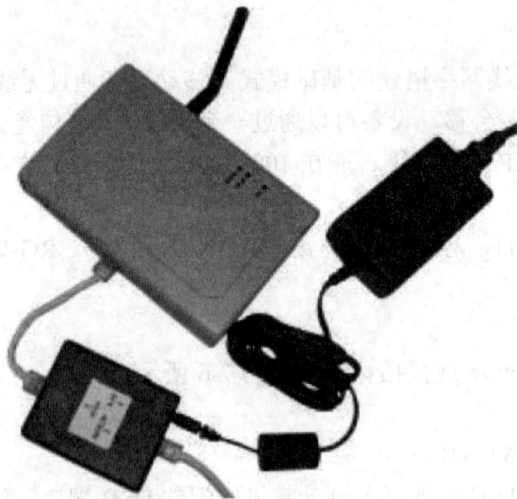

图 7-8　RG-WG54P 实物连接

注意

RG-WG54P 实物连接如图 7-8 所示，由于 RG-WG54P 有一个供电的适配器是支持以太网供电，故需要按图示正确连接。

（2）设置 PC1 的以太网接口地址为 192.168.1.23/24，因为 RG-WG54P 的管理地址默认为 192.168.1.1/24，所以设置默认网关为 192.168.1.1，如图 7-9 所示。

（3）从 IE 浏览器中输入 http://192.168.1.1，登录到 RG-WG54P 的管理界面，输入默认密码为 default，如图 7-10 所示。

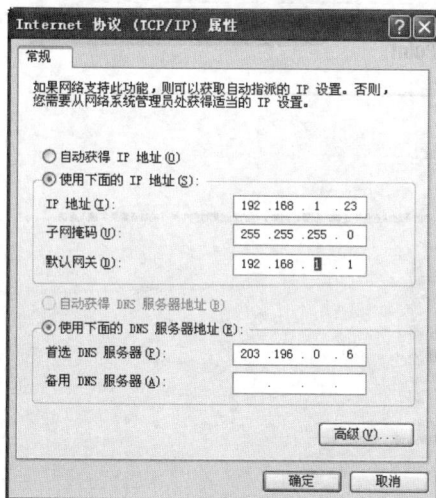

图 7-9　IP 地址设置

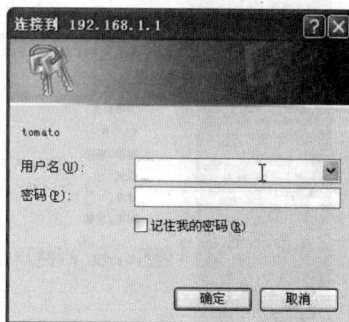

图 7-10　登录管理页面

（4）RG-WG54P 登录界面的常规信息如图 7-11 所示。

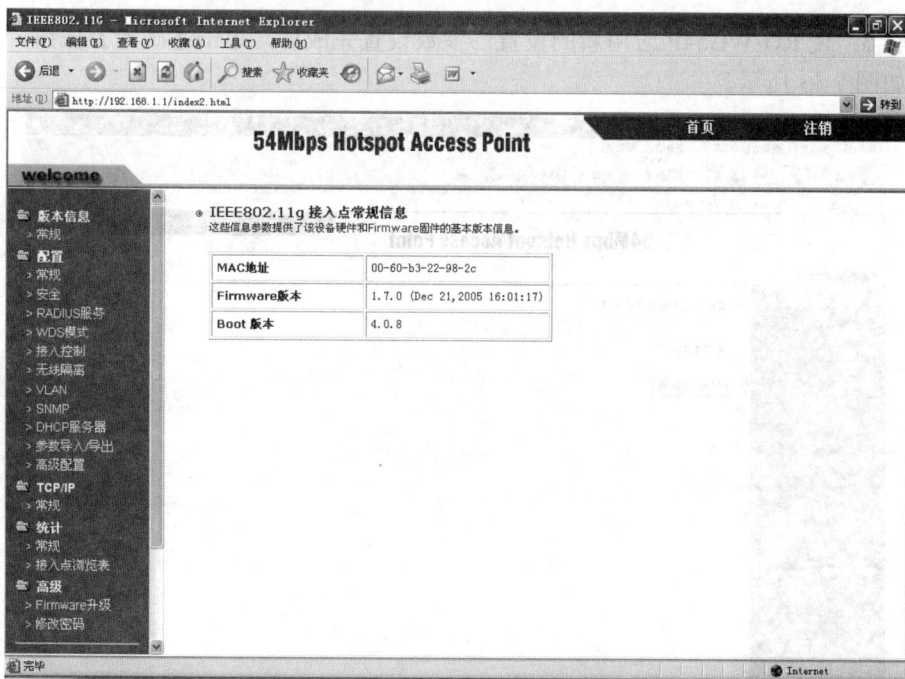

图 7-11　RG-WG54P 登录界面的常规信息

在常规参数中设置【接入点名称】为 AP-TEST（此名称为任意设置），设置【无线模式】

为【AP 模式】，ESSID 为 ruijie（ESSID 名称可任意设置），【信道/频段】为 CH01/2412MHz，【模式】为【混合模式】（此模式可根据无线网卡类型进行具体设置），如图 7-12 所示。

图 7-12　常规参数修改

步骤 3：使 RG-WG54P 应用新的设置。参数设置完成后，单击【确定】按钮，使配置生效，如图 7-13 所示。

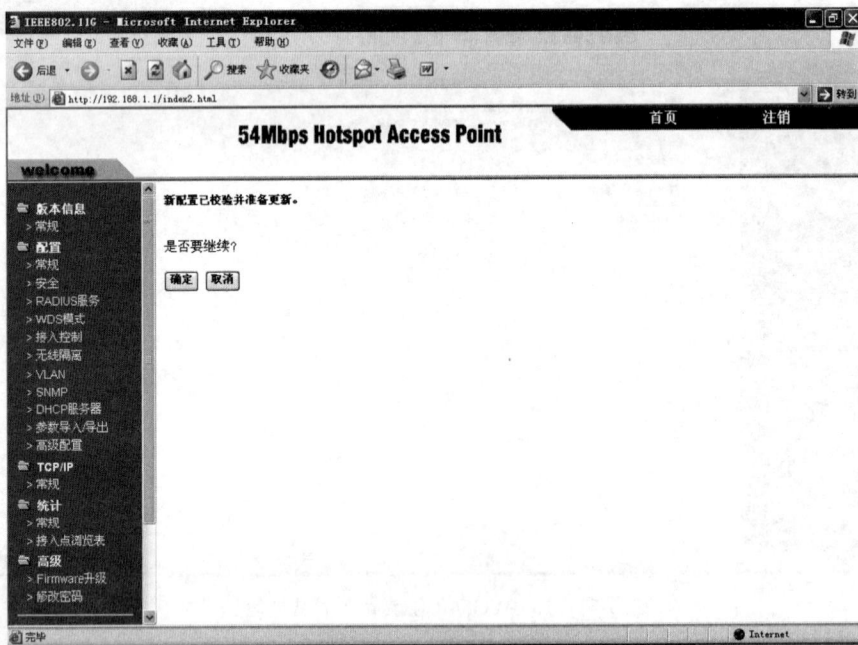

图 7-13　确定配置生效

步骤 4：为 PC1 与 PC2 安装 RG-WG54U 配置软件，设置 SSID 为 ruijie，【模式】为 Infrastructur，如图 7-14 所示。

步骤 5：将 PC1 与 PC2 的 RG-WG54P 网卡添加到 ESSID 为 ruijie 的表项中。

选中 ruijie 所在表项，然后单击右下角的 Join 按钮，如图 7-15 所示。

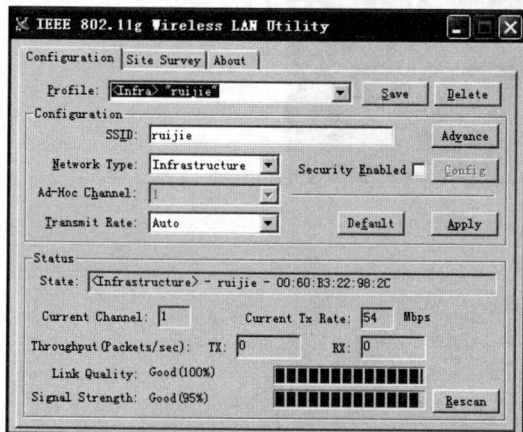
图 7-14　RG-WG54U 配置软件界面

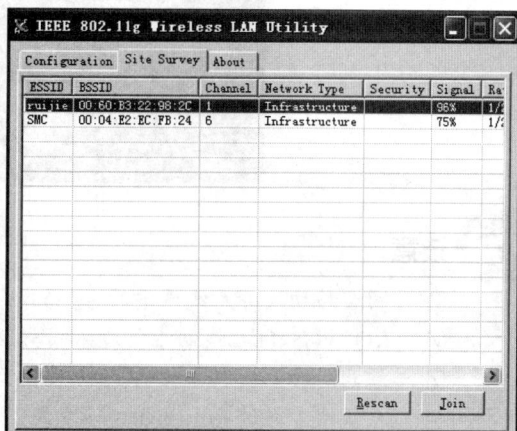
图 7-15　添加 RG-WG54P 网卡到 ruijie

步骤 6：设置 PC1 与 PC2 的无线网络 IP 地址。

设置 PC1 的 IP 地址为 1.1.1.2/24，PC2 的 IP 地址为 1.1.1.36/24，保证两台主机在同一网段即可（图 7-16 中为 PC2 的 IP 地址设置，PC1 与 PC2 的 IP 地址设置方法相同）。

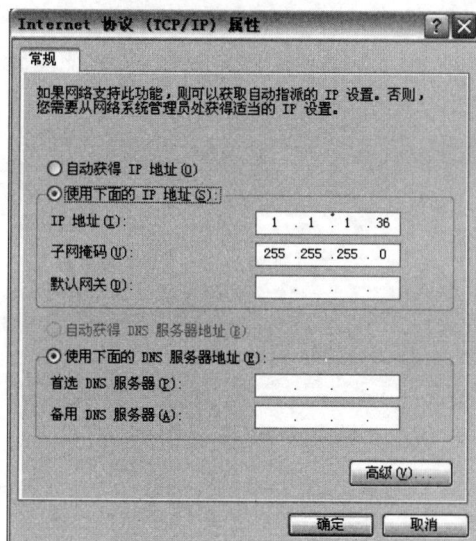
图 7-16　PC1 的 IP 地址设置

步骤 7：测试 PC1 与 PC2 的连通性。

PC1 1.1.1.2 ping 1.1.1.36 正常通信，如图 7-17 所示。

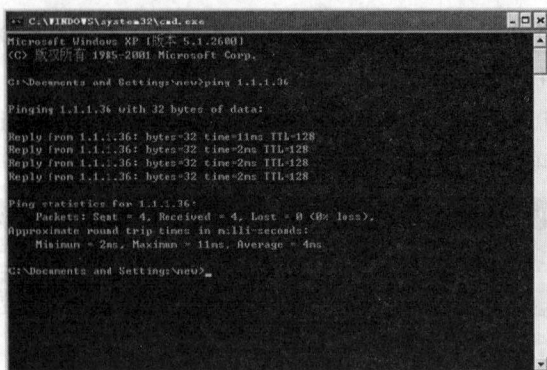

图7-17　连通性测试

注意

☑ 两台移动设备无线网卡的 SSID 必须与 RG-WG54P 上设置一致。

☑ RG-WG54U 无线网卡信道必须与 RG-WG54P 上设置一致。

☑ 注意两块无线网卡的 IP 地址设置为同一网段。

☑ 无线网卡通过 Infrastructure 方式互联，覆盖范围可以达到 100~300m。

项目 8
网络服务

知识点、技能点

- DHCP 的概念及工作原理
- DNS 的基本概念与工作原理
- WWW 服务

- 安装和配置 DHCP 服务器
- DNS 服务器的配置及常见问题
- IIS 7 的安装

学习要求

- 掌握和了解 DHCP 的概念及工作原理
- 掌握和了解 DNS 的基本概念与工作原理
- 掌握和了解 WWW 服务

- 掌握和了解安装和配置 DHCP 服务器
- 掌握和了解 DNS 服务器的配置及常见问题
- 了解 IIS 7 的安装

教学基础要求

- 掌握 DHCP 的概念及工作原理
- 掌握 DNS 的基本概念与工作原理
- 掌握 WWW 服务

- 掌握安装和配置 DHCP 服务器
- 掌握 DNS 服务器的配置及常见问题

8.1 项 目 分 析

网络服务（Web Services），是指一些在网络上运行的、面向服务的、基于分布式程序的软件模块，网络服务采用 HTTP 和 XML 等互联网通用标准，使人们可以在不同的地方通过不同的终端设备访问 Web 上的数据，如网上订票、查看订座情况等。网络服务在电子商务、电子政务、公司业务流程电子化等应用领域有广泛的应用，被业内人士奉为互联网的下一个重点。

目前，典型的网络服务有 DHCP、DNS、WWW、FTP、Telnet、WINS、SMTP 等。

8.1.1 DHCP 的概念及工作原理

1. DHCP 的概念

动态主机设置协议（Dynamic Host Configuration Protocol，DHCP）是一个局域网的网络协议。两台连接到互联网上的电脑相互之间通信，必须有各自的 IP 地址，但由于现在的 IP 地址资源有限，宽带接入运营商不能做到给每个报装宽带的用户都能分配一个固定的 IP 地址（所谓固定 IP 就是即使在你不上网的时候，别人也不能用这个 IP 地址，这个资源一直被你所独占），所以要采用 DHCP 方式对上网的用户进行临时的地址分配。也就是说，当你的电脑连上网，DHCP 服务器才从地址池里临时分配一个 IP 地址给你，每次上网分配的 IP 地址可能会不一样，这跟当时 IP 地址资源有关。当你下线的时候，DHCP 服务器可能就会把这个地址分配给之后上线的其他电脑。这样就可以有效节约 IP 地址，既保证了你的通信，又提高了 IP 地址的使用率。

2. IP 地址分配

（1）人工分配

人工分配获得的 IP 地址也叫静态地址。网络管理员为某些少数特定的联网计算机或者网络设备绑定固定 IP 地址，且地址不会过期。

同一个路由器一般可以通过设置来划分静态地址和动态地址的 IP 段，例如一般家用 TP-LINK 路由器，动态地址 IP 段是从 192.168.1.100~192.168.1.254。如果你的计算机是自动获得 IP 的话，一般就是 192.168.1.100，下一台电脑就会由 DHCP 自动分配为 192.168.1.101。而 IP 段 192.168.1.2~192.168.1.99 为手动配置 IP 段。

（2）自动分配

自动分配，是一旦 DHCP 客户端第一次成功的从 DHCP 服务器端租用到 IP 地址之后，就永远使用这个地址。

（3）动态分配

动态分配，当 DHCP 客户端第一次从 DHCP 服务器端租用到 IP 地址之后，并非永久的使用该地址，只要租约到期，客户端就得释放（release）这个 IP 地址，以供其他工作站使用。当然，客户端可以比其他主机更优先的更新（renew）租约，或是租用其他的 IP 地

址。动态分配显然比手动分配更加灵活，尤其是当实际 IP 地址不足的时候，例如，一家 ISP
（Internet Service Provider，互联网服务提供商）只能提供 200 个 IP 地址给客户，但并不意
味着客户数量最多只能有 200 个。因为所有客户不可能全部在同一时间上网，除了他们各
自行为习惯不同外，也有可能是电话线路的限制。这样，就可以将这 200 个 IP 地址轮流租
给拨接上来的客户使用。这也是为什么每次拨接 IP 地址都会不同的原因了（除非申请的是
一个固定 IP，通常的 ISP 都可以满足这样的要求，且需另外收费）。当然，ISP 不一定使用
DHCP 来分配地址，但这个概念和使用 IP 地址池的原理是一样的。DHCP 除了能动态地设
定 IP 地址外，还可以将一些 IP 保留下来给一些特殊用途的机器使用，它可以按照硬件地
址来固定地分配 IP 地址。同时，DHCP 还可以帮助客户端设置 router、netmask、DNS Server、
WINS Server 等项目，用户只需要在客户端主机上将 DHCP 选项打勾之外，几乎无需做任
何的 IP 环境设定。

3．DHCP 服务器工作原理

（1）寻找 Server

当 DHCP 客户端第一次登录网络的时候，客户端主机上没有任何 IP 数据设定，它会向
网络发出一个 DHCP discover 封包。因为客户端还不知道自己属于哪一个网络，所以封包
的来源地址会为 0.0.0.0，而目的地址则为 255.255.255.255，然后再附上 DHCP discover 的
信息，向网络进行广播。在 Windows 操作系统中 DHCP discover 的等待时间预设为 1 秒，
也就是当客户端第 1 次将 DHCP discover 封包送出去之后，在 1 秒之内没有得到响应的话，
就会进行第 2 次 DHCP discover 广播。若一直得不到响应的情况下，客户端一共会有 4 次
DHCP discover 广播（包括第 1 次在内），除了第 1 次会等待 1 秒之外，其余 3 次的等待时
间分别是 9、13、16 秒。如果都没有得到 DHCP 服务器的响应，客户端则会显示错误信息，
宣告 DHCP discover 的失败。之后，基于使用者的选择，系统会继续在 5 分钟之后再重复
一次 DHCP discover 的过程。

（2）提供 IP 租用地址

当 DHCP 服务器监听到客户端发出的 DHCP discover 广播后，它会从那些还没有租出
的地址范围内，选择最靠前的空置 IP，连同其他 TCP/IP 设定，响应给客户端一个 DHCP offer
封包。由于客户端在开始的时候还没有 IP 地址，所以在 DHCP discover 封包内会带有 MAC
地址信息，并且有一个 XID 编号来辨别该封包，DHCP 服务器响应的 DHCP offer 封包则会
根据这些资料传递给要求租约的客户。根据服务器端的设定，DHCP offer 封包会包含一个
租约期限的信息。

（3）接受 IP 租约

如果客户端收到网络上多台 DHCP 服务器的响应，只会挑选其中一个 DHCP offer（通
常是最先抵达的那个），并且会向网络发送一个 DHCP request 广播封包，告诉所有 DHCP
服务器它将接受哪一台服务器提供的 IP 地址。同时，客户端还会向网络发送一个 ARP 封
包，查询网络上面有没有其他机器使用该 IP 地址，如果发现该 IP 已经被占用，客户端则
会送出一个 DHCP declient 封包给 DHCP 服务器，拒绝接受其 DHCP offer，并重新发送 DHCP
discover 信息。事实上，并不是所有 DHCP 客户端都会无条件接受 DHCP 服务器的 offer，
尤其那些安装有其他 TCP/IP 相关的客户软件的主机。客户端也可以用 DHCP request 向服

务器提出 DHCP 选择，而这些选择会以不同的号码填写在 DHCP option field 里面。

也就是说，在 DHCP 服务器上面的设定，客户端未必全都接受。客户端可以保留一些自己的 TCP/IP 设定，并且主动权永远在客户端这边。

（4）租约确认

当 DHCP 服务器接收到客户端的 DHCP request 之后，会向客户端发出一个 DHC pack 响应，以确认 IP 租约的正式生效，也就结束了一个完整的 DHCP 工作过程。

一旦客户端成功地从 DHCP 服务器那里取得 DHCP 租约之后，除非其租约已经失效并且 IP 地址也重新设定回 0.0.0.0，否则就无需再发送 DHCP discover 信息了，而会直接使用已经租用到的 IP 地址向之前的 DHCP 服务器发出 DHCP request 信息，DHCP 服务器会尽量让客户端使用原来的 IP 地址，如果没问题的话，直接响应 DHCP pack 来确认则可。如果该地址已经失效或已经被其他机器使用了，服务器则会响应一个 DHCP nack 封包给客户端，要求其重新执行 DHCP discover。至于 IP 的租约期限却是非常考究的，并非如我们租房子那样简单，以 NT 为例：DHCP 客户端除了在开机的时候发出 DHCP request 请求之外，在租约期限一半的时候也会发出 DHCP request，如果此时得不到 DHCP 服务器确认的话，客户端还可以继续使用该 IP；当租约期过了 87.5%时，如果客户端仍然无法与当初的 DHCP 服务器联系上，它将与其他 DHCP 服务器通信。如果网络上再没有任何 DHCP 服务器在运行时，该客户端必须停止使用该 IP 地址，并重新发送一个 DHCP discover 数据包，重复整个过程。要是您想退租，可以随时送出 DHCP release 命令解约。

从前面描述的过程中我们不难发现，跨网络的 DHCP discover 是以广播方式进行的，该情形只能在同一网络内进行，因为 Router 是不会将广播传送出去的。但如果 DHCP 服务器安设在其他网络上面呢？由于 DHCP 客户端还没有 IP 环境设定，所以也不知道 Router 地址，而且有些 Router 也不会将 DHCP 广播封包传递出去，因此这情形下 DHCP discover 是永远无法抵达 DHCP 服务器端的，当然也不会发生 DHCP offer 及其他动作了。要解决这个问题，我们可以用 DHCP Agent（或 DHCP Proxy）主机来接管客户的 DHCP 请求，然后将此请求传递给真正的 DHCP 服务器，然后将服务器的回复传给客户。这里，Proxy 主机必须自己具有路由能力，且能将双方的封包互传对方。如果不使用 Proxy，也可以在每一个网络中安装 DHCP 服务器，这种均衡式架构方法在一个大型网络中还是可取的，但也存在一些缺点，例如设备成本增加、管理分散等。

4. DHCP 的责任

☑ 保证任一 IP 地址在同一时刻只能由一台 DHCP 客户机所使用。

☑ DHCP 应可以给用户分配永久固定的 IP 地址。

☑ DHCP 应可以同用其他方法获得 IP 地址的主机共存（如手工配置 IP 地址的主机）。

☑ DHCP 服务器应当向现有的 BOOTP 客户端提供服务。

8.1.2 DNS 的基本概念与工作原理

1. DNS 的基本概念

DNS（Domain Name System 或 Domain Name Service，域名系统），是由解析器和域名

服务器组成的。域名服务器是指保存有该网络中所有主机的域名和对应 IP 地址的服务器，具有将域名转换为 IP 地址功能。其中一个域名必须对应一个 IP 地址，但一个 IP 地址不一定只对应一个域名。域名系统采用类似目录树的等级结构。域名服务器为客户机/服务器模式中的服务器方，它主要有两种形式：主服务器和转发服务器。在 Internet 上域名与 IP 地址之间是一对一（或者是多对一）的，它们之间的转换工作称为域名解析，域名解析需要由专门的域名解析服务器来完成，DNS 就是进行域名解析的服务器。DNS 命名用于 Internet 的 TCP/IP 网络中，通过用户友好的名称便于查找计算机和服务。当用户在应用程序中输入 DNS 名称时，DNS 服务可以将此名称解析为与之相关的其他信息，如 IP 地址。上网时输入的网址，是通过域名解析系统找到了相对应的 IP 地址，域名的最终指向是 IP。

在 IPV4 中 IP 是由 32 位二进制数组成的，将这 32 位二进制数分成 4 组，每组 8 个二进制数，将这 8 个二进制数转化成十进制数，就是我们看到的 IP 地址，每组数据范围是在 0~255 之间。现在已开始试运行、将来必将代替 IPv4 的 IPv6 中，将以 128 位二进制数表示一个 IP 地址。

大家都知道，当上网的时候，通常输入的是网址，其实这就是一个域名，而网络上的计算机彼此之间只能用 IP 地址才能相互识别。例如，我们去 Web 服务器中请求 Web 页面，可以在浏览器中输入网址或者是相应的 IP 地址。例如要上新浪网，可以在 IE 的地址栏中输入网址，也可输入 IP 地址，但是记不住或说是很难记住 IP 地址，所以就有了域名的说法，比较而言，人们更容易记住域名。

DNS 是由圆点分开的一串单词或缩写组成的，每一个域名都对应唯一的一个 IP 地址，这种命名方法或这样管理域名的系统叫做域名管理系统。

2. DNS 服务器

DNS（Domain Name System 或 Domain Name Service，域名系统域名服务器），是由解析器和域名服务器组成的。域名服务器是指保存有该网络中所有主机的域名和对应 IP 地址的服务器，具有将域名转换为 IP 地址功能。其中域名必须对应一个 IP 地址，但一个 IP 地址不一定有域名。域名系统采用类似目录树的等级结构。域名服务器为客户机/服务器模式中的服务器方，它主要有两种形式：主服务器和转发服务器。将域名映射为 IP 地址的过程称为"域名解析"。

3. DNS 服务器的工作原理

DNS 分为 Client 和 Server，Client 扮演发问的角色，也就是问 Server 一个 Domain Name，而 Server 必须要回答该 Domain Name 的真正 IP 地址。当地的 DNS 先会查自己的资料库是否有该 Domain Name 资料，如果自己的资料库没有，则继续向该 DNS 的上一层 DNS 询问，直到得到答案，将答案保存起来，并回答 Client。DNS 服务器会根据不同的授权区（Zone），记录所属网域下的各名称资料，这个资料包括该网域下的次网域名称及主机名称。

在每一个名称服务器中都有一个快取缓存区（Cache），这个快取缓存区的主要目的是将该名称服务器所查询出来的名称及相对的 IP 地址记录在快取缓存区中，这样当下次另一个客户端到此服务器上去查询相同的名称时，服务器就不用在到别的主机上去寻找，而直接可以从缓存区中找到该名称记录资料，传回给客户端，加速客户端对名称查询的速度。

例如，当 DNS 客户端向指定的 DNS 服务器查询网际网上的某一台主机名称时，DNS 服务器会在资料库中找寻用户所指定的名称。如果没有，该服务器会先在自己的快取缓存区中查询有无该笔记录，如果找到该名称记录后，DNS 服务器直接将所对应到的 IP 地址传回给客户端；如果名称服务器在资料记录查不到且快取缓存区中也没有时，服务器才会向别的名称服务器查询所要的名称。

4. DNS 服务器的分类

DNS 服务器按照层次分为一下几种。

（1）根 DNS 服务器

在 Internet 上有 13 个根服务器（标号为 A~M）。

（2）顶级域（TLD）服务器

这些服务器负责顶级域名（如 com、org、net、edu 和 gov）和所有国家的顶级域名（如 cn）。

（3）权威 DNS 服务器

在 Internet 上，具有公共可访问主机的每个组织机构必须提供公共可访问的 DNS 记录。

5. 主 DNS 服务器和辅 DNS 服务器

为保证服务可用性，DNS 要求使用多台名称服务器冗余支持每个区域。

某个区域的资源记录通过手动或自动方式更新到单个主名称服务器（称为主 DNS 服务器）上。主 DNS 服务器可以是一个或几个区域的权威名称服务器。

其他冗余名称服务器（称为辅 DNS 服务器）用作同一区域中主名称服务器的备份服务器，以防主名称服务器无法访问或宕机。辅 DNS 服务器定期与主 DNS 服务器通信，确保区域信息保持最新。如果不是最新信息，辅 DNS 服务器就会从主服务器获取区域最新数据文件的副本。这种将区域文件复制到多台名称服务器的过程称为区域复制。

6. 缓存

缓存包括 DNS 服务器缓存和 DNS 客户端缓存。当查询（或访问）某一主机时，服务器（或客户端）会将该查询（或访问）记录保留一段时间，当再次查询（或访问）这台主机时，由于缓存的存在，通信流量会大量减少。

缓存主要包括两种类型，一种是通过查询 DNS 服务器获得；另一种是通过%systemroot%\system32\drivers\etc\hosts 获得。

第一种类型缓存在一段时间后会过期，过期时间由生命周期（TTL）决定（包括在首次查询时得到的 DNS 应答中）。可以通过 ipconfig/displaydns 命令查看缓存内容和过期前的剩余时间，如图 8-1 所示。

除了缓存肯定应答，还有缓存否定应答。否定应答来自 DNS 服务器，当 DNS 服务器查询后发现没有与客户机要查询的主机相匹配的记录后，它就会发送否定应答。缓存否定应答不附带 TTL，默认情况下，Windows 缓存指定 5~15 分钟的生命期。生命期的具体数字由 Windows 版本和配置决定，可以通过修改注册表的有关键值来控制这一行为。

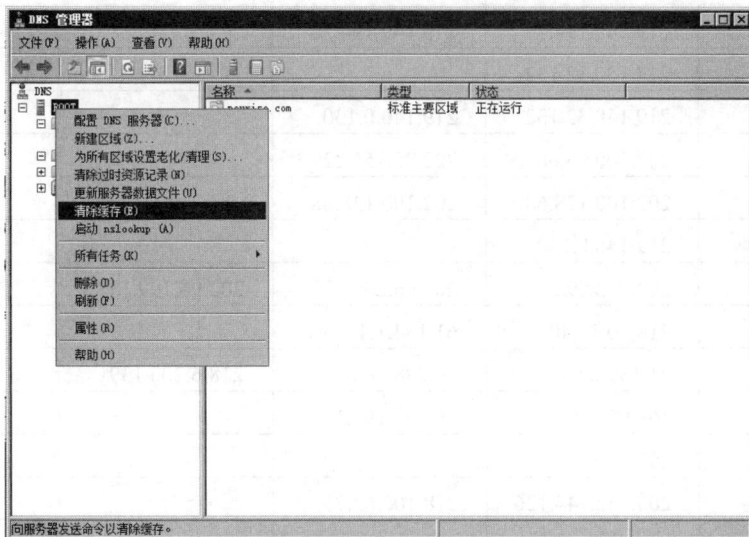

图 8-1　通过 ipconfig/displaydns 命令查看 DNS 缓存

通过 ipconfig/flushdns 命令可以清除缓存。清除服务器缓存，即在 DNS 服务器管理控制台，右击 DNS 服务器名（如 ROOT）选择清除缓存命令，如图 8-2 所示。

图 8-2　通过 ipconfig/flushdns 命令清除缓存

7. 全国主要城市及地区 DNS 信息

全国主要城市及地区 DNS 信息如表 8-1~表 8-2 所示。

表 8-1 电信全国 DNS 列表

城市及地区	DNS 列表			
A 安徽	202.102.192.68	202.102.199.68	61.132.163.68	202.102.213.68
A 澳门	202.175.3.8	202.175.3.3		
B 北京	202.96.199.133	202.96.0.133	202.106.0.20	202.106.148.1
C 重庆	61.128.128.68	61.128.192.68		
F 福建	202.101.115.55	218.85.157.99		
G 甘肃	202.100.64.68	61.178.0.93		
G 广东	202.96.128.86	202.96.128.166	202.96.134.133	202.96.128.68
G 广西	202.103.224.68	202.103.225.68		
G 贵州	202.98.192.67	202.98.198.167		
H 海南	202.100.192.68	202.100.199.8		
H 河北	219.150.32.132			
H 黑龙江	219.150.32.132	219.146.0.130	219.147.198.230	
H 河南	219.150.150.150	222.88.88.88	222.85.85.85	
H 湖北	202.103.0.68	202.103.24.68	202.103.0.117	202.103.44.150
H 湖南	202.103.96.112	202.103.96.68	220.170.0.18	61.187.91.18
J 江苏	61.177.7.1	61.147.37.1	218.2.135.1	221.228.255.1
J 江西	202.101.224.68	202.101.226.69		
J 吉林	219.149.194.55	219.149.194.56		
L 辽宁	219.150.32.132			
N 内蒙古	219.150.32.132	219.146.0.130		
N 宁夏	202.100.96.68	222.75.152.129		
Q 青海	202.100.128.68	202.100.138.68		
S 山东	219.146.0.130			
S 上海	202.96.209.5	202.96.209.133	202.96.199.133	
S 陕西	218.30.19.40	61.134.1.4		
S 四川	61.139.2.69	202.98.96.68	218.6.200.139	61.139.54.66
T 台湾	168.95.1.1	168.95.192.1		
T 天津	202.99.104.68			
X 香港	205.252.144.126	218.102.62.71		
X 新疆	61.128.114.166	61.128.114.133	61.128.99.133	61.128.99.134
Y 云南	222.172.200.68	61.166.150.123		
Z 浙江	60.191.244.5	202.96.113.34	220.189.127.107	60.191.134.206

表 8-2 联通全国 DNS 列表

城市及地区	DNS 列表		
A 安徽	218.104.78.2		
B 北京	202.106.0.20	202.106.196.115	
G 甘肃	221.7.34.10		
G 广东	221.4.66.66	210.21.4.130	221.4.8.1
G 广西	211.97.64.129	221.7.128.68	221.7.136.68
H 海南	221.11.132.2		
H 河北	202.99.160.68	202.99.166.4	
H 黑龙江	202.97.224.68	202.97.224.69	
H 河南	202.102.224.68	202.102.227.68	
H 湖北	218.104.111.122	218.104.111.114	
H 湖南	58.20.127.170	58.20.57.4	
J 江苏	221.6.4.66	221.6.96.177	218.104.32.106
J 江西	220.248.192.12	220.248.192.13	
J 吉林	202.98.0.68	202.98.5.68	
L 辽宁	202.96.69.38	202.96.64.68	
N 内蒙古	202.99.224.8	202.99.224.67	202.99.224.68
S 山东	202.102.152.3	202.102.134.68	
S 上海	210.22.70.3	210.22.84.3	210.52.207.2
S 山西	202.99.192.66	202.99.192.68	
S 四川	221.10.251.196		
T 天津	202.99.96.68	202.99.64.68	
Y 云南	221.3.131.9	221.3.131.10	
Z 浙江	221.12.1.228	221.12.33.228	221.12.65.228	218.108.248.200
西宁	221.207.58.58	221.207.58.68	

8.1.3 WWW 服务

1. WWW 的基本概念

WWW（World Wide Web，环球信息网），也可以简称为 Web，中文名字为"万维网"。万维网，是一个资料空间。在这个空间中，一种有用的事物，称为一种"资源"，由一个全域"统一资源标识符（URL）"标识。这些资源通过超文本传输协议（Hypertext Transfer Protocol）传送给使用者，而后者通过单击链接来获得资源。从另一个观点来看，万维网是一个透过网络存取的互联超文件（Interlinked Hypertext Document）系统。万维网联盟（World Wide Web Consortium，W3C），又称 W3C 理事会，1994 年 10 月在拥有"世界理工大学之最"称号的麻省理工学院（MIT）计算机科学实验室成立，建立者是万维网的发明者蒂姆·伯纳斯·李。

万维网常被当成因特网的同义词，但万维网与因特网有着本质的差别。因特网（Internet）指的是一个硬件的网络，全球的所有计算机通过网络连接后便形成了因特网；

而万维网更倾向于一种浏览网页的功能。

2. WWW 服务的组成

（1）客户机

客户机是一个需要某些东西的程序，而服务器则是提供某些东西的程序。一个客户机可以向多个不同的服务器请求，一个服务器也可以向多个不同的客户机提供服务。通常情况下，一个客户机启动与某个服务器的对话，服务器通常是等待客户机请求的一个自动程序；客户机通常是作为某个用户请求或类似于用户的每个程序提出的请求而运行的。协议是客户机请求服务器和服务器如何应答请求的各种方法的定义。WWW 客户机又可称为浏览器。

通常的环球信息网上的客户机主要包括 IE、Firefox（火狐浏览器）和 opera（欧朋浏览器）等。

在 WWW 中，客户机的任务是：

① 帮助你制作一个请求（通常在单击某个链接时启动）。

② 将你的请求发送给某个服务器。

③ 通过对直接图像适当解码，呈交 HTML 文档和传递各种文件给相应的"观察器"（Viewer），把请求所得的结果报告给你。

一个观察器是一个可被 WWW 客户机调用而呈现特定类型文件的程序，例如，当一个声音文件被 WWW 客户机查阅并下载时，它只能用某些程序（如 Windows 下的"媒体播放器"）来"观察"。

通常 WWW 客户机不仅可以向 Web 服务器发出请求，还可以向其他服务器（例如 Gopher、FTP、news、mail）发出请求。

（2）服务器

在 WWW 中，服务器的任务是：

① 接受请求。

② 请求的合法性检查，包括安全性屏蔽。

③ 针对请求获取并制作数据，包括 Java 脚本和程序、CGI 脚本和程序、为文件设置适当的 MIME 类型来对数据进行前期处理和后期处理。

④ 审核信息的有效性。

⑤ 把信息发送给提出请求的客户机。

3. WWW 工作原理

当你想浏览 WWW 上的一个网页，或者其他网络资源的时候，首先需要在你的浏览器上输入你想访问网页的统一资源定位符（Uniform Resource Locator，URL），或者通过超链接方式链接到该网页或网络资源；接着，是 URL 的服务器名部分被分布于全球的因特网数据库（又名为域名系统）解析，根据解析结果决定进入哪一个 IP 地址（IP address）；其后，是向该 IP 地址所在的服务器发送一个 HTTP 请求，正常情况下，HTML 文本、图片和构成该网页的其他文件会被逐一请求并发送回用户浏览器；最后，网络浏览器把 HTML、CSS

和其他接收到的文件加上图像、链接和其他必需的资源，显示给用户。这些就构成了你所看到的"网页"。

总体来说，WWW 采用客户机/服务器的工作模式，工作流程具体如下：

（1）用户使用浏览器或其他程序建立客户机与服务器连接，并发送浏览请求。

（2）Web 服务器接收到请求后，返回信息到客户机。

（3）通信完成，关闭连接。

4. IIS 简介

IIS（Internet Information Services，互联网信息服务），是由微软公司提供的基于 Microsoft Windows 运行的互联网基本服务。

IIS 是一个 World Wide Web server。Gopher server 和 FTP server 全部包容在里面。IIS 意味着你能发布网页，并且有 ASP（Active Server Pages）、JAVA、VBscript 产生页面，有着一些扩展功能。首先 IIS 支持一些有趣的东西，如有编辑环境的界面（FRONTPAGE）、有全文检索功能的（INDEX SERVER）、有多媒体功能的（NET SHOW）等；其次，IIS 是随 Windows NT Server 4.0 一起提供的文件和应用程序服务器，是在 Windows NT Server 上建立 Internet 服务器的基本组件，它与 Windows NT Server 完全集成，允许使用 Windows NT Server 内置的安全性以及 NTFS 文件系统建立强大灵活的 Internet/Intranet 站点；最后，IIS 是一种 Web（网页）服务组件，其中包括 Web 服务器、FTP 服务器、NNTP 服务器和 SMTP 服务器，分别用于网页浏览、文件传输、新闻服务和邮件发送等方面，它使得在网络（包括因特网和局域网）上发布信息成了一件很容易的事。

8.2　项　目　实　施

8.2.1　安装和配置 DHCP 服务器

1. 添加角色

（1）登录目标服务器，打开【服务器管理器】，如图 8-3 所示。

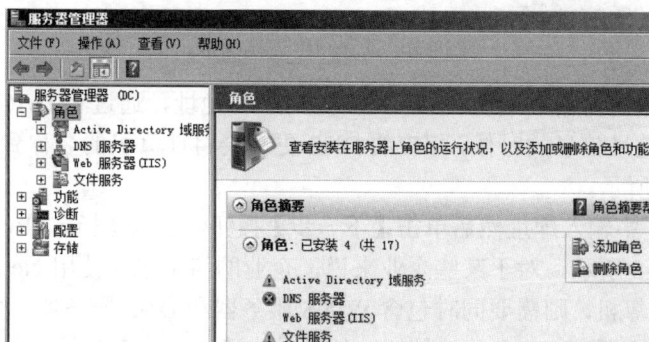

图 8-3　服务器管理器

（2）单击【添加角色】按钮出现如图 8-4 所示的【添加角色向导】对话框，在列表框中选择服务器角色。

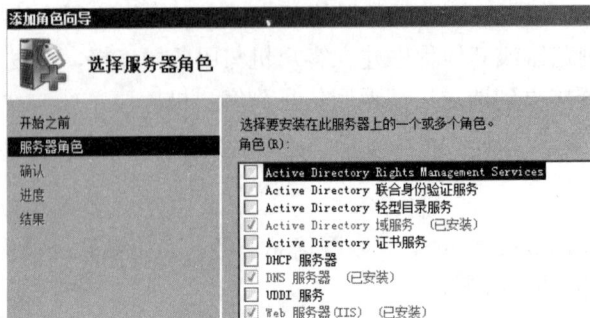

图 8-4　选择服务器角色

（3）选择【DHCP 服务器】选项，单击【下一步】按钮，如图 8-5 所示。

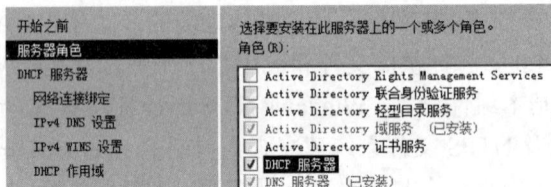

图 8-5　选择 DHCP 服务器

（4）进入【选择网络连接绑定】步骤，安装程序将检查你的服务器是否具有一个静态 IP 地址，如果检测到会显示出来，如图 8-6 所示。

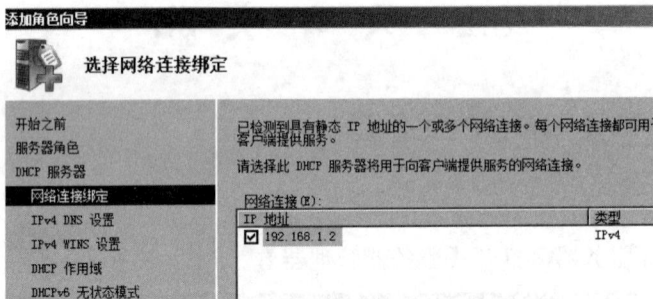

图 8-6　选择网络连接绑定

（5）接下来你需要输入域名和 DNS 服务器的 IP 地址，通过将 DHCP 与 DNS 集成，当 DHCP 更新 IP 地址信息的时候，相应的 DNS 更新会将计算机的名称到 IP 地址的关联进行同步，如图 8-7 所示。

（6）在图 8-7 中输入地址然后单击【下一步】按钮，进入【指定 IPv4 WINS 服务器设置】步骤，如图 8-8 所示，对于某些企业来说，企业网络中包含使用 NetBIOS 名称的计算机和使用域名的计算机，则需要同时包含 WINS 服务器和 DNS 服务器；否则，选中【此网络上的应用程序不需要 WINS】单选按钮，然后单击【下一步】按钮。

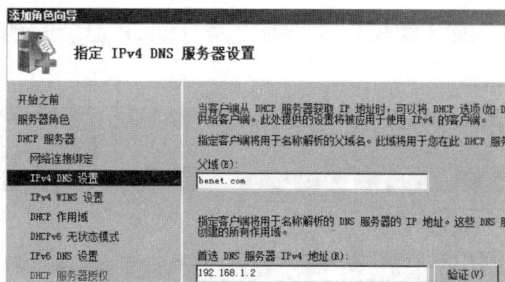

图 8-7 设定 IPv4 DNS 服务器设置

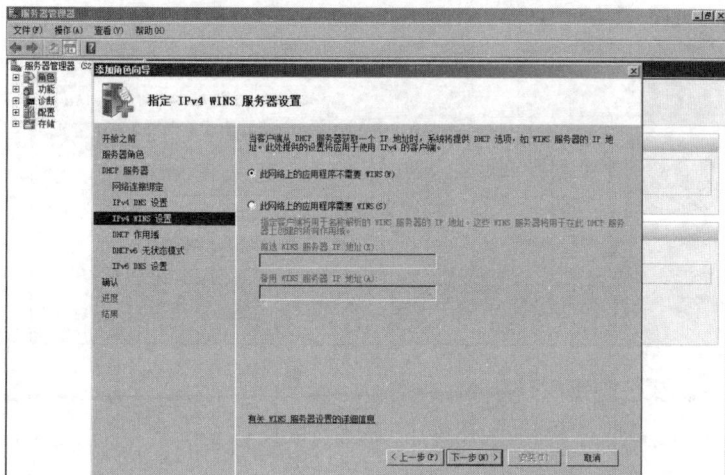

图 8-8 指定 IPv4 WINS 服务器设置

（7）接下来添加或编辑【DHCP 作用域】。作用域是为了便于管理而对子网上使用 DHCP 服务的计算机 IP 地址进行分组，管理员首先为每个物理子网创建一个作用域，然后使用此作用域定义客户端所用的参数，如图 8-9 所示。

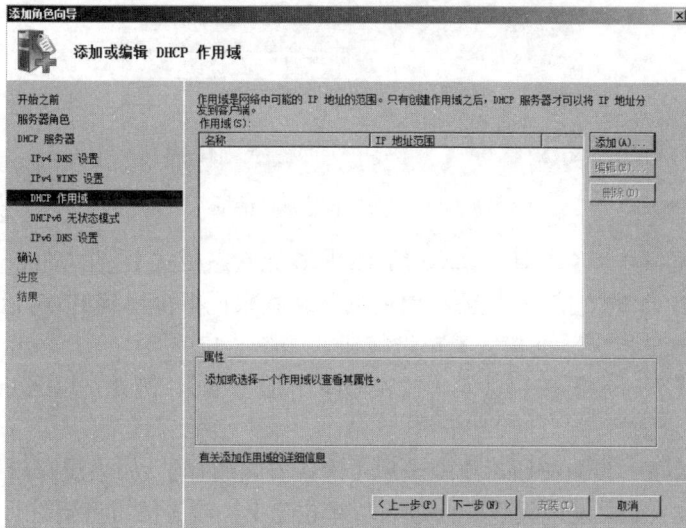

图 8-9 添加或编辑 DHCP 作用域

（8）设置 DHCP 地址池（DHCP 地址池就是分配 IP 地址的地址库，也就是 DHCP 作用域），如图 8-10 所示。

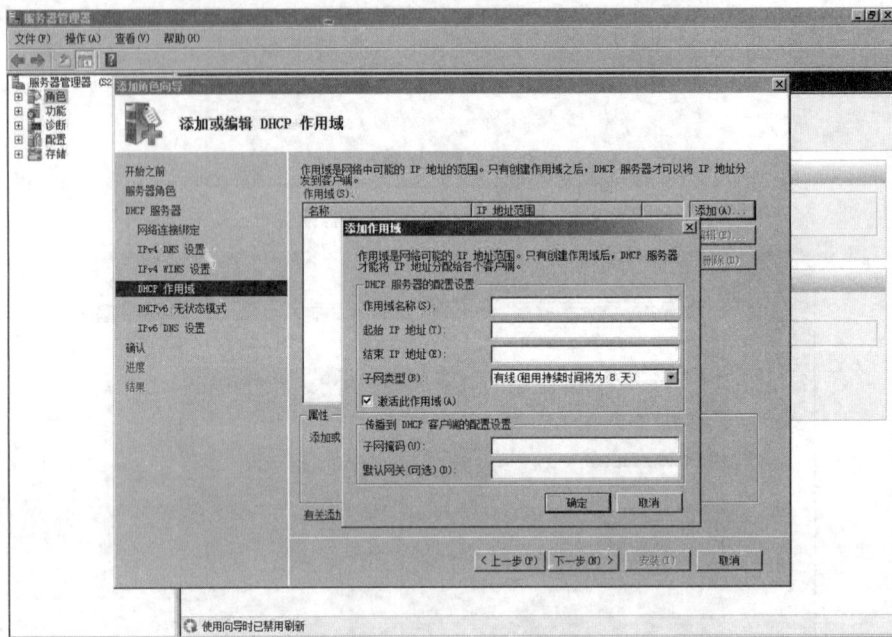

图 8-10　添加作用域

（9）在添加作用域对话框中输入图 8-11 所示的参数后，单击【确定】按钮。

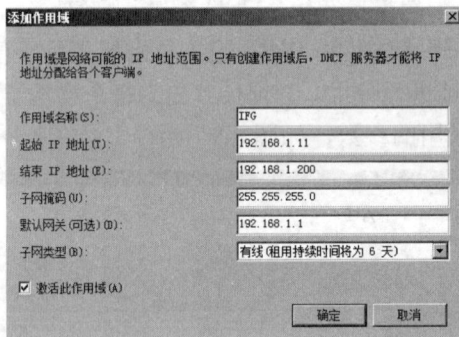

图 8-11　添加作用域对话框

（10）单击【下一步】按钮，进入【DHCPv6 无状态模式】。在 Windows Server 2008 中默认增加了对 IPv6 的支持。不过就目前的网络现状来说很少用到 IPv6，因此可以选中【对此服务器禁用 DHCPv6 无状态模式】单选按钮，如图 8-12 所示。

（11）单击【下一步】按钮进入【授权 DHCP 服务器】，例如，以 Administrator 登录，设置如图 8-13 所示。

（12）单击【下一步】按钮，出现最后【确认安装选择】，如果没有问题的话单击【安装】按钮开始安装；如果发现设置有问题可以单击【上一步】按钮重新进行设置。单击【安装】按钮后，开始自动安装，如图 8-14 所示。安装过程如图 8-15 所示。

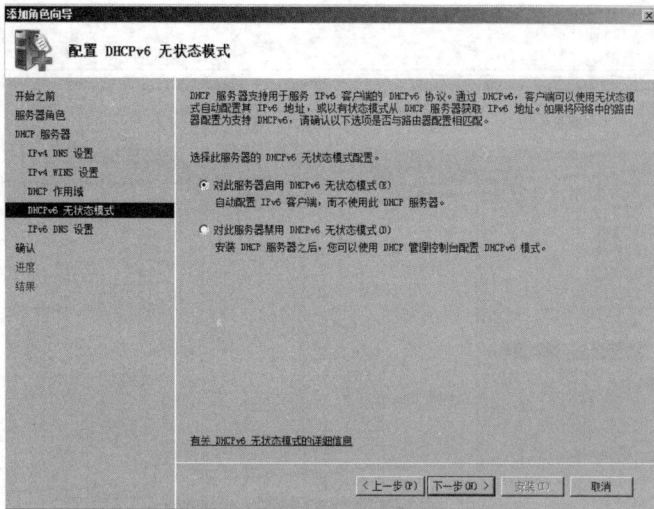

图 8-12　配置 DHCPv6 无状态模式

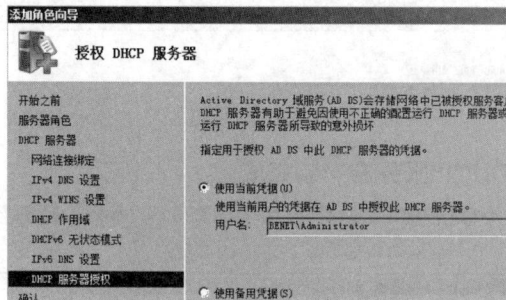

图 8-13　授权 DHCP 服务器

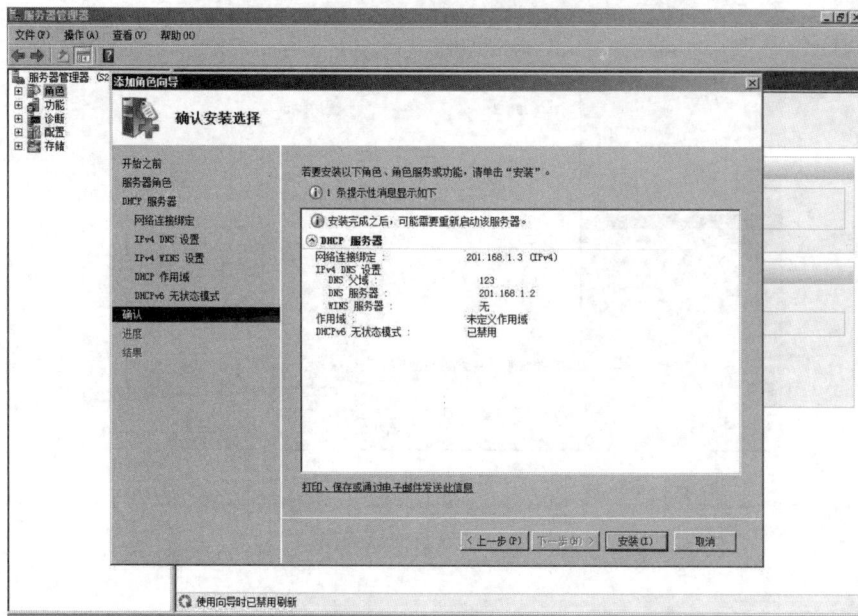

图 8-14　确认安装

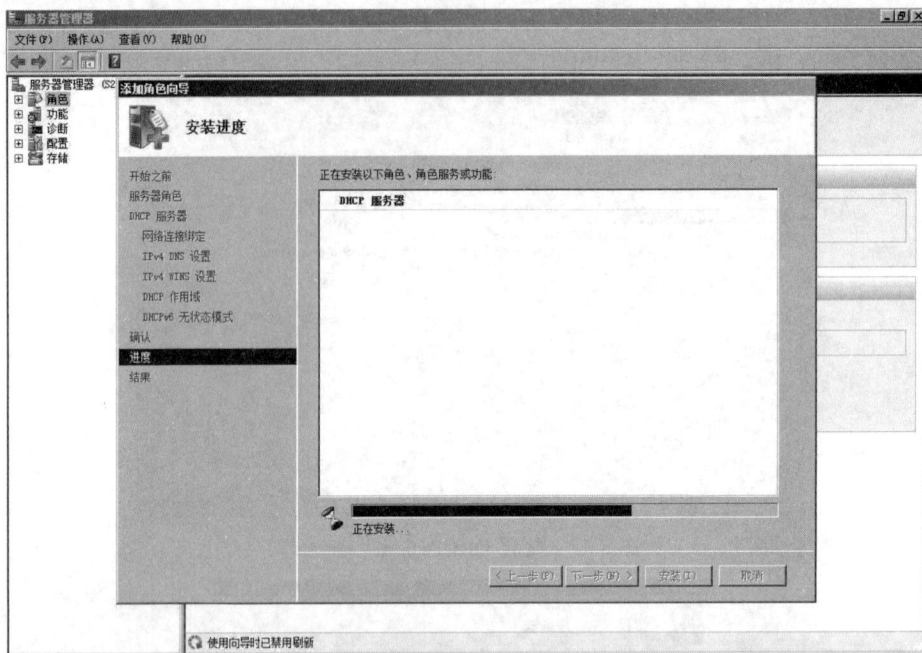

图 8-15　安装过程

出现图 8-16 界面，DHCP 服务器安装完成。

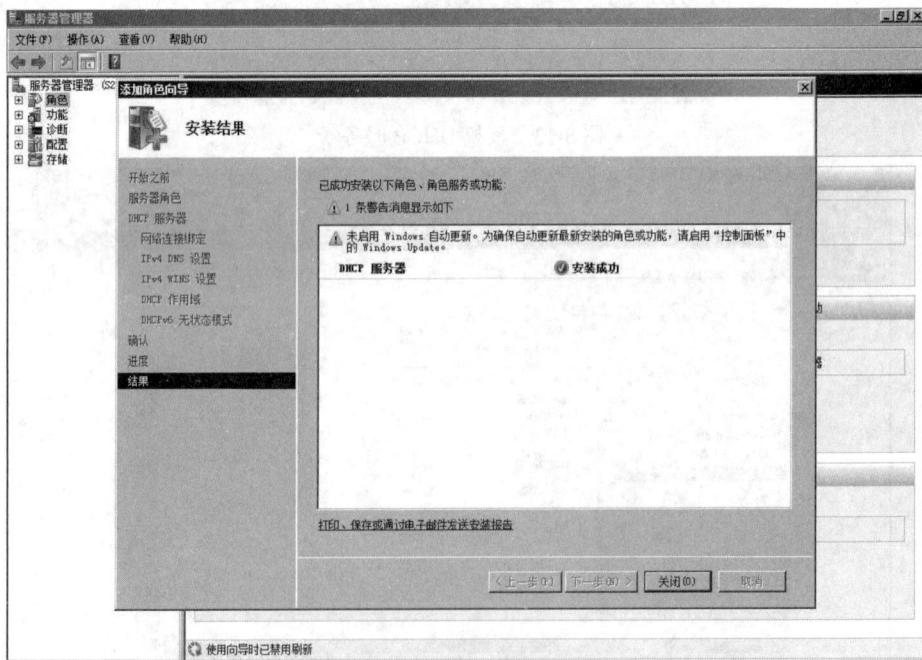

图 8-16　安装完成界面

8.2.2　DNS 服务器的配置及测试

1. 在 Windows Server 2008 搭建 DNS 服务器实例

1）搭建条件

☑　DNS 服务器系统：Windows Server 2008

☑　IPv4：10.1.50.76

☑　IPv6：1000::2

☑　客户机系统：Windows XP sp3

☑　IPv4：10.1.50.29

☑　IPv6：1000::3

2）任务目标

①　在 Windows Server 2008 服务器上搭建 DNS 服务器域名为 www.neuriso.com 的域名地址，对应的 IP 为主机地址（10.1.50.76）；再搭建域名为 www.neurisoipv6.com 的域名地址，对应的 IPv6 为（1000::2）。

📝 注意

> 地址为本机地址是为了方便以后再测试本机 Web 和 FTP 性能

②　在服务器的 cmd 命令窗口通过 ping www.neuriso.com 可以解析出 10.1.50.76；通过 ping www.neurisoipv6.com 可以解析出 1000::2。

③　配置客户机的 DNS 服务器 IP 地址为 10.1.50.76。

在服务器的 cmd 命令窗口通过 ping www.neuriso.com 可以解析出 10.1.50.76；再通过 ping6 www.neurisoipv6.com 可以解析出 1000::2。

3）具体步骤

（1）在服务器上添加 DNS 服务角色。

在【服务器管理器】中选择【添加角色】选项，如图 8-17 所示。

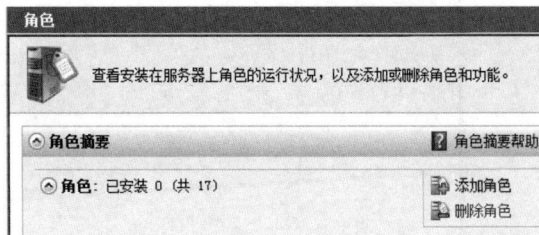

图 8-17　服务器管理器

出现如图 8-18 所示的【添加角色向导】对话框，选中【DNS 服务器】，单击【下一步】按钮，开始安装。

之后出现图 8-19 安装成功界面，表示 DNS 服务安装成功。

（2）运行 DNS 服务，如图 8-20 所示。

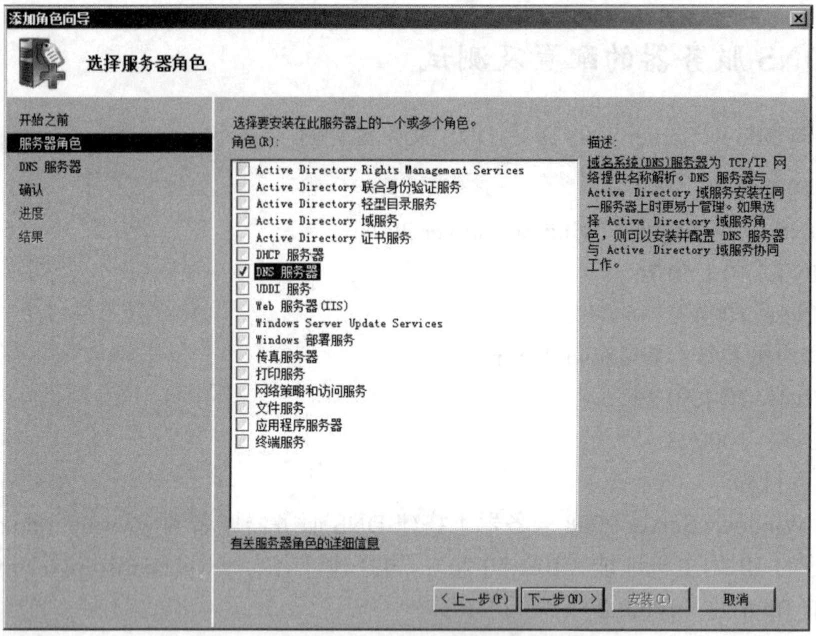

图 8-18 选择服务器角色

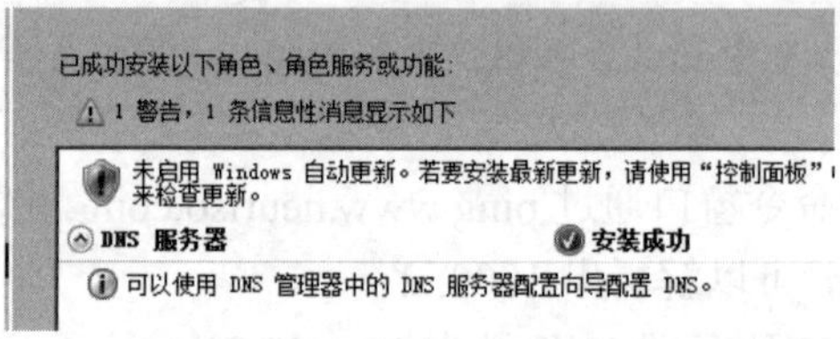

图 8-19 DNS 服务安装成功

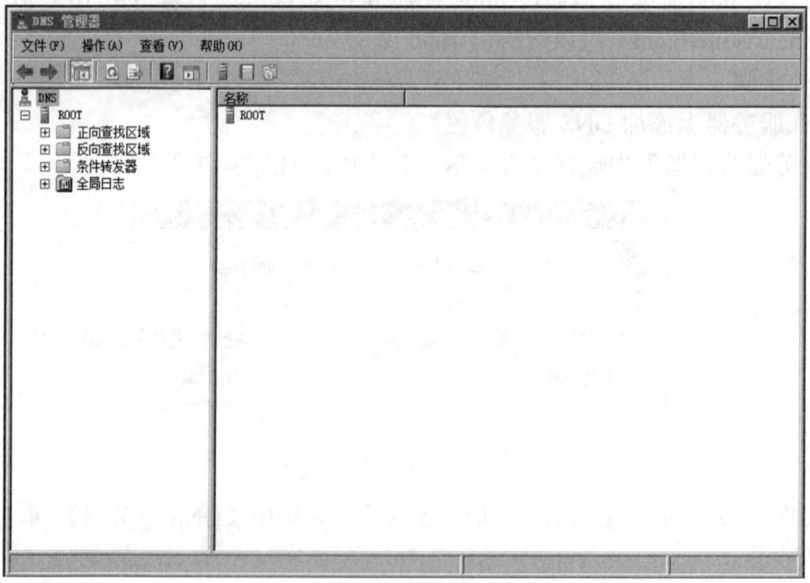

图 8-20 运行 DNS 服务

（3）添加正向查找区域。

① 右击【正向查找区域】，在弹出的快捷菜单中选择【新建区域】，出现图 8-21 所示的【新建区域向导】对话框，单击【下一步】按钮。

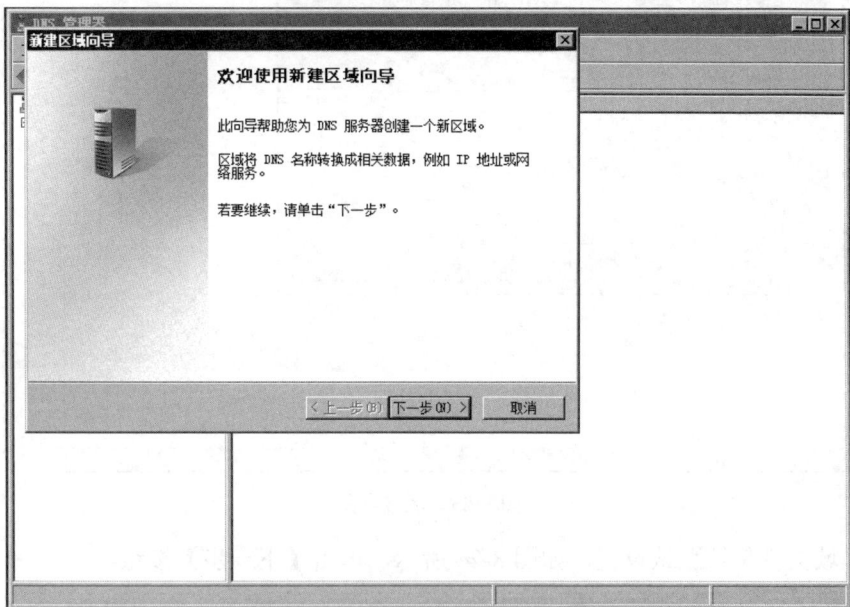

图 8-21　【新建域向导】对话框

② 区域类型保持默认设置，单击【下一步】按钮，如图 8-22 所示。

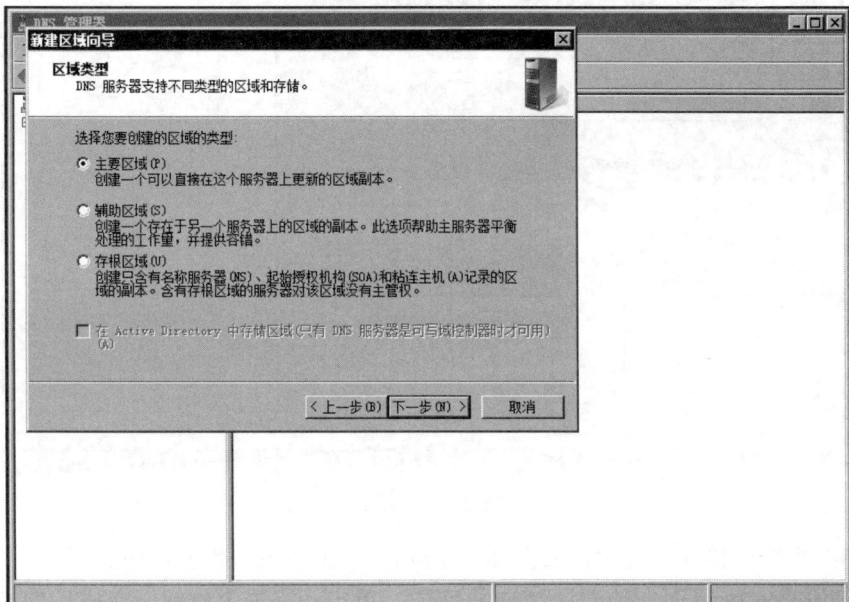

图 8-22　区域类型

③ 在图 8-23 所示【区域名称】文本框中输入 neuriso.com，单击【下一步】按钮。

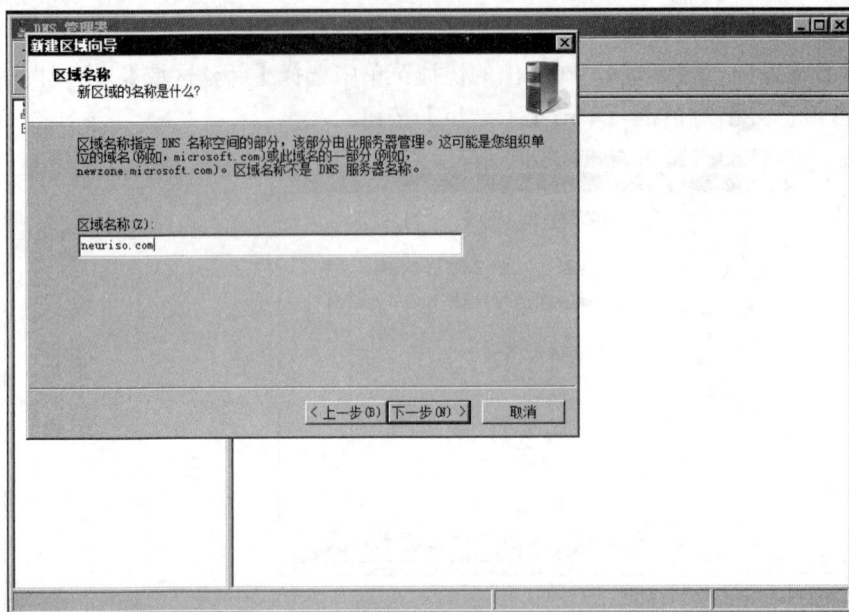

图 8-23　区域名称

④ 区域文件保持默认设置，如图 8-24 所示，单击【下一步】按钮。

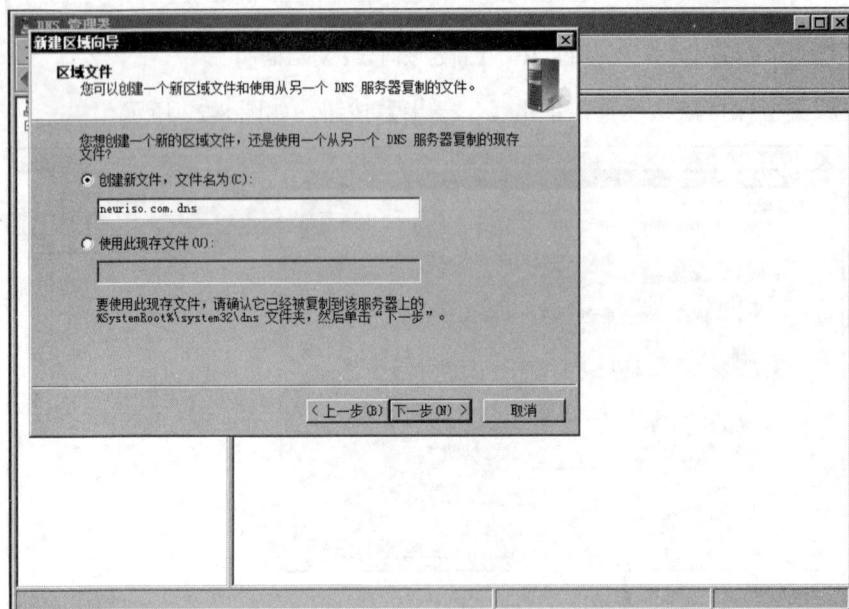

图 8-24　区域文件

⑤ 动态更新保持默认设置，如图 8-25 所示，单击【下一步】按钮。

⑥ 出现图 8-26 界面，新建区域向导完成，单击【完成】按钮。完成后的 DNS 管理器如图 8-27 所示。

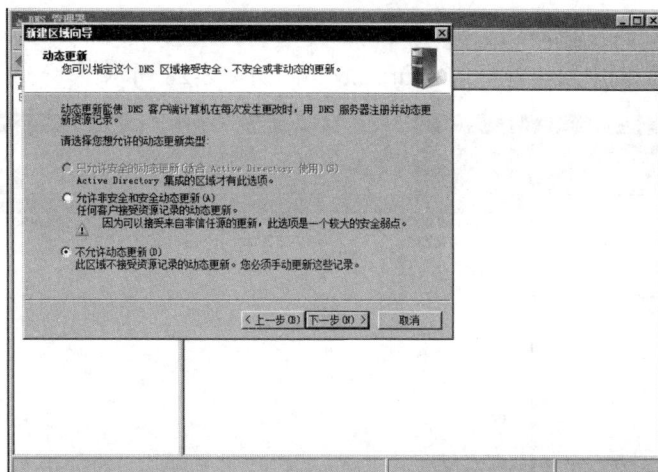

图 8-25 动态更新

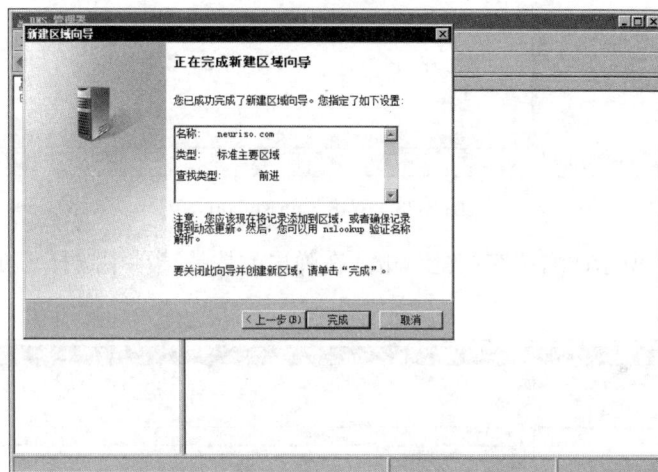

图 8-26 完成设置

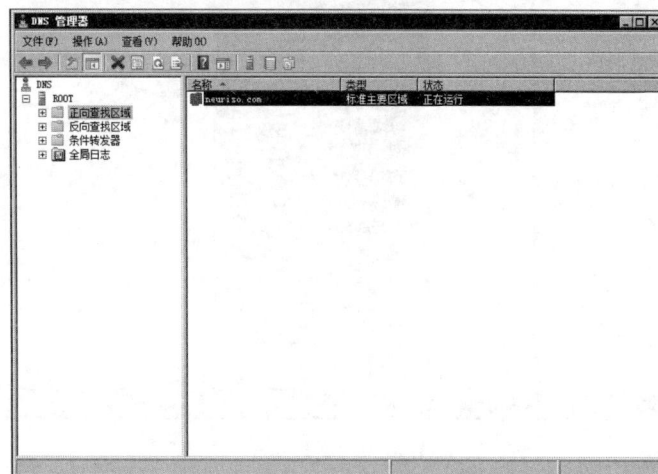

图 8-27 完成后界面

（4）为正向查找区域添加主机。

① 在左侧列表框中双击建好的 neuriso.com，如图 8-28 所示。

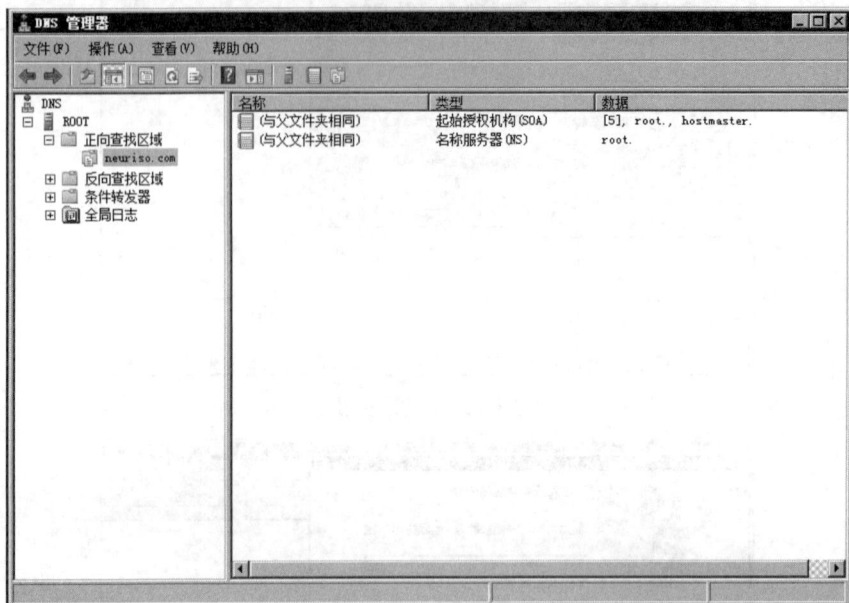

图 8-28　双击 neuriso.com

② 在图 8-28 所示的右边空白处右击，在弹出的快捷菜单中选择【新建主机】命令，如图 8-29 所示。

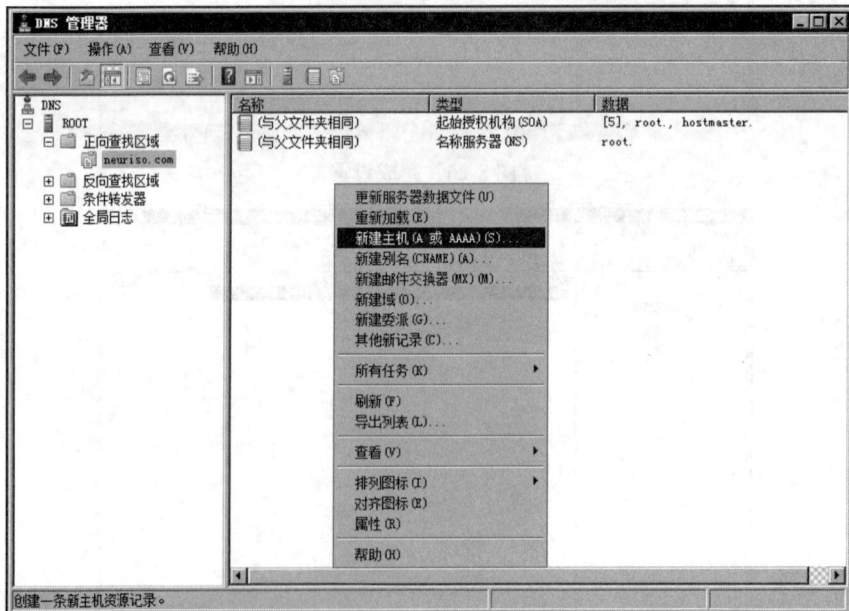

图 8-29　新建主机

③ 弹出【新建主机】对话框，在【名称】文本框中输入 www，在【IP 地址】文本框

中输入 10.1.50.76，单击【添加主机】按钮，如图 8-30 所示。

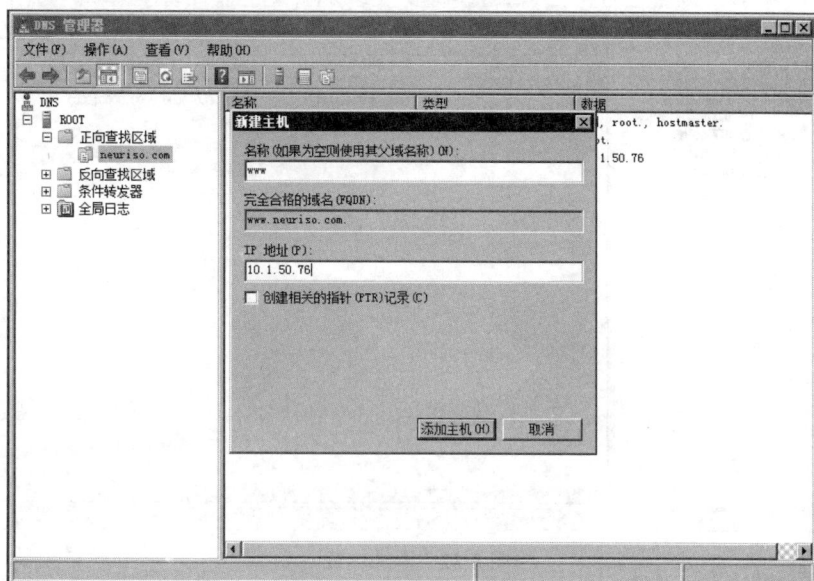

图 8-30　新建主机参数设置

④ 主机添加完成后，DNS 管理器右侧列表框出现了添加的 www 主机，如图 8-31 所示。

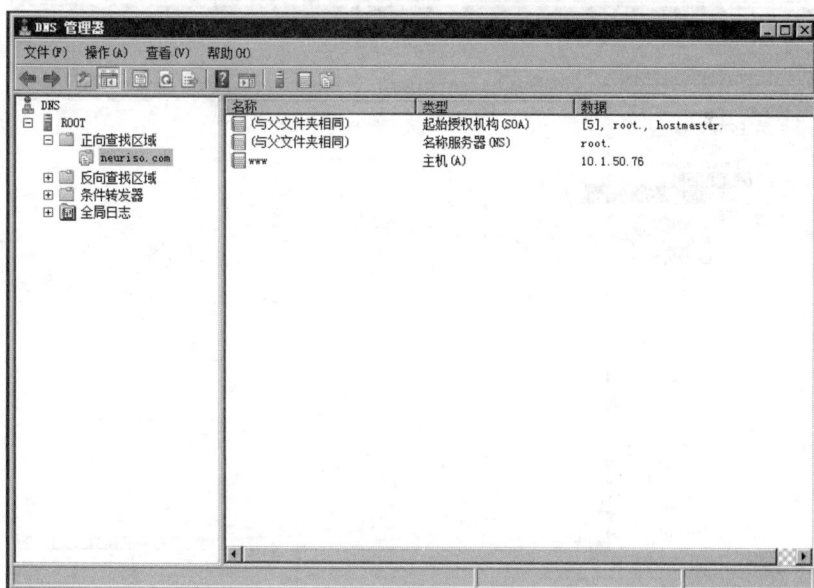

图 8-31　主机添加完成

（5）添加 www.neurisoipv6.com 与 1000::2 的正向查找区域。重复以上步骤（3）、（4），在区域【名称】文本框中输入 neurisoipv6.com，地址的地方改为 1000::2，添加完成后的 DNS 管理器如图 8-32 所示。

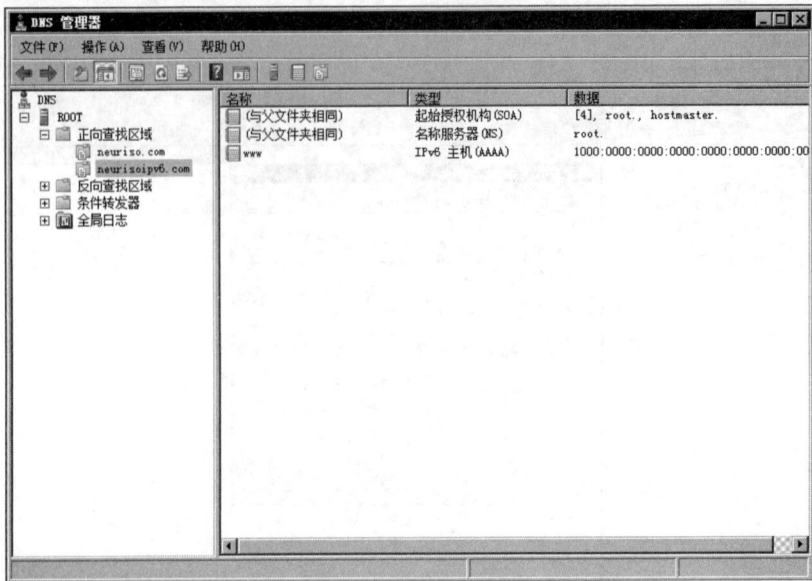

图 8-32　添加完成

（6）添加 IPv4 的反向查找区域。

① 在 DNS 管理器左侧列表框中右击【反向查找区域】，在弹出的快捷菜单中选择【新建区域】命令，如图 8-33 所示。

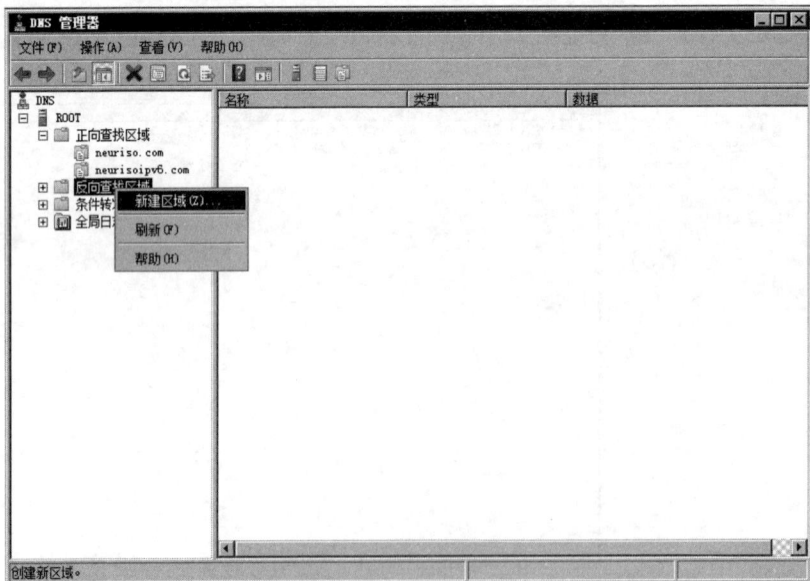

图 8-33　添加反向查找区域

② 弹出【新建区域向导】对话框，单击【下一步】按钮，如图 8-34 所示。

③ 选中【IPv4 反向查找区域】单选按钮，单击【下一步】按钮，如图 8-35 所示。

④ 在【网络 ID】文本框中输入 10.1.50，单击【下一步】按钮，如图 8-36 所示。

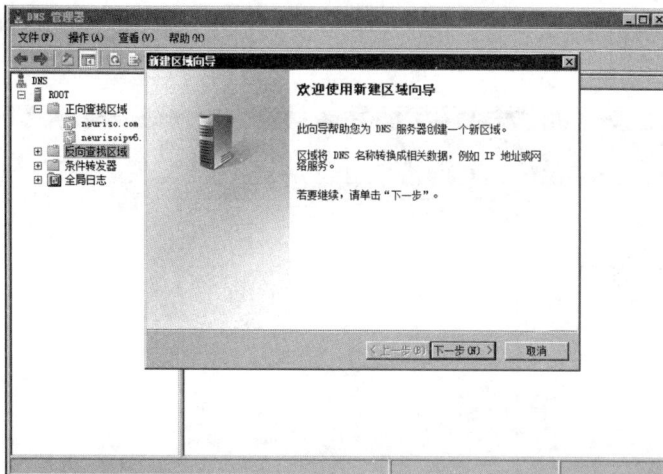

图 8-34　新建区域向导对话框

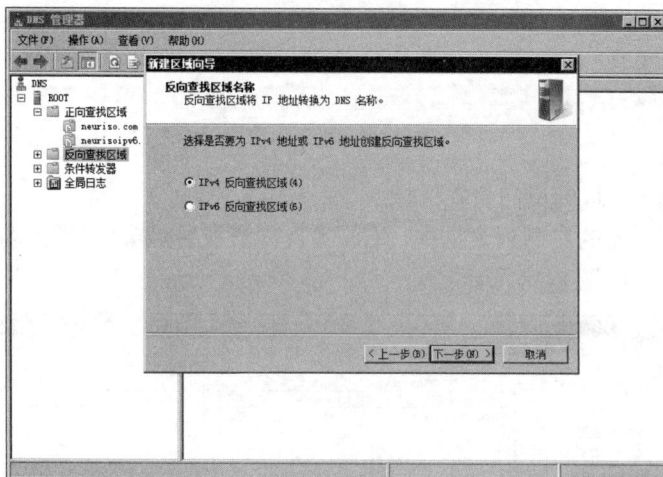

图 8-35　选择 IPv4 反向查找区域

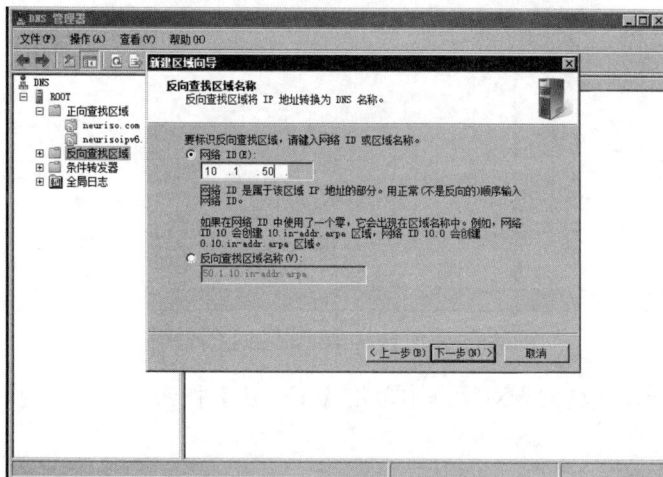

图 8-36　反向查找区域名称

⑤ 以下各步均保持默认设置，单击【下一步】按钮，直至完成，反向查找区域新建完成如图 8-37 所示。

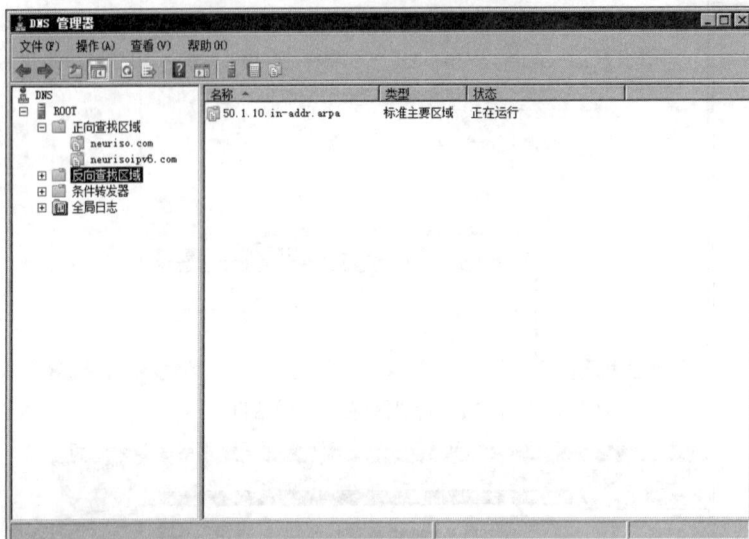

图 8-37　新建完成

（7）添加 IPv6 地址的反向查找区域。

① 在 DNS 管理器的左侧列表框中，右击【反向查找区域】，在弹出的快捷菜单中选择【新建区域】命令，如图 8-38 所示。

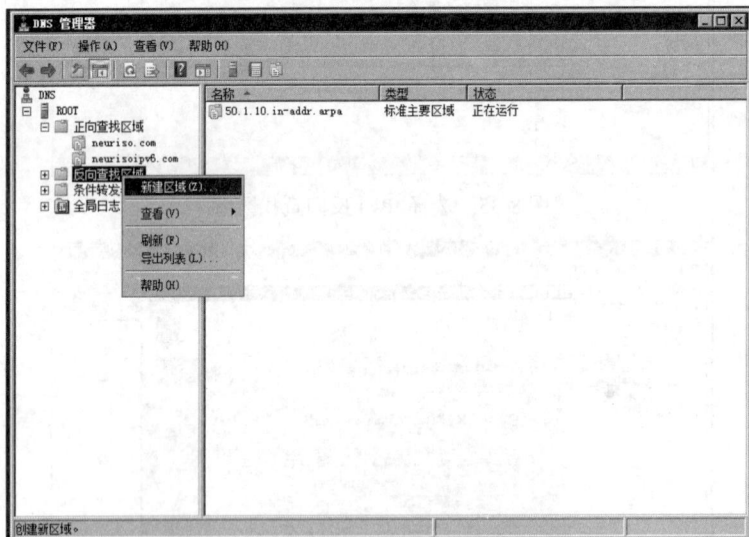

图 8-38　添加 IPv6 地址的反向查找区域

② 在弹出的新建区域向导对话框中单击【下一步】按钮，直至出现图 8-39 界面。

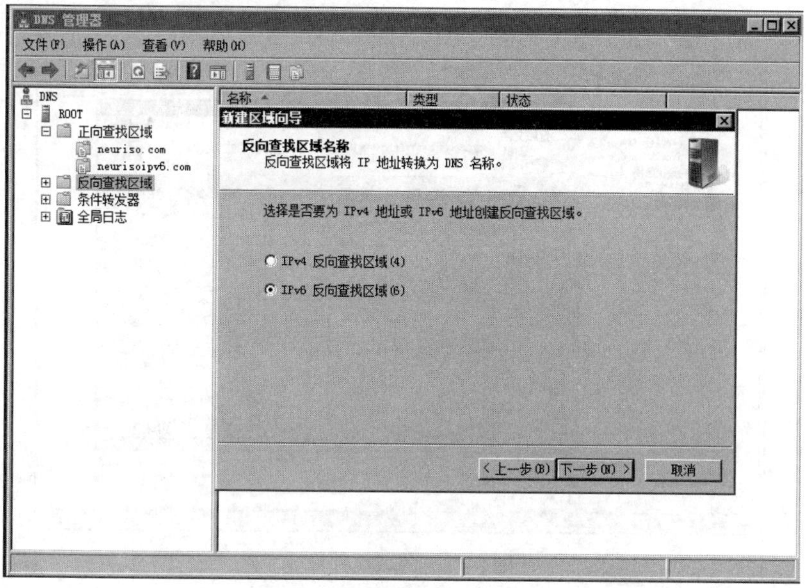

图 8-39　选择 IPv6 反向查找区域

③ 在图 8-39 中选中【IPv6 反向查找区域】单选按钮，单击【下一步】按钮。

④ 在【IPv6 地址前缀】文本框中输入 1000::/64，此时【反向查找区域】列表框内就会出现 0.0.0.0.0.0.0.0.0.0.0.0.0.0.0.0.ip6.arpa，如图 8-40 所示，单击【下一步】按钮。

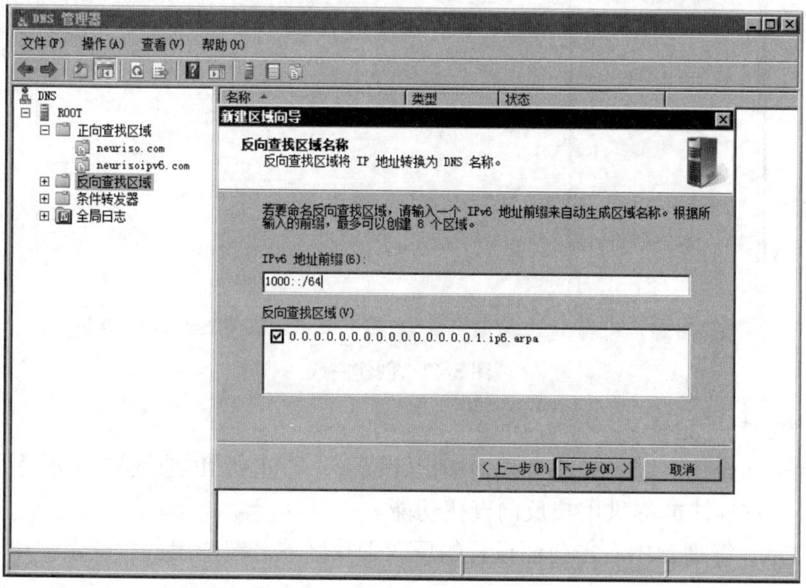

图 8-40　参数设置

⑤ 在【创建新文件，文件名为：】文本框中输入 neurisoipv6，如图 8-41 所示，单击【下一步】按钮直至完成。创建完成后的 DNS 管理器如图 8-42 所示。

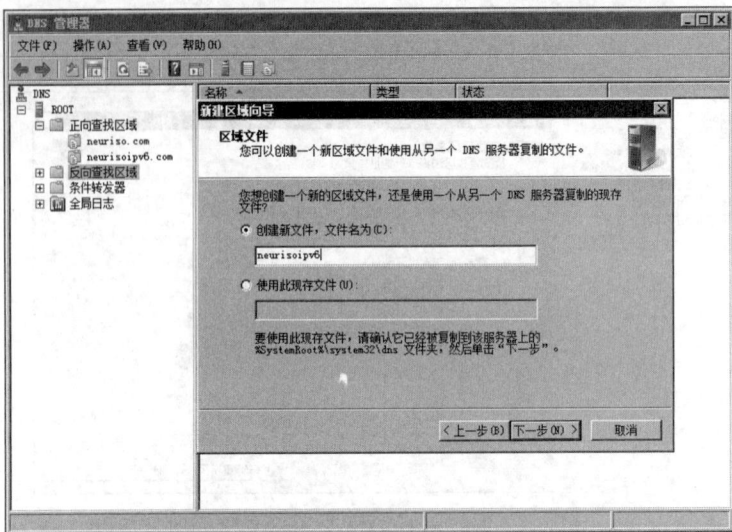

图 8-41　区域文件设置

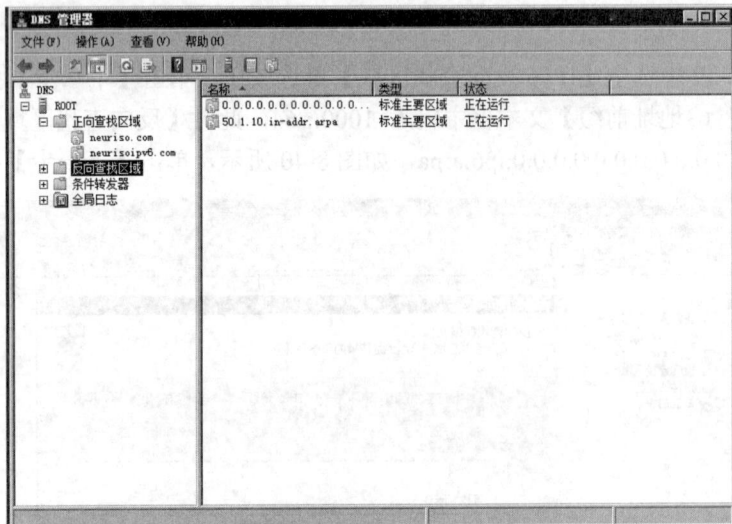

图 8-42　创建完成

（8）增加指针记录。

在设置反向查找区域后，还必须增加指针记录，即建立 IP 地址与 DNS 名称之间的查找关系，只有这样才能提供用户反向查找功能。

① 在 DNS 管理器中右击前面设置的反向查找区域，在弹出的快捷菜单中选择【新建指针】命令。

② 在弹出的【新建资源记录】对话框中分别输入主机 IP 地址和主机名（或者从浏览中选择已经建好的正向查找区域），然后单击【确定】按钮完成增加指针记录的操作。如图 8-43 所示，这时在 DNS 管理控制台中将出现新增加的指针记录。

③ 从正向区域中选择创建的主机，单击【确定】按钮，如图 8-44 所示。

④ 返回上一层，再单击【确定】按钮，完成增加指针记录操作，如图 8-45 所示。

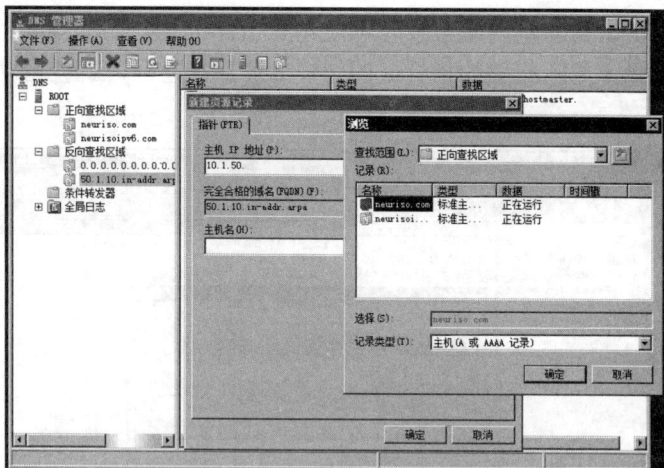

图 8-43　增加指针记录

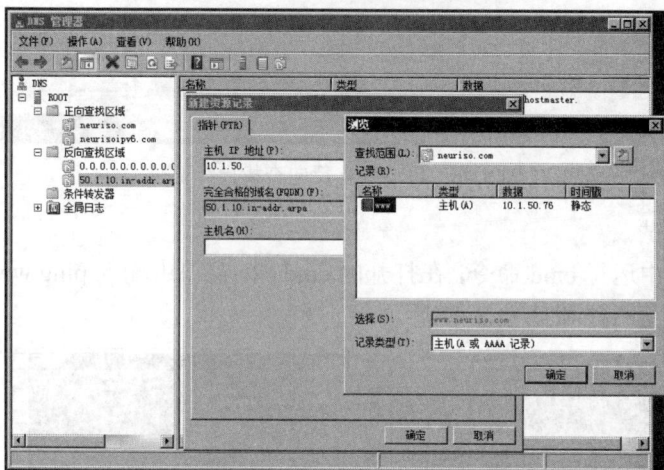

图 8-44　选择主机

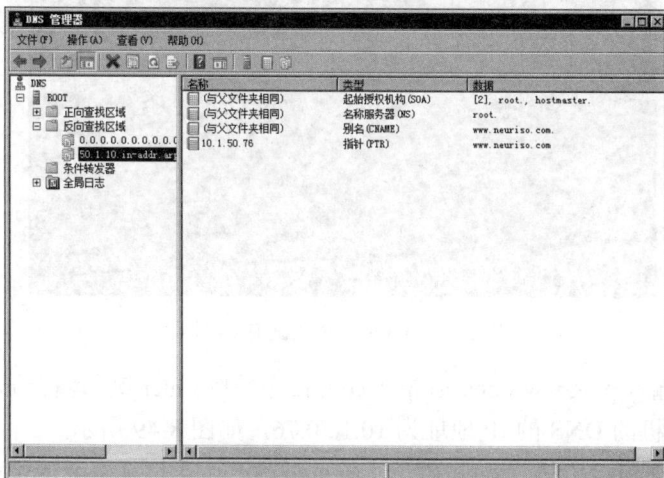

图 8-45　完成界面

此外，我们也可以在创建主机记录时顺便建立指针记录，如图 8-46 所示。在【www 属性】对话框中选择【更新相关的指针（PTR）记录】复选框，就会自动建立反向查找的指针记录。

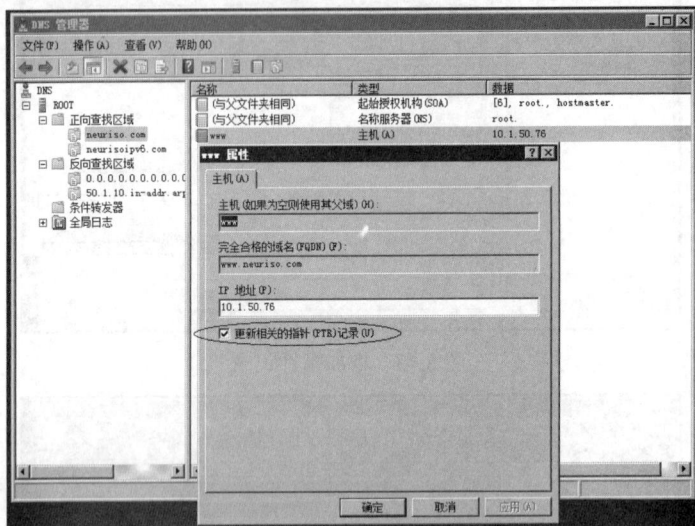

图 8-46　自动建立反向查找指针记录

（9）运行测试。

① 在服务器中运行 cmd 命令，在打开的 cmd.exe 窗口中输入 ping www.neuriso.com 命令后按 Enter 键，运行结果如图 8-47 所示。

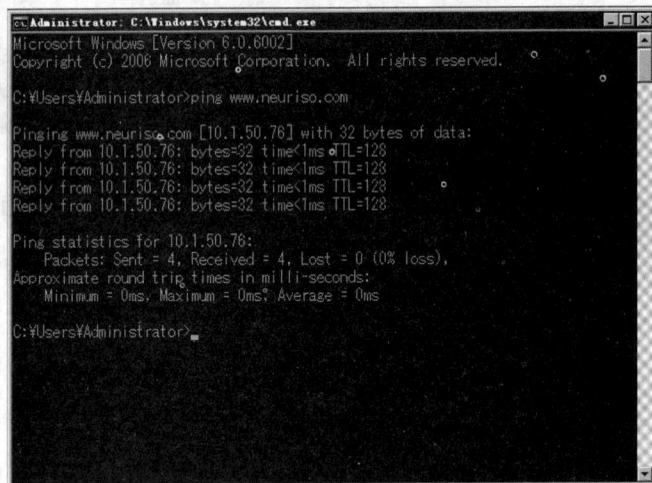

图 8-47　ping 命令测试 IPv4 地址

② 接下来，输入 ping www.neurisoipv6.com 命令并按 Enter 键，运行结果如图 8-48 所示。

③ 配置客户机的 DNS 的 IP 地址为 10.1.50.76，如图 8-49 所示。

④ 在【运行】窗口中执行 cmd 命令，在 cmd.exe 窗口中输入 ping www.neuriso.com 命令并按 Enter 键，运行结果如图 8-50 所示。

图 8-48　ping 命令测试 IPv6 地址

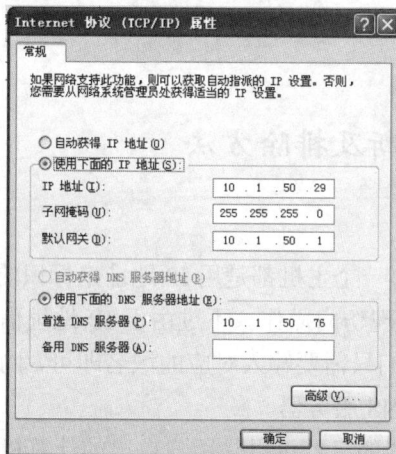

图 8-49　客户机 IP 地址

图 8-50　ping 命令测试 IPv4 地址

⑤ 接下来输入 ping6 www.neurisoipv6.com 命令并按 Enter 键，结果如图 8-51 所示。

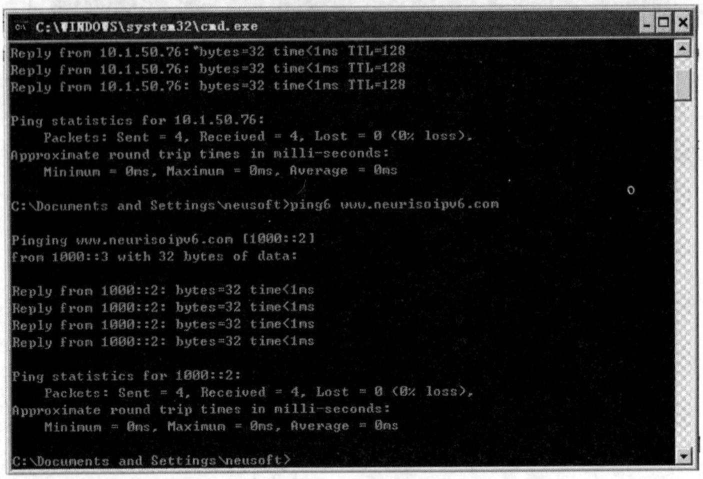

图 8-51　ping 命令测试 IPv6 地址

至此，配置成功。

8.2.3　DNS 故障的判断及排除方法

1. 什么是 DNS 故障

众所周知，网络中的任何一个主机都是用 IP 地址来标识的，也就是说只有知道了这个站点的 IP 地址才能够成功实现访问操作。不过由于 IP 地址信息不好记忆，所以出现了域名。在访问某一 IP 站点时我们只需要输入对应的域名即可，网络中会存在着将域名解析成相应 IP 地址的服务器，即 DNS 服务器。

能够实现 DNS 解析功能的机器可以是用户自己的计算机也可以是网络中的任一台计算机，不过当 DNS 解析出现错误，例如把一个域名解析成一个错误的 IP 地址，或者根本不知道某个域名对应的 IP 地址是什么时，我们就无法通过域名访问相应的站点了，这就是 DNS 故障。

出现 DNS 故障最大的特点就是直接访问站点对应的 IP 地址没有问题，然而访问域名就会出现错误。

DNS 故障的解决的方法主要有以下几种。

（1）用 nslookup（网路查询）来判断是否真的是 DNS 解析故障。

要想百分之百判断是否为 DNS 解析故障就需要通过系统自带的 nslookup 来解决了。

① 确认自己的系统是 Windows 2000 和 Windows XP 以上操作系统，然后通过"开始→运行→输入 cmd"后按 Enter 键进入命令行模式。

② 输入 nslookup 命令按 Enter 键，将进入 DNS 解析查询界面。

③ 命令行窗口中会显示出当前系统所使用的 DNS 服务器地址，例如 DNS 服务器 IP 为 202.106.0.20。

④ 接下来输入无法访问的站点所对应的域名。假如不能访问的话，那么 DNS 解析应该是不能够正常进行的。会出现 "DNS request timed out，timeout was 2 seconds" 的提示信息。这说明我们的计算机确实出现了 DNS 解析故障。

提示

如果 DNS 解析正常的话，会反馈回正确的 IP 地址。

（2）查询 DNS 服务器工作是否正常。

此时，要查看计算机使用的 DNS 地址，并且查询其运行情况。

① 确认自己的系统是 Windows 2000 和 Windows XP 以上操作系统，然后通过 "开始→运行→输入 cmd" 后按 Enter 键进入命令行模式。

② 输入 ipconfig /all 命令来查询网络参数。

③ 在 ipconfig/all 显示信息中我们能够看到一个地方写着 DNS SERVERS，这个就是我们的 DNS 服务器地址。例如 202.106.0.20 和 202.106.46.151，从这个地址可以看出是个外网地址。如果使用外网 DNS 出现解析错误时，我们可以更换一个其他的 DNS 服务器地址即可解决问题。

④ 如果在 DNS 服务器处显示的是自己公司的内部网络地址，那么说明你们公司的 DNS 解析工作是交给公司内部的 DNS 服务器来完成的，这时我们需要检查这个 DNS 服务器，在 DNS 服务器上进行 nslookup 操作看是否可以正常解析。解决 DNS 服务器上的 DNS 服务故障，一般来说问题也能够解决。

（3）清除 DNS 缓存信息法。

当计算机对域名访问时并不是每次访问都需要向 DNS 服务器寻求帮助，一般来说，当解析工作完成一次后，该解析条目会保存在计算机的 DNS 缓存列表中。如果这时 DNS 解析出现更改变动的话，由于 DNS 缓存列表信息没有改变，在计算机对该域名访问时不会先连接 DNS 服务器获取最新解析信息，而是先根据自己计算机上保存的缓存列表来解析，这样就会出现 DNS 解析故障。这时我们应该通过清除 DNS 缓存的命令来解决故障。

① 通过 "开始→运行→输入 cmd" 进入命令行模式。

② 在命令行模式中我们可以看到在 ipconfig/? 中有一个名为 /flushdns 的参数，这个就是清除 DNS 缓存信息的命令。

③ 执行 ipconfig /flushdns 命令，当出现 "successfully flushed the dns resolver cache" 的提示信息时就说明当前计算机的缓存信息已经被成功清除。

④ 接下来再访问域名时，就会到 DNS 服务器上获取最新解析地址，再也不会出现因为以前的缓存造成解析错误故障了。

（4）修改 HOSTS（主机）文件法。

修改 HOSTS 法就是把 HOSTS 文件中的 DNS 解析对应关系进行修改，从而实现正确解析的目的。因为在本地计算机访问某域名时会首先查看本地系统中的 HOSTS 文件，

HOSTS 文件中的解析关系优先级大于 DNS 服务器上的解析关系。

这样当我们希望把某个域名与某 IP 地址绑定的话，就可以通过在 HOSTS 文件中添加解析条目来实现。

① 通过"开始→搜索"，然后查找名叫 hosts 的文件。

② 当然对于已经知道其路径的读者可以直接进入 c:\windows\system32\drivers\etc 目录中找到 HOSTS 文件。如果你的系统是 Windows 2000，那么应该到 c:\winnt\system32\drivers\etc 目录中寻找。

③ 双击 HOSTS 文件，然后选择用"记事本"程序将其打开。

④ 我们就会看到 HOSTS 文件的所有内容了，默认情况下只有一行内容"127.0.0.1 localhost"（其他前面带有"#"的行都不是真正的内容，只是帮助信息而已）。

⑤ 将你希望进行 DNS 解析的条目添加到 HOSTS 文件中，具体格式是先写该域名对应的 IP 地址，然后空格接域名信息。

⑥ 设置完毕后我们访问网址时就会自动根据是在内网还是外网来解析了。

8.2.4　IIS 7 的安装

（1）首先打开服务器管理器，单击【角色】选项，选择【添加角色】。

（2）在桌面右击【计算机】，在弹出的快捷菜单中选择【管理】命令，在【服务器管理器】对话框左侧界面单击【角色】选项，如图 8-52 所示。

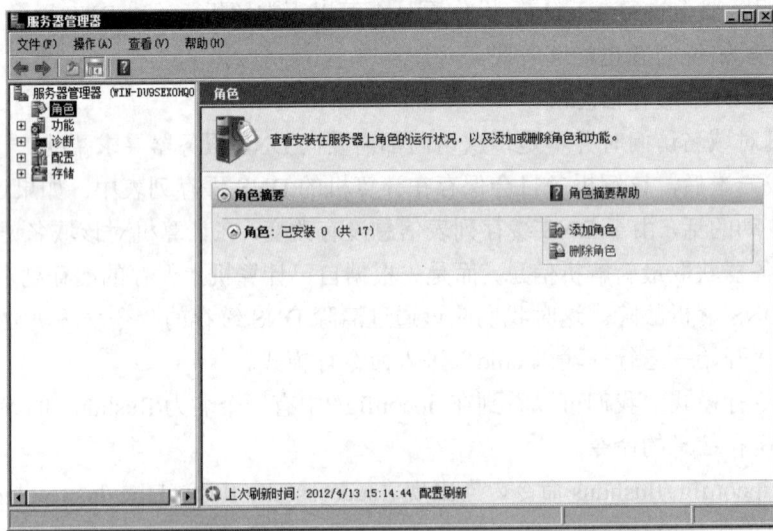

图 8-52　服务器管理器

（3）单击【添加角色】按钮后，弹出如图 8-53 所示界面。

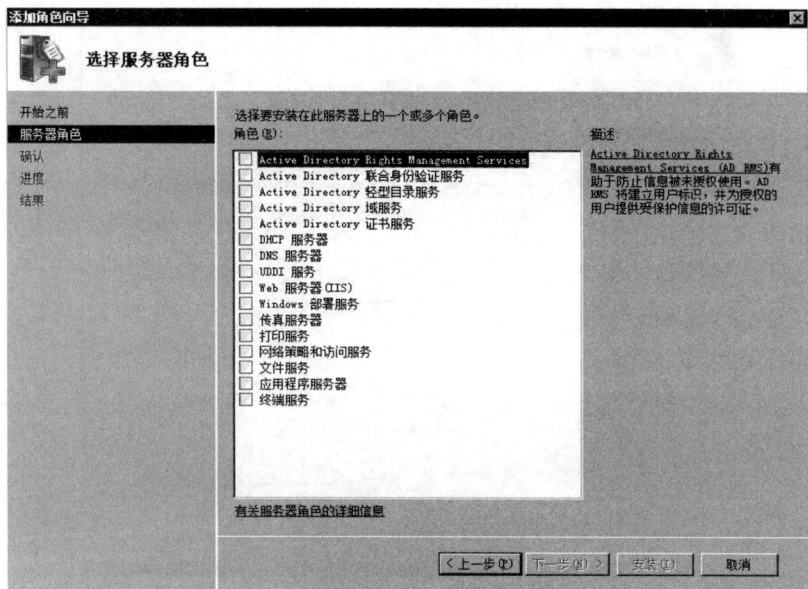

图 8-53　添加角色

（4）在【角色】列表中选择【Web 服务器(IIS)】和【应用程序服务器】，单击【下一步】按钮，弹出如图 8-54 所示的效果界面。

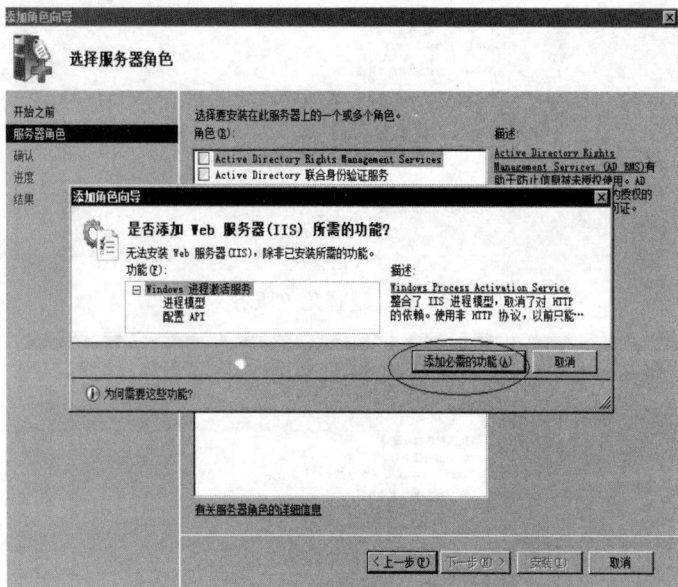

图 8-54　添加 Web 服务器

（5）单击【添加必需的功能】按钮后返回，并单击【下一步】按钮，进入应用程序服务器设置，如图 8-55 所示。

（6）单击【下一步】按钮，进行选择角色服务，保持默认设置，如图 8-56 所示。

（7）单击【下一步】按钮，启动安装，如图 8-57 所示。

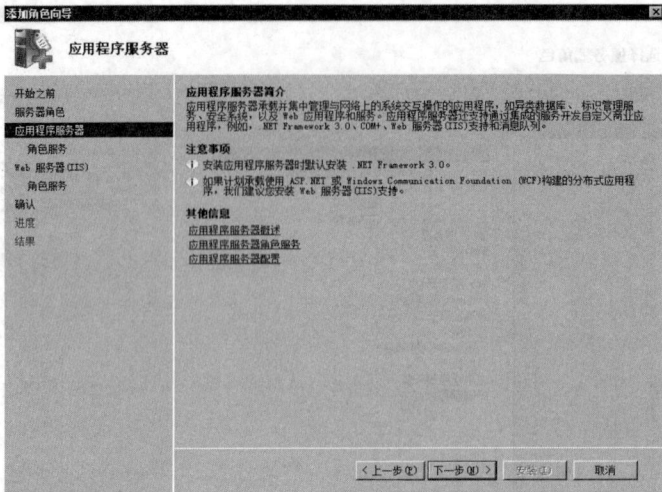

图 8-55　应用程序服务器

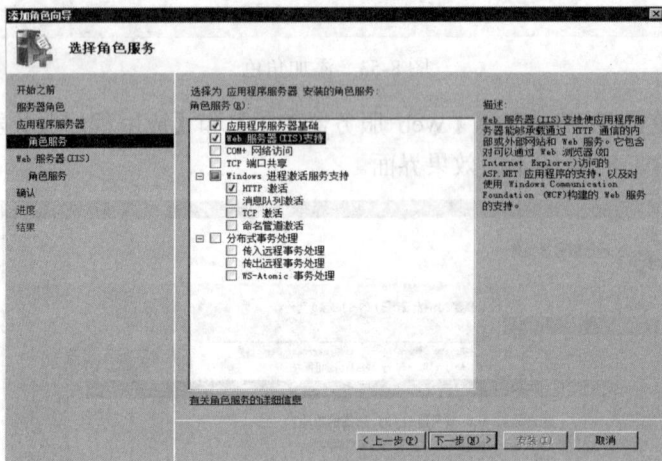

图 8-56　选择角色服务

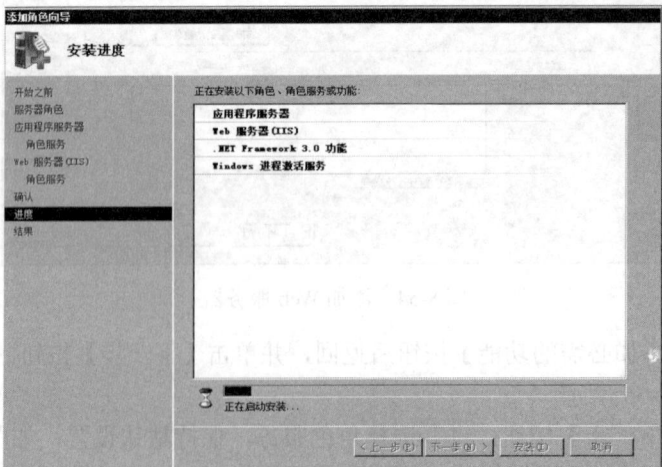

图 8-57　正在安装

（8）安装完成后，单击【关闭】按钮完成 Web 服务器的安装，如图 8-58 所示。

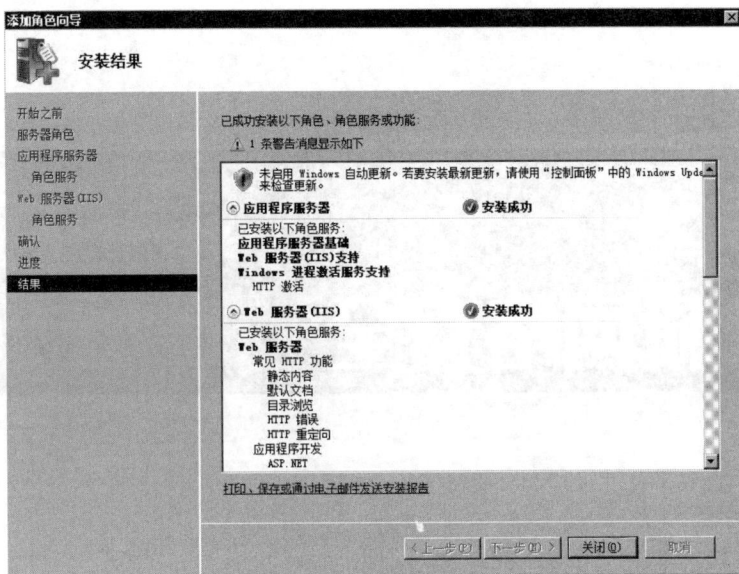

图 8-58　安装完成

（9）安装完成后，我们来测试一下 IIS7 是不是正常工作。在浏览器的地址栏中输入 http://127.0.0.1，如果出现如图 8-59 所示的界面，则说明 IIS7 已经安装成功了！

图 8-59　测试结果

项目 9
计算机网络安全

知识点、技能点

- ➤ 网络安全的基本概念
- ➤ 数据备份
- ➤ 加密技术
- ➤ 防火墙技术
- ➤ 入侵检测技术
- ➤ Windows Server 2008 下 Backup 备份与还原

学习要求

- ➤ 掌握和了解网络安全的基本概念
- ➤ 掌握和了解数据备份
- ➤ 了解加密技术
- ➤ 了解防火墙技术
- ➤ 了解入侵检测技术
- ➤ 掌握和了解 Windows Server 2008 下 Backup 备份与还原

教学基础要求

- ➤ 掌握网络安全的基本概念
- ➤ 掌握数据备份
- ➤ 掌握 Windows Server 2008 下 Backup 备份与还原

9.1　项　目　分　析

9.1.1　网络安全的基本概念

20 世纪 80 年代初，IBM 公司推出了它的第一台个人计算机 IBM-PC，这是市场上首台"真正"的商务计算机。个人计算机的出现使公司和个人可以访问当时相对昂贵的计算机资源。同时，局域网的出现则又使得信息以前所未有的方式在网络中流动。这次革命直接导致了整个商务世界运行规则的改变，所以，被称为第一次计算革命。第二次计算革命发生在 20 世纪 90 年代，当时网络浏览器（Web Browser）出现并与已有近 20 年历史的互联网络（原名 APARNET，现名 Internet）相结合，从而使人们可以更容易地在公共网络上获取信息。这标志着人类历史的一个新时代——信息时代的来临。

在这个新时代中，信息已成为人们生活的必需品，信息也可以被称为"知识资本"，信息是与传统资本一样重要的资产形式。实际上，商业上的成功与失败往往是用能否成功地支配知识资本来度量的。一旦某公司的知识资本被盗窃或流失，往往会导致该公司商业上的重大损失。

当今世界上也存在着以闯入计算机系统及网络并获取其中信息为自己的生存目的牟取好处的个人或组织。他们中的某些人闯入系统仅仅是为了向世人证明自己的计算机水平非同一般，通常人们称这类人为"黑客"（Hacker）；另有一类人恶意闯入别人的计算机系统，从中牟取利益或蓄意破坏系统内的信息，通常人们称之为"怪客"（Cracker）。

无论这些人攻击系统的出发点是什么，他们的所作所为都会给计算机系统安全带来麻烦。即便是毫无恶意的黑客也可能导致计算机系统信息的外泄，从而为破坏、修改或访问计算机系统的信息打开了方便之门。

因此，对当今的公司而言，保护知识资本，采用适当的措施防止其受攻击或盗窃是十分必要的。这也是 IT 业界为其产品引入安全措施的根本原因。

1. 网络安全的基本要素

按照美国国家技术标准组织（NSIT）的定义，计算机安全指为任何自动信息系统提供保护，以达到维护信息系统资源（包括各类硬件、软件、固件、数据/信息及通信等）的完整性、可用性及保密性的目的。

换而言之，计算机安全是计算机技术的一部分，它以保证信息安全，防止信息被攻击、窃取和泄露为主要目的。

网络安全的基本要素主要有以下几个方面。

（1）数据完整性

信息可以及时、准确、完整无缺地保存；在计算机网络上进行传输时，信息也不会被篡改。

（2）数据保密性

信息只能被其特定用户得到，除此之外任何人无权访问；在计算机网络上进行传输时，信息也只能被发送方和接收方访问。

（3）数据可信性

访问及接收信息的用户可以确保信息是由其原作者或发送者创建和发送出来的。

（4）数据防伪/可鉴性

信息发送者应可以确保信息的访问者是真实的；在计算机网络上进行传输时，信息接收者也应该是真实的。

（5）数据不可否认性

信息的作者必须无法否认该信息是由他本人创建的；在计算机网络上进行传输时，信息发送者必须无法否认该信息是由他/她本人发送的。

2. 网络安全威胁的类型

网络安全威胁是对网络安全缺陷的潜在利用，这些缺陷可能导致非授权访问、信息泄漏、资源耗尽、资源被盗或者被破坏等。

网络安全威胁主要有以下几种类型。

（1）窃听

在广播式网络系统中，每个节点都可以读取网上传输的数据，如搭线窃听、安装通信监视器和读取网上信息等。网络体系结构允许监视器接受网上传输的所有数据帧而不考虑帧的传输目标地址，这种特性使得窃听网上数据或非授权访问变得容易而且不易被发现。

（2）假冒

当一个实体假扮成另一个实体进行网络活动时就发生了假冒。

（3）重放

重复一份报文或报文的一部分，以便产生一个被授权的效果。

（4）流量分析

通过对网上信息流的观察和分析推断出网上传输的有用信息。由于报头信息不能加密，所以即使对数据进行了加密处理，也可以进行有效的流量分析。

（5）数据完整性破坏

有意或无意地修改或破坏信息系统，或者在非授权和不能监测的方式下对数据进行修改。

（6）拒绝服务

当一个授权实体不能获得应有的对网络资源的访问或紧急操作被延迟时，就发生了拒绝服务。

（7）资源的非授权使用

与所定义的安全策略不一致的使用。

（8）陷门和特洛伊木马

通过替换系统合法程序，或者在合法程序里插入恶意代码以实现非授权进程，从而达到某种特定目的。

（9）病毒

随着人们对计算机系统和网络依赖程度的增加，计算机病毒已经对计算机系统和网络构成了严重威胁。

（10）诽谤

利用计算机信息系统的广泛互联性和匿名性，散布错误的消息以达到对某个对象的形象和知名度诋毁的目的。

3. 网络攻击

"攻击"是指任何的非授权行为。攻击的范围从简单的使服务器无法提供正常工作到完全破坏或控制服务器。在网络上成功实施的攻击级别依赖于用户采取的安全措施。

网络攻击分为以下几类：

（1）被动攻击

攻击者通过监视所有的信息流以获得某些秘密。这种攻击可以是基于网络（跟踪通信链路）或基于系统（用秘密抓取数据的特洛伊木马代替系统部件）的。被动攻击是最难被检测到的，故对付这种攻击的重点是预防，采用的主要手段有数据加密等。

（2）主动攻击

攻击者试图突破网络的安全防线。这种攻击涉及修改数据流或创建错误流，主要攻击形式有假冒、重放、欺骗、消息篡改、拒绝服务等。主动攻击无法防御，但却易于检测，故对付的重点是检测，采用的主要手段有防火墙、入侵检测技术等。

（3）物理临近攻击

在物理临近攻击中，未授权者可在物理上接近网络、系统或设备，目的是修改、收集或拒绝访问信息。

（4）内部人员攻击

内部人员攻击的实施人要么被授权在信息安全处理系统的物理范围内，要么对信息安全处理系统具有直接访问权。内部人员攻击包括恶意的和非恶意的（不小心或无知的用户）两种。

（5）分发攻击

分发攻击指在软件和硬件开发出来之后和安装之前这段时间，或当它从一个地方传到另一个地方时，攻击者恶意修改软、硬件。

4. 安全措施的目标

（1）访问控制。确保会话双方（人或计算机）有权做他所声称的事情。

（2）认证。确保会话对方的资源（人或计算机）同他声称的相一致。

（3）完整性。确保接收到的信息同发送的一致。

（4）审计。确保任何发生的交易在事后可以被证实，发信者和收信者都认为交换发生过，即所谓的不可抵赖性。

（5）保密。确保敏感信息不被窃听。

9.1.2　数据备份

数据备份是容灾的基础，是指为防止系统出现操作失误或系统故障导致数据丢失，而将全部或部分数据集合从应用主机的硬盘或阵列复制到其他的存储介质的过程。传统的数据备份主要是采用内置或外置的磁带机进行冷备份。但是这种方式只能防止操作失误等人为故障，而且其恢复时间也很长。随着技术的不断发展，数据的海量增加，不少的企业开始采用网络备份。网络备份一般通过专业的数据存储管理软件结合相应的硬件和存储设备来实现。

1. 数据备份方法

从广义上讲，热备就是服务器高可用应用（high available）的另一种说法。而我们通常所说的热备是根据意译而来，同属于高可用范畴；而双机热备只限定了高可用中的两台服务器。热备软件是用来解决一种不可避免的计划和非计划系统宕机问题的软件解决方案，当然也有硬件的。数据备份是构筑高可用集群系统的基础软件，对于任何导致系统宕机或服务中断的故障，都会触发软件流程来进行错误判定、故障隔离，以及联机恢复来继续执行被中断的服务。在这个过程中，用户只需要经受一定程度可接受的延时，就能够在最短的时间内恢复服务。

从狭义上讲，双机热备特指基于高可用系统中的两台服务器的热备（或高可用），因两机高可用在国内使用较多，故得名双机热备。双机高可用按工作中的切换方式分为主-备方式（Active-Standby 方式）和双主机方式（Active-Active 方式）。主-备方式指的是一台服务器处于某种业务的激活状态（即 Active 状态），另一台服务器处于该业务的备用状态（即 Standby 状态）；而双主机方式即指两种不同业务分别在两台服务器上互为主备状态（即 Active-Standby 和 Standby-Active 状态）。

注意

> Active-Standby 的状态指的是某种应用或业务的状态，并非服务器状态。

组成双机热备的方法主要的两种。

1）基于共享存储（磁盘阵列）的方式

共享存储方式主要通过磁盘阵列提供切换后，对数据完整性和连续性的保障。用户数据一般会放在磁盘阵列上，当主机宕机后，备机继续从磁盘阵列上取得原有数据。这种方式因为使用一台存储设备，往往被业内人士称为磁盘单点故障，但一般来讲存储的安全性较高。所以如果在忽略存储设备故障的情况下，这种方式也是业内采用最多的热备方式。

2）基于数据复制的方式

这种方式主要利用数据的同步方式，保证主备服务器的数据一致性。数据同步方式中基于数据复制的方式有多种方法，其性能和安全也不尽相同，其主要方法有以下几种：

（1）单纯的文件方式的复制不适用于数据库等应用，因为打开的文件是不能被复制的，如果要复制必须将数据库关闭，而这显然是不可以的。所以文件方式的复制主要适用于对主备机数据完整性、连续性要求不高的情况，例如，Web 页的更新、FTP 上传应用等。

（2）利用数据库带有的复制功能，比如 SQL Server 2000 或 2005 所带的订阅复制，这种方式用户要根据自己的应用习惯小心使用，原因主要是：

① SQL Server 的订阅复制会在用户表上增加字段，对那些应用软件编程要求较高，如果在应用软件端书写时未明确指定字段的用户，使用此功能会造成应用程序无法正常工作。

② 数据滞留。因为 SQL Server 在数据传输过程中数据并非实时到达主备机，而是数据先写到主机，再写到备机。这样，备机的数据往往来不及更新，此时如果发生切换，备机的数据将不再完整，也不连续。如果用户发现已写入的数据在备机找不到，重新写入的话，那么在主机修复后，就会发生主备机数据严重冲突。

③ 复杂应用切莫使用订阅复制来做双机热备，包括数据结构中存储过程的处理，触发器和序列，一旦发生冲突，修改起来非常麻烦。

④ 服务器性能降低，对于大一点的数据库，例如，SQL Server 2000 或 2005 所带的订阅复制会造成服务器数据库运行缓慢。总之，SQL Server 2000 或 2005 所带的订阅复制主要还是应用于数据快照服务，切莫用它来做双机热备中的数据同步。

（3）硬盘数据拦截。目前国际、国内，比较成熟的双机热备软件通常会使用硬盘数据拦截的技术，通常称为镜像软件，即 Mirror 软件，这种技术当前已非常成熟，拦截的方式也不尽相同。

① 分区拦截技术。以 Pluswell 热备份产品为例，该种产品采用的是一种分区硬盘扇区拦截的技术，通过驱动级的拦截方式，提取写往硬盘的数据，并先写到备用服务器，以保证备用服务器的数据最新，然后再将数据回写到主机硬盘。这种方式将绝对保证主备机数据库的数据完全一致，无论发生哪种切换，都能保证数据库的完整性与连续性。由于采用分区拦截技术，所以用户可以根据需要在一块硬盘上划分适合大小的分区来完成数据同步工作。

② 硬盘拦截技术，以 Symantec 的 Co-Standby 产品为例，该产品也是一种有效的硬盘拦截软件，其拦截主要基于一整块硬盘，往往在硬盘初始化时需要消耗大量的时间。

目前最新型技术是，通过第三方软件——双机热备软件捕获数据库修改操作，并将数据自动实时同步接管功能，可以在主服务器发生故障时，通过备用机服务器上自动接管功能，系统的正常运行无需任何手动操作业务，目前国外产品主要有 IBM、赛门特克、Dell 等，国内产品有全球盾、优备等。国外产品在实现接管服务时，需要耗时 50s 左右，国内全球盾耗时在 4s 左右。自动接管主服务器工作保证 7×24h 不停机运行。

2. 数据备份策略

选择了存储备份软件、存储备份技术（包括存储备份硬件及存储备份介质）后，首先需要确定数据备份的策略。备份策略指确定需备份的内容、备份时间及备份方式。实际应用中要根据自己的实际情况来制定不同的备份策略。目前被采用最多的备份策略有以下三种。

（1）完全备份（full backup）

每天对自己的系统进行完全备份。例如，星期一用一盘磁带对整个系统进行备份，星期二再用另一盘磁带对整个系统进行备份，依此类推。这种备份策略的好处，是当发生数据丢失灾难时，只要用一盘磁带（即灾难发生前一天的备份磁带），就可以恢复丢失的数据。然而它亦有不足之处，首先，由于每天都对整个系统进行完全备份，造成备份的数据大量重复，这些重复的数据占用了大量的磁带空间，这对用户来说就意味着增加成本；其次，由于需要备份的数据量较大，因此备份所需的时间也就较长，对于那些业务繁忙、备份时间有限的单位来说，选择这种备份策略是不明智的。

（2）增量备份（incremental backup）

星期天进行一次完全备份，然后在接下来的六天里只对当天新的或被修改过的数据进行备份。这种备份策略的优点是节省了磁带空间，缩短了备份时间。但它的缺点在于，当灾难发生时，数据的恢复比较麻烦。例如，系统在星期三的早晨发生故障，丢失了大量数据，那么就要将系统恢复到星期二晚上的状态。这时系统管理员就要首先找出星期天的那盘完全备份磁带进行系统恢复，再找出星期一的磁带来恢复星期一的数据，然后找出星期二的磁带来恢复星期二的数据。很明显，这种方式很烦琐。另外，这种备份的可靠性也很差。在这种备份方式下，各盘磁带间的关系就像链子一样，一环套一环，其中任何一盘磁带出了问题都会导致整条链子脱节。比如在上例中，若星期二的磁带出了故障，那么管理员最多只能将系统恢复到星期一晚上时的状态。

（3）差分备份（differential backup）

管理员先在星期天进行一次系统完全备份，然后在接下来的几天里，管理员再将当天所有与星期天不同的数据（新的或修改过的）备份到磁带上。差分备份策略在避免了以上两种策略的缺陷的同时，又具有了它们的所有优点。首先，它无需每天都对系统做完全备份，因此备份所需时间短，并节省了磁带空间；其次，它的灾难恢复也很方便，系统管理员只需两盘磁带，即星期天的磁带与灾难发生前一天的磁带，就可以将系统恢复。

在实际应用中，备份策略通常是以上三种的结合。例如每周一至周六进行一次增量备份或差分备份，每周日进行全备份，每月底进行一次全备份，每年底进行一次全备份。

9.1.3 加密技术

Notes 与 Internet 安全机制中使用了许多常见的加密技术。读者对这些加密技术进行深入了解是很重要的。

我们将主要介绍以下五种加密技术：

☑　对称密钥加密（Symmetric Key Encryption）。

☑　公开密钥加密（Public Key Encryption）。

☑　安全散列功能（Secure Hash Functions）。

☑　数字签名（Digital Signature）及上述技术的其他组合形式。

☑　认证机制（Certification Mechanism）。

1. 对称密钥加密

对称密钥加密是一种很古老的加密方法，通常使用一种简单的字符替换方式来实现。如果对一条消息进行加密，只需按对照转换表将明文字符逐一替换即可。例如，我们提供一个字符对照转换表如下：

明文字符：　　ABCDEFGHIJKLMNOPQRSTUVWXYZ

替换字符：　　GHIJKLMNOPQRSTUVWXYZABCDEF

按照此字符对照转换表就可以将"HELLOWORLD"字符串转换为加密串"NKRRUCUXRJ"。将上述加密串还原的前提是消息的发送方和接收方都知道一个公用的密钥（加密规则）。

通过上面提供的字符对照转换表及加密规则，信息接收方可以逆向进行解密过程，将加密串还原为明文。计算机中使用的对称密钥加密技术在原理上与上述提到的例子是一致的。我们可以定义一种机制（也可称之为密码）用于加密一条消息，并定义一种规则（也称之为密钥）允许消息接收方还原加密消息。

对称密钥加密技术的加密强度会受多个因素限制。例如，我们应该有效地随机分散输出密文，避免相关的消息明文生成相似的加密结果。

实际上，上例中加密强度是不够的。上例中每个字母均按固定对应关系转换为密文，且无法对字与字之间的空格进行加密，所以无法满足实际使用的要求。因为空格无法加密，所以出现在密文中的任何一个单字词（字母）其明文均可能对应为字母 A（我们姑且称之为"字母 A 假设"）。这样即便一个低水平的密码分析员也可以利用以上假设轻易地破译出整段密文。

对于一个高强度的对称密码而言，密码分析员往往会先在寻找密文中像上述"字母 A 假设"那样的匹配模式上下很大的工夫，然后才以此作为破译整段密文的捷径。

如果某个对称加密原理不存在以上缺陷的话，则影响其加密强度的主要因素将会是其密钥的长度，即所有可能组合的数目。很明显上例也不具备足够长的密钥（其字母左移的位置只有 25 个）。在密钥长度有限的情况下，我们可以通过穷举所有可能的 25 种密码组合并用于逆向解密密文来尝试找到有意义的明文消息。这样使用穷举法对密文进行处理，很容易就可以破译整段密文。

在实际运用对称密钥加密的加密算法中，密钥往往采用了数值密钥，其长度通常介于 40~128 位之间，这样即便是最少的穷举法运算攻击，也平均要进行 2^{39}（相当于大约 550000000000）次密码组合的尝试运算，而且密钥长度每增加一位，穷举运算次数将随之会增加一倍。

（1）对称密钥加密原理的特点

当前市场上有不少基于对称密钥加密原理的加密技术，这些技术均具有如下相同的特点。

① 基于对称密钥加密的产品速度相对较快、占用系统资源也相对较少。由于对称加密在处理大量数据时的效率较高，因而通常被用于数据批量加密。

② 对称密钥加密原理是公开发表的，加密实现均不涉及任何商业许可。

③ 基于对称密钥加密的产品必须满足美国国家安全局（NSA）设置的出口限制，其关键要点在于：

☑　任何美国公司出口的加密技术产品均要申请出口许可证。

☑　如果加密技术产品使用了对称密钥加密原理，可用于加密任意数据，则其密钥长度不能够超出美国国家安全局所规定的标准。

这些人为的规定就意味着一个高强度的加密产品只能够按单独申请的许可证进行销售，而美国政府认定的所谓"友好"客户（如跨国银行和美国公司的分支机构等）才能够得到加密产品的出口使用许可。

直到最近，对称加密产品的密钥出口长度限制还仅是 40 位。种种证据表明，在现代计算机的强大处理能力下，使用穷举法仍可能攻破其 40 位密钥长度的防线。美国政府于 1996 年 10 月宣布开始放宽密钥出口长度限制到 56 位，且将来密钥出口长度可以同时随着新的计算机处理能力的提高和密钥恢复技术的改进而适当提高（我们这里所指的密钥恢复技术，是根据某个算法破解某个加密消息密钥。）。虽然 56 位比 40 位的密钥长不了多少，实际上密钥的变长已经使破解穷举强度扩大了 65535 倍（2^{16}）。

在 1998 年 11 月 18 日，美国商务部出口管理局修改了上述对加密技术出口的限制规定。现在除古巴、伊朗、伊拉克、利比亚、朝鲜人民共和国、苏丹和叙利亚外，对其他国家出口加密技术产品，对 DES 及类似的批量加密技术（RC2、RC4、RC5 及 CAST）密钥长度允许达到 56 位，对非对称密钥 RSA 的密钥长度允许达到 1024 位。此外，任何美国公司只要未在上述国家开设分支机构，均可自由使用不限长的加密密钥。

（2）常用对称加密原理

① DES

数据加密标准（DES）是最常用的批量加密技术。它最初是 IBM 于 1977 年开发出来的，能够抵抗对其密钥的进攻。DES 将要加密的明文按 64 位大小划块，并使用 56 位的密钥经过一系列的数学运算进行加密转换，最终得到密文。在标准的 DES 的基础上，各厂商也陆续开发了不少 DES 变种，如密码块链接及三级 DES 等。密码块链接技术将明文的数据块在加密前与前一数据块进行异或（XOR，一种逻辑运算）处理，大大加强了保密性。三级 DES 则是将数据进行三次 DES 加密运算得到密文，借以提高加密强度。

② RC2/4

RC2 和 RC4 这两个相关的加密技术是由美国的 RSA Data Security,Inc.开发的。RC2 是与 DES 相似的批量加密算法，而 RC4 则是对数据流进行加密的算法。它们均采用 128 位的密钥，但支持密钥掩码技术。这意味着部分密钥是公开的，而剩余的部分密钥用于加密，总的密钥长度仍维持 128 位。在设计用于出口的 40 位加密软件产品时，采用支持密钥掩码技术的算法就有相当的优势。

③ IDEA

国际数据加密法则（IDEA）是另一种批量加密算法。IDEA 的模式与 DES 类似，它以 64 位大小划分数据块，使用 128 位长的密钥。IDEA 也是我们常见的 PGP 使用的加密技术。

2. 公开密钥加密

在我们上述介绍的简单例子中，即便是数学天分不高的人也很容易理解对称密钥加密的工作原理。相比而言，公钥加密的机制反而是一般人较少接触到的。事实上，公钥加密技术与其说是一种技术，倒不如说更像是变魔术一样。公钥加密的关键特点在于：

（1）与对称加密机制的使用的单一密钥不同，公钥加密是使用一对相关的密钥（即密钥对）进行加密。

（2）任何使用密钥对中的一个密钥进行加密的消息只能用该密钥对中另一个密钥来解密。

例如，我们假设张三与李四两人希望使用公钥加密机制来交换数据。张三生成了一个密钥对，他可以将其中的一个密钥（也称私钥）放置在安全的地方，并将密钥对中的另一个密钥（也称公钥）送交到李四手中。李四现在可以用收到的公钥加密一条消息明文。很明显，经过加密的密文现在只有保留在张三手中的私钥（同一密钥对中的另一个密钥）才可以解开，这样就保证了消息的安全。同样，如果张三希望对收到的消息进行回复的话，李四自己也同样应该生成一个密钥对并将自己的公钥送交到张三手中。

与对称密钥加密机制相比，公钥加密机制的主要优点在于不存在任何双方共享的密钥。实际上，谁手中拥有公钥的问题已经并不重要，重要的是只有相应的私钥才可以解开密文，离开了相应的私钥该公钥一点用处都没有。

使用公钥加密还有另一个明显的优点。在我们上面的例子中，假设张三使用自己的私钥加密了一条消息并送给李四，这时在他们之间传送的消息虽然是混杂的（经过加密），但并不是保密的，任何拥有张三公钥的人均可以解开它。在上述情况下，不保密的消息还能够发挥什么作用？当然能够发挥作用，我们可以利用以上特点进行身份认证工作，即只有拥有张三私钥的人才可能创建上述加密消息，这个人只可能是张三本人。

公钥加密原理源于 Diffie-Hellman 密钥交换机制。Diffie-Hellman 密钥交换机制并不是一种通用的加密机制，而是一种密钥交换方法。在当今只有一种广泛应用的通用加密机制，这就是 Rivest,Shamir and Adelman（RSA）加密机制，它的知识产权属于美国的 RSA Data Security,Inc.公司。与其他的加密机制一样，公钥加密机制也是基于某种非常难解的数学问题。RSA 加密机制依赖于大数的质因数分解。

很明显，公开密钥相对于对称密钥有着十分明显的优点：在消息的发送方与接受方之间不存在任何双方共享的密钥。

RSA 公钥加密机制也有明显的缺点：其加密效率比任何商用的对称加密机制都低很多，大约只有对称加密机制效率的 1%。因此，RSA 公钥加密机制并不适合于加密批量数据。

RSA 公钥加密机制在美国政府的出口限制中也被归类为对称加密类。实际上，在这种条件下密钥为一个大数，一个 1024 个二进制位的 RSA 密钥在加密强度上大致相当于 64 个二进制位长的对称密钥。

3. 安全散列功能

我们提到的第三种加密技术实际上并不是一个加密机制。安全散列表指的是对源信息、消息的密钥或划分好的数据块进行散列（Hash）索引，并在解密还原时利用索引将数据对应的值或密钥取出的一种功能。

安全散列功能有以下三个特点：

（1）对任意长的消息，使用安全散列功能均会导致生成一个小小的、定长的数据块（Message Digest，消息摘要）。对同一消息多次执行安全散列功能均会得到相同的消息摘要。

（2）该功能的运行结果不可预测，这意味着对原消息的任何改动均可能导致消息摘要的大小不可预测地快速增长。

（3）该功能是一个不可逆的过程，没有任何方法可以从一个消息摘要中还原出原消息。

既然如此，安全散列的功能又是什么？是检测某块数据是否被修改过。这项技术可以与 RSA 机制结合起来，用于构造数字签名。

常见的安全散列机制有两种。一种使用最广泛的是美国的 RSA Data Security,Inc.公司开发的 MD5，Lotus Notes 中使用的安全散列功能就是 MD5。MD5 可以从任意长度的输入数据串中生成 128 位长的消息摘要，RFC1321 标准描述的也是 MD5；另一种发展很快的机制是由美国政府开发的安全散列标准（SHS），它生成 160 位的消息摘要，比 MD5 的稍长。

4. 加密技术的组合

虽然 Lotus Notes 使用的与 Web 上流行的加密标准在内部实现细节上有所不同，但它们都是基于上述提到的 3 种加密技术的。

有两种加密组合特别常见。

（1）用公钥加密传递

对称密钥使用对称密钥加密技术处理批量数据的效率很高，但在开始处理之前，我们要先将对称密钥从信息发送方传递到接收方。

通常我们可以使用公钥加密技术对这种密钥传递进行保护。

（2）数字签名

通常并不是所有要传送的数据都进行加密。一条消息的内容常常并不需要加密，但确保该信息是由其表面上的发送者发出的却往往很重要。

如果张三想向李四证明某条消息是他本人发出的，他会像在信纸上签字那样，在消息的后面附上自己的数字签名，并传送给李四。在本例中，张三会首先生成那条信息的摘要，然后用自己的私钥对摘要进行加密处理，并以此作为自己的数字签名。当李四收到该条信息后，他会解开张三生成的消息摘要（当然，用张三的公钥进行解密），然后自己生成一条消息摘要，并将两个消息摘要进行比较。通过摘要比较，李四可以从中掌握以下信息：

☑ 自己收到的消息与张三发出的一致（两条摘要完全相同时）。

☑ 该消息确是由张三发出的（只有张三拥有自己的私钥）。

5. 公开密钥认证

我们先前已经讨论过"公钥加密如何克服对称密钥加密需要发送接收方共享密钥的缺点"的问题。实际上，公钥加密也需要进行密钥的传送，但这仅是人人可见的无关公钥。对系统攻击者而言，除非他掌握了某个系统用户的私钥，否则公钥对他毫无用处。实际上，这引发了一个至关重要的信任问题，即怎么才能够信任你收到的公钥，它真的是像表面看到的那样来自你熟悉的某人吗？

当然，只将公钥送给你信任的某人是一种解决办法。张三与李四相互认识，他们可以通过交换公钥软盘来获得对方的公钥。除此之外，我们还应该找到某种方法来确保公钥的可信性。

我们可以使用公钥认证的机制来解决上述问题。公钥认证实际上是内含公钥及公钥拥有者详细信息，并由可信的第三方进行了数字签名的某种数据结构。利用公钥认证，当张三需要送出公钥给李四时，他只需送出自己的认证证书即可。李四收到证书后，可以核对证书的数字签名，一旦他确认证书是由自己信任的第三方签发的，他就可以接受证书中张三的公钥。

6. 公钥加密标准

为使上面提到的种种加密工具和技术真正发挥作用，我们必须制定一系列相互关联的、被公众认可、可以相互操作的加密标准。这就是下面将要介绍的"公共密钥加密标准

（PKCS）"。

PKCS 是一系列非正式的厂商标准，它由 RSA Laboratories、Apple、Digital、Lotus、Microsoft、MIT、Northern Telecom、Novell、Sun 等在 1991 年联合发表。PKCS 实际上已经成为多种产品（如 Lotus Domino/Notes）和多种协议的一部分。PKCS 涵盖了 RSA 加密、Diffie-Hellman 密钥交换机制、基于密码的加密、扩展认证机制、加密消息定义、私钥信息定义、证书请求定义等多方面的内容。

PKCS 现有加密标准主要有：
- ☑ PKCS-1 RSA 加密标准。
- ☑ PKCS-2 参见注释。
- ☑ PKCS-3 Diffie-Hellman 密钥交换标准。
- ☑ PKCS-4 参见注释。
- ☑ PKCS-5 基于密码的加密标准。
- ☑ PKCS-6 扩展认证定义标准。
- ☑ PKCS-7 加密消息定义标准。
- ☑ PKCS-8 私钥信息定义标准。
- ☑ PKCS-9 选定属性类型。
- ☑ PKCS-10 证书请求定义标准。
- ☑ PKCS-11 加密令牌接口标准。
- ☑ PKCS-12 个人信息交换定义标准。
- ☑ PKCS-13 椭圆曲率加密标准。
- ☑ PKCS-15 加密令牌信息格式标准（草案）。

9.1.4 防病毒技术

1. 计算机病毒

计算机病毒（Computer Virus）在《中华人民共和国计算机信息系统安全保护条例》中被明确定义，病毒指"编制者在计算机程序中插入的破坏计算机功能或者破坏数据，影响计算机使用并且能够自我复制的一组计算机指令或者程序代码"。与医学上的"病毒"不同，计算机病毒不是天然存在的，是某些人利用计算机软件和硬件所固有的脆弱性编制的一组指令集或程序代码。它能通过某种途径潜伏在计算机的存储介质（或程序）里，当达到某种条件时即被激活，通过修改其他程序的方法将自己的精确复制或者演变的形式放入其他程序中，从而感染其他程序，达到对计算机资源进行破坏的目的。

病毒不是来源于突发或偶然的原因，病毒来自于一次偶然的事件。那时的研究人员为了计算出当时互联网的在线人数而开发了一种程序，然而它却自己"繁殖"了起来并导致整个服务器的崩溃和堵塞。有时一次突发的停电和偶然的错误，会在计算机的磁盘和内存中产生一些乱码和随机指令，但这些代码是无序和混乱的。病毒是一种比较完美的、精巧严谨的代码，按照严格的秩序组织起来，与所在的系统网络环境相适应和配合起来。病毒不会通过偶然形成，并且需要有一定的长度，这个基本的长度从概率上来讲是不可能通过随机代码产生的。现在流行的病毒是由人为故意编写的，多数病毒可以找到作者和产地信息，从大量的统计分析来看，病毒作者主要情况和目的主要是，一些天才的程序员为了表现自己和证明自己的能力，出于对上司的不满，或为了好奇、报复、祝贺和求爱，为了得到控制口令，为软件拿不到报酬预留的陷阱等。当然也有因政治、军事、宗教、民族、专利等方面的需求而专门编写的，其中也包括一些病毒研究机构和黑客的测试病毒。

（1）计算机病毒的特点

① 寄生性

计算机病毒寄生在其他程序之中，当执行这个程序时，病毒就起破坏作用，而在未启动这个程序之前，它是不易被人发觉的。

② 传染性

计算机病毒不但本身具有破坏性，更有害的是具有传染性，一旦病毒被复制或产生变种，其传播速度之快令人难以预防。传染性是病毒的基本特征。在生物界，病毒通过传染从一个生物体扩散到另一个生物体，在适当的条件下，它可得到大量繁殖，并使被感染的生物体表现出病症甚至死亡。同样，计算机病毒也会通过各种渠道从已被感染的计算机扩散到未被感染的计算机，在某些情况下造成被感染的计算机工作失常甚至瘫痪。与生物病毒不同的是，计算机病毒是一段人为编制的计算机程序代码，这段程序代码一旦进入计算机并得以执行，它就会搜寻其他符合其传染条件的程序或存储介质，确定目标后再将自身代码插入其中，达到自我"繁殖"的目的。只要一台计算机传染病毒，如不及时处理，那么病毒会在这台计算机上迅速扩散。计算机病毒可通过各种可能的渠道，如软盘、硬盘、移动硬盘、计算机网络去传染其他的计算机。当在一台机器上发现病毒时，那么曾在这台计算机上用过的软盘也已感染上了病毒，而与这台机器相联网的其他计算机也许也被该病毒感染上了。是否具有传染性是判别一个程序是否为计算机病毒的最重要条件。

③ 潜伏性

有些病毒像定时炸弹一样，让它什么时间发作是预先设计好的。比如黑色星期五病毒，不到预定时间一点都觉察不出来，等到条件具备的时候一下子就爆炸开来，对系统进行破坏。一个编制精巧的计算机病毒程序，进入系统之后一般不会马上发作，因此病毒可以静静地躲在磁盘或磁带里呆上几天，甚至几年，一旦时机成熟，得到运行机会，就又要四处"繁殖"、扩散，继续危害。潜伏性的第二种表现是指，计算机病毒的内部往往有一种触发机制，不满足触发条件时，计算机病毒除了传染外不做什么破坏。触发条件一旦得到满足，有的在屏幕上显示信息、图形或特殊标识，有的则执行破坏系统的操作，如格式化磁盘、删除磁盘文件、对数据文件做加密、封锁键盘以及使系统死锁等。

④ 隐蔽性

计算机病毒具有很强的隐蔽性，有的可以通过病毒软件检查出来，有的根本就查不出来，有的时隐时现、变化无常，这类病毒处理起来通常很困难。

⑤ 破坏性

计算机中毒后，可能会导致正常的程序无法运行，把计算机内的文件删除或受到不同程度的损坏。通常表现为：增、删、改、移。

⑥ 可触发性

病毒因某个事件或数值的出现，诱使病毒实施感染或进行攻击的特性称为可触发性。为了隐蔽自己，病毒必须潜伏，少做动作。如果完全不动，一直潜伏的话，病毒既不能感染也不能进行破坏，便失去了杀伤力。病毒既要隐蔽又要维持杀伤力，它必须具有可触发性。病毒的触发机制就是用来控制感染和破坏动作的频率的。病毒具有预定的触发条件，这些条件可能是时间、日期、文件类型或某些特定数据等。病毒运行时，触发机制检查预定条件是否满足，如果满足，启动感染或破坏动作，使病毒进行感染或攻击；如果不满足，病毒便继续潜伏。

（2）计算机病毒的分类

计算机病毒的分类方法主要有以下几种。

① 按病毒存在的媒体分类

根据病毒存在的媒体，病毒可以划分为网络病毒、文件病毒、引导型病毒。网络病毒通过计算机网络传播，感染网络中的可执行文件；文件病毒感染计算机中的文件（如 COM、EXE、DOC 等文件）；引导型病毒感染启动扇区（Boot）和硬盘的系统引导扇区（MBR）。此外，还有这三种病毒的混合型，例如：多型病毒（文件和引导型）感染文件和引导扇区两种目标，这样的病毒通常都具有复杂的算法，它们使用非常规的办法侵入系统，同时使用了加密和变形算法。

② 按病毒传染的方法分类

根据病毒传染的方法可分为驻留型病毒和非驻留型病毒。驻留型病毒感染计算机后，把自身的内存驻留部分放在内存（RAM）中，这一部分程序挂接系统调用并合并到操作系统中去，它处于激活状态，一直到关机或重新启动计算机；非驻留型病毒在得到机会激活时并不感染计算机内存。还有一些病毒在内存中留有小部分，但是并不通过这一部分进行传染，这类病毒也被划分为非驻留型病毒。

③ 按病毒破坏的能力分类

☑ 无害型，除了传染时减少磁盘的可用空间外，对系统没有其他影响。

☑ 无危险型，这类病毒仅仅是减少内存、显示图像、发出声音及同类音响。

☑ 危险型，这类病毒在计算机系统操作中造成严重的错误。

☑ 非常危险型，这类病毒删除程序、破坏数据、清除系统内存区和操作系统中重要的信息。

这些病毒对系统造成的危害，并不是本身的算法中存在危险的调用，而是当它们传染时会引起无法预料的和灾难性的破坏。由病毒引起其他的程序产生的错误也会破坏文件和扇区，这些病毒也可按照它们引起的破坏能力进行划分。一些现在的无害型病毒也可能会对新版的 DOS、Windows 和其他操作系统造成破坏。例如，在早期的病毒中，有一个"Denzuk"病毒在 360KB 磁盘上很好的工作，不会造成任何破坏，但是在后来的高密度软盘上却能引起大量的数据丢失。

④ 按病毒的算法分类

伴随型病毒，这一类病毒并不改变文件本身，它们根据算法产生 EXE 文件的伴随体，具有同样的名字和不同的扩展名（COM）。例如，XCOPY.EXE 的伴随体是 XCOPY.COM。

病毒把自身写入 COM 文件并不改变 EXE 文件，当 DOS 加载文件时，伴随体优先被执行到，再由伴随体加载执行原来的 EXE 文件。

"蠕虫"型病毒，通过计算机网络传播，不改变文件和资料信息，利用网络从一台机器的内存传播到其他机器的内存，计算网络地址，将自身的病毒通过网络发送。有时它们存在于系统中，一般除了内存不占用其他资源。

寄生型病毒，除了伴随型和"蠕虫"型病毒，其他病毒均可称为寄生型病毒，它们依附在系统的引导扇区或文件中，通过系统的功能进行传播。

诡秘型病毒，它们一般不直接修改 DOS 中断和扇区数据，而是通过设备技术和文件缓冲区等 DOS 内部修改，不易看到资源，使用比较高级的技术。利用 DOS 空闲的数据区进行工作。

变型病毒（又称幽灵病毒），这一类病毒使用一个复杂的算法，使自己每传播一份都具有不同的内容和长度。它们一般是由一段混有无关指令的解码算法和被变化过的病毒体组成。

（3）计算机病毒的种类

① 系统病毒

系统病毒的前缀为 Win32、PE、Win95、W32、W95 等。这些病毒一般共有的特性是可以感染 Windows 操作系统的*.exe 和*.dll 文件，并通过这些文件进行传播，如 CIH 病毒。

② 蠕虫病毒

蠕虫病毒的前缀是 Worm。这种病毒的共有特性是通过网络或者系统漏洞进行传播，很大部分的蠕虫病毒都有向外发送带毒邮件、阻塞网络的特性。比如冲击波（阻塞网络）、小邮差（发带毒邮件）等。

③ 木马病毒、黑客病毒

木马病毒其前缀是 Trojan，黑客病毒前缀名一般为 Hack。木马病毒的共有特性是通过网络或者系统漏洞进入用户的系统并隐藏起来，然后向外界泄露用户的信息；而黑客病毒则有一个可视的界面，能对用户的计算机进行远程控制。木马、黑客病毒往往是成对出现的，即木马病毒负责侵入用户的计算机，而黑客病毒则会通过该木马病毒来进行控制。现在这两种类型都越来越趋向于整合了。一般的木马如 QQ 消息尾巴木马 Trojan.QQ3344，还有大家可能遇见比较多的针对网络游戏的木马病毒如 Trojan.LMir.PSW.60，一些黑客程序如：网络枭雄（Hack.Nether.Client）等。这里补充一点，病毒名中有 PSW 或者 PWD 之类的一般都表示这个病毒有盗取密码的功能（这些字母一般都为"密码"的英文单词"password"的缩写）。

④ 脚本病毒

脚本病毒的前缀是 Script。脚本病毒的共有特性是使用脚本语言编写，是通过网页进行传播的病毒，如红色代码（Script.Redlof）。脚本病毒的前缀还可能是 VBS、JS（表明是何种脚本编写的），如欢乐时光（VBS.Happytime）、十四日（Js.Fortnight.c.s）等。

⑤ 宏病毒

其实宏病毒也是脚本病毒的一种，由于它的特殊性，因此在这里单独算成一类。宏病毒的第一前缀是 Macro，第二前缀是 Word、Word97、Excel、Excel97（也许还有别的）的

其中之一。凡是只感染 Word97 及以前版本 Word 文档的病毒采用 Word97 作为第二前缀，格式是 Macro.Word97；凡是只感染 W97 以后版本 Word 文档的病毒采用 Word 作为第二前缀，格式是 Macro.Word；凡是只感染 Excel97 及以前版本 Excel 文档的病毒采用 Excel97 作为第二前缀，格式是 Macro.Excel97；凡是只感染 Excel97 以后版本 Excel 文档的病毒采用 Excel 作为第二前缀，格式是 Macro.Excel，以此类推。该类病毒的共有特性是能感染 Office 系列文档，然后通过 Office 通用模板进行传播，如著名的美丽莎（Macro.Melissa）。

⑥ 后门病毒

后门病毒的前缀是 Backdoor。该类病毒的共有特性是通过网络传播，给系统开后门，给用户计算机带来安全隐患。

⑦ 病毒种植程序病毒

这类病毒的共有特性是运行时会从体内释放出一个或几个新的病毒到系统目录下，由释放出来的新病毒产生破坏。如冰河播种者（Dropper.BingHe2.2C）、MSN 射手（Dropper.Worm.Smibag）等。

⑧ 破坏性程序病毒

破坏性程序病毒的前缀是 Harm。这类病毒的共有特性是本身具有好看的图标来诱惑用户单击，当用户单击这类病毒时，病毒便会直接对用户计算机产生破坏。如格式化 C 盘（Harm.formatC.f）、杀手命令（Harm.Command.Killer）等。

⑨ 玩笑病毒

玩笑病毒的前缀是 Joke，也称恶作剧病毒。这类病毒的共有特性也是本身具有好看的图标来诱惑用户单击。当用户单击这类病毒时，病毒会做出各种破坏操作来吓唬用户，其实病毒并没有对用户计算机进行任何破坏。如女鬼（Joke.Girl ghost）病毒。

⑩ 捆绑机病毒

捆绑机病毒的前缀是 Binder。这类病毒的共有特性是病毒作者会使用特定的捆绑程序将病毒与一些应用程序如 QQ、IE 捆绑起来，表面上看是一个正常的文件，当用户运行这些捆绑病毒时，表面上运行的是这些应用程序，其实隐藏运行捆绑在一起的病毒，从而给用户造成危害。如捆绑 QQ（Binder.QQPass.QQBin）、系统杀手（Binder.killsys）等。

9.1.5　防火墙技术

防火墙技术最初是针对 Internet 不安全因素所采取的一种保护措施。顾名思义，防火墙就是用来阻挡外部不安全因素影响的内部网络屏障，其目的就是防止外部网络用户未经授权的访问。它是计算机硬件和软件的结合，使 Internet 与 Intranet 之间建立起一个安全网关（Security Gateway），从而保护内部网免受非法用户的侵入，防火墙主要由服务访问政策、验证工具、包过滤和应用网关 4 个部分组成，防火墙就是一个位于计算机和它所连接的网络之间的软件或硬件（其中硬件防火墙因为价格昂贵，很少使用，只有像国防部等重要网络才用）。这些计算机流入流出的所有网络通信均要经过此防火墙。

1. 概念原理

防火墙原本是汽车中一个部件的名称。在汽车中，利用防火墙把乘客和引擎隔开，这样，一旦汽车引擎着火，防火墙不但能保护乘客安全，而且还能让司机继续控制引擎。在计算机网络中，所谓"防火墙"，是指一种将内部网和公众访问网（如 Internet）分开的方法，它实际上是一种隔离技术。防火墙是在两个网络通信时执行的一种访问控制尺度，它能允许你"同意"的人和数据进入你的网络，同时将你"不同意"的人和数据拒之门外，最大限度地阻止网络中的黑客访问你的网络。换句话说，如果不通过防火墙，公司内部的人就无法访问 Internet，Internet 上的人也无法和公司内部的人员进行通信。

防火墙（FireWall）成为近年来新兴的保护计算机网络安全的技术性措施。图 9-1 是防火墙的结构示意图，防火墙是一种隔离控制技术，在某个机构的网络和不安全的网络（如 Internet）之间设置屏障，阻止对信息资源的非法访问，也可以使用防火墙阻止重要信息从企业的网络上被非法输出。作为 Internet 的安全性保护软件，FireWall 已经得到广泛的应用。通常企业为了维护内部的信息系统安全，在企业网和 Internet 间设立 FireWall 软件。企业信息系统对于来自 Internet 的访问，采取有选择的接收方式。它可以允许或禁止一类具体的 IP 地址访问，也可以接收或拒绝 TCP/IP 上的某一类具体的应用。如果在某一台 IP 主机上有需要禁止的信息或危险的用户，则可以通过设置使用 FireWall 过滤掉从该主机发出的包。如果一个企业只是使用 Internet 的电子邮件和 WWW 服务器向外部提供信息，那么就可以在 FireWall 上设置使得只有这两类应用的数据包可以通过。这对于路由器来说，就要不仅分析 IP 层的信息，而且还要进一步了解 TCP 传输层甚至应用层的信息以进行取舍。FireWall 一般安装在路由器上以保护一个子网，也可以安装在一台主机上，保护这台主机不受侵犯。

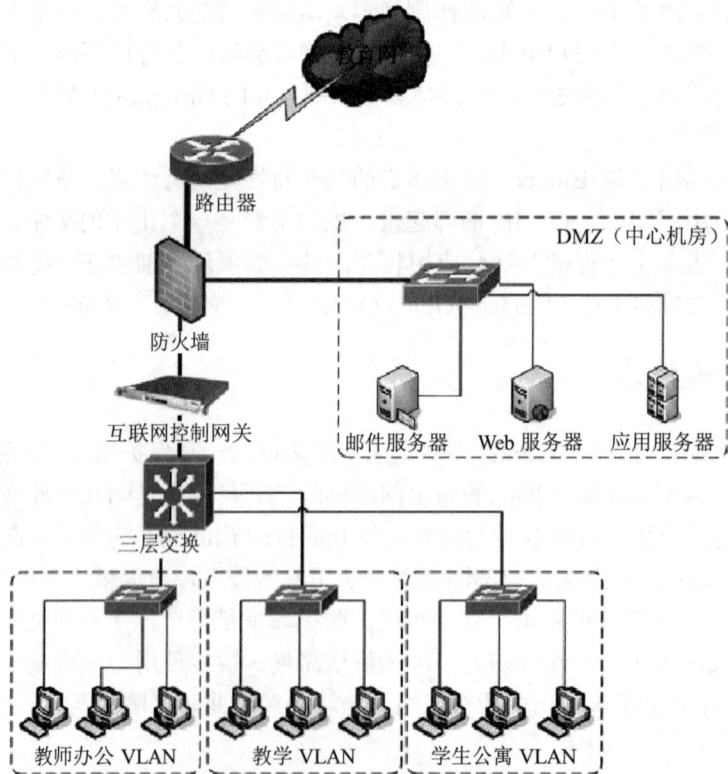

图 9-1　防火墙结构示意图

2. 防火墙种类

从实现原理上分，防火墙包括四大类：网络级防火墙（也叫包过滤型防火墙）、应用级网关、电路级网关和规则检查防火墙。它们各有所长，具体使用哪一种或是否混合使用，要看具体需要。

（1）网络级防火墙

网络级防火墙一般是基于源地址和目的地址、应用、协议以及每个 IP 包的端口来作出通过与否的判断。其实路由器便是一个"传统"的网络级防火墙，大多数的路由器都能通过检查这些信息来决定是否将所收到的包转发，但它不能判断出一个 IP 包来自何方，去向何处。防火墙检查每一条规则直至发现包中的信息与某规则相符。如果所有规则都不符合，防火墙就会使用默认规则，一般情况下，默认规则就是要求防火墙丢弃该包。其次，通过定义基于 TCP 或 UDP 数据包的端口号，防火墙能够判断是否允许建立特定的连接，如 Telnet、FTP 连接。网络级防火墙示意图如图 9-2 所示。

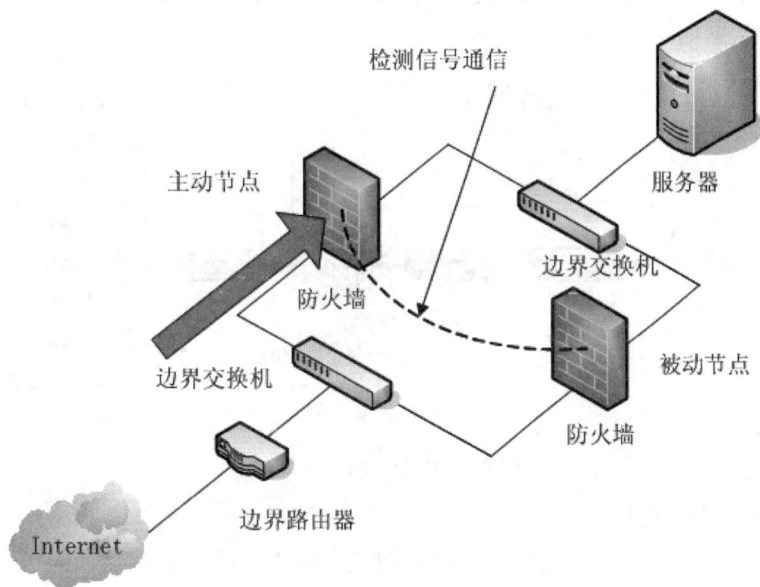

图 9-2　网络级防火墙示意图

（2）应用级网关

应用级网关能够检查进出的数据包，通过网关复制传递数据，防止在受信任服务器和客户机与不受信任的主机间建立直接联系。应用级网关能够理解应用层上的协议，能够做一些复杂的访问控制，并做精细的注册和稽核。它针对特别的网络应用服务协议即数据过滤协议，并且能够对数据包分析并形成相关的报告。应用网关对某些易于登录和控制所有输出输入的通信环境给予严格的控制，以防有价值的程序和数据被窃取。在实际工作中，应用网关一般由专用工作站系统来完成，但每一种协议需要相应的代理软件，使用时工作量大，效率不如网络级防火墙的效率。应用级网关有较好的访问控制，是目前最安全的防火墙技术，但实现困难，而且有的应用级网关缺乏"透明度"。在实际使用中，用户在受信任的网络上通过防火墙访问 Internet 时，经常会发现存在延迟并且必须进行多次登录（Login）才能访问 Internet 或 Intranet。

（3）电路级网关

电路级网关用来监控受信任的客户或服务器与不受信任的主机间的 TCP 握手信息，这样来决定该会话（Session）是否合法，电路级网关是在 OSI 模型的会话层上来过滤数据包，这样比包过滤防火墙要高二层。电路级网关还提供一个重要的安全功能——代理服务器（Proxy Server）。代理服务器是设置在 Internet 防火墙网关的专用应用级代码，这种代理服务准许网管员同意或拒绝特定的应用程序或一个应用的特定功能。包过滤技术和应用网关是通过特定的逻辑判断来决定是否允许特定的数据包通过，一旦判断条件满足，防火墙内部网的结构和运行状态便"暴露"在外来用户面前，这就引入了代理服务的概念，即防火墙内外计算机系统应用层的"链接"由两个终止于代理服务的"链接"来实现，这就成功地实现了防火墙内外计算机系统的隔离。同时，代理服务还可用于实施较强的数据流监控、过滤、记录和报告等功能。代理服务技术主要通过专用计算机硬件（如工作站）来承担。电路级网关示意图如图 9-3 所示。

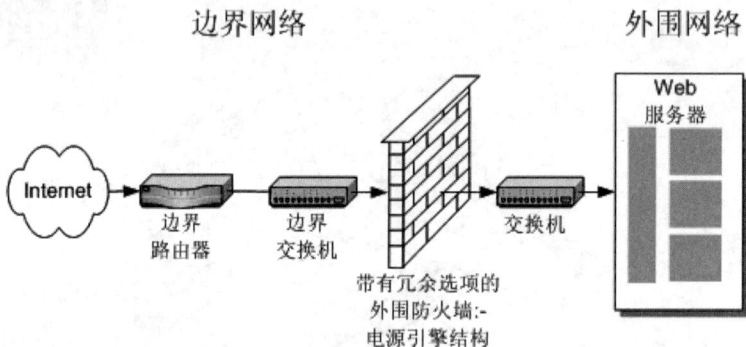

图 9-3　电路级网关示意图

（4）规则检查防火墙

该防火墙结合了包过滤防火墙、电路级网关和应用级网关的特点。同包过滤防火墙一样，规则检查防火墙在 OSI 网络层上通过 IP 地址和端口号，过滤进出的数据包；它也像电路级网关一样，能够检查 SYN 和 ACK 标记和序列数字是否逻辑有序；当然它也像应用级网关一样，可以在 OSI 应用层上检查数据包的内容，查看这些内容是否能符合企业网络的安全规则。规则检查防火墙虽然集成前 3 种防火墙的特点，但是不同于应用级网关的是，它并不打破客户机/服务器模式来分析应用层的数据，它允许受信任的客户机和不受信任的主机建立直接连接。规则检查防火墙不依靠与应用层有关的代理，而是依靠某种算法来识别进出的应用层数据，这些算法通过已知合法数据包的模式来比较进出数据包，这样从理论上就能比应用级代理在过滤数据包上更加有效。

3．防火墙的使用

防火墙具有很好的保护作用，入侵者必须首先穿越防火墙的安全防线，才能接触目标计算机。你可以将防火墙配置成许多不同保护级别，高级别的保护可能会禁止一些服务，如视频流等。

在具体应用防火墙技术时，还要考虑如下两个因素，一是防火墙不能防病毒，尽管有不少的防火墙产品声称其具有这个功能；二是数据在防火墙之间的更新是一个难题。如果数据更新延迟太大将无法支持实时服务请求，而且，防火墙采用滤波技术，滤波通常使网络性能降低 50%以上，但如果为了改善网络性能而购置高速路由器，又会大大增加经济预算。

总之，防火墙是企业网安全问题的流行解决方案，即把公共数据和服务置于防火墙外，使其对防火墙内部资源的访问受到限制。作为一种网络安全技术，防火墙具有简单实用、透明度高等特点，可以在不修改原有网络应用系统的情况下达到一定的安全要求。

4. 防火墙功能

防火墙对流经它的网络通信进行扫描，从而过滤掉一些攻击，以免其在目标计算机上被执行；防火墙还可以关闭不使用的端口，而且还能禁止特定端口的流出通信，封锁特洛伊木马；最后，它可以禁止来自特殊站点的访问，从而防止来自不明入侵者的所有通信。

（1）网络安全的屏障

一个防火墙（作为阻塞点、控制点）能极大地提高一个内部网络的安全性，并通过过滤不安全的服务而降低风险。由于只有经过精心选择的应用协议才能通过防火墙，所以网络环境变得更安全。例如，防火墙可以禁止不安全的 NFS 协议进出受保护网络，这样外部的攻击者就不可能利用这些脆弱的协议来攻击内部网络。防火墙同时可以保护网络免受基于路由的攻击，如 IP 选项中的源路由攻击和 ICMP 重定向中的重定向路径。防火墙应该可以拒绝所有以上类型攻击的报文并通知防火墙管理员。

（2）强化网络安全策略

通过以防火墙为中心的安全方案配置，能将所有安全软件（如口令、加密、身份认证、审计等）配置在防火墙上。与将网络安全问题分散到各个主机上相比，防火墙的集中安全管理更经济。例如在网络访问时，一次一密的口令系统和其他的身份认证系统完全可以不必分散在各个主机上，而集中在防火墙上。

（3）监控审计

如果所有的访问都经过防火墙，那么，防火墙就能记录下这些访问并作出日志记录，同时也能提供网络使用情况的统计数据。当发生可疑动作时，防火墙能适当地进行报警，并提供网络是否受到监测和攻击的详细信息。另外，收集网络使用和误用情况是非常重要的，首先可以清楚防火墙是否能够抵挡攻击者的探测和攻击，并且清楚防火墙的控制是否充足；同时，网络使用统计对网络需求分析和威胁分析等也是非常重要的。

（4）防止内部信息的外泄

利用防火墙对内部网络的划分，可实现内部网重点网段的隔离，从而限制了局部重点或敏感网络安全问题对全局网络造成的影响。同样，隐私是内部网络非常关心的问题，一个内部网络中不引人注意的细节可能包含了有关安全的线索，而引起外部攻击者的兴趣，甚至会暴露内部网络的某些安全漏洞。使用防火墙就可以屏蔽那些透漏内部细节的服务如 Finger、DNS 等。Finger 可以显示主机所有用户的注册名、真名、最后登录时间和使用的

shell 类型等，但是 Finger 显示的信息非常容易被攻击者所获悉。攻击者可以知道一个系统使用的频繁程度，这个系统是否有用户正在连线上网，这个系统是否在被攻击时引起注意等。防火墙可以同样阻塞有关内部网络中的 DNS 信息，这样一台主机的域名和 IP 地址就不会被外界所了解。除了安全作用，防火墙还支持具有 Internet 服务特性的企业内部网络技术体系 VPN（虚拟专用网）。

5. 防火墙的体系结构

目前，防火墙的体系结构一般有以下几种：

☑ 双重宿主主机体系结构。

☑ 被屏蔽主机体系结构。

☑ 被屏蔽子网体系结构。

1）双重宿主主机体系结构

双重宿主主机体系结构是围绕具有双重宿主的主机计算机而构筑的，该计算机至少有两个网络接口。这样的主机可以充当与这些接口相连的网络之间的路由器，它能够从一个网络向另一个网络发送 IP 数据包。但是，实现双重宿主主机的防火墙体系结构禁止这种发送功能，因而，IP 数据包从一个网络（例如因特网）并不是直接发送到其他网络（例如内部的、被保护的网络）。防火墙内部的系统能与双重宿主主机通信，同时防火墙外部的系统（在因特网上）也能与双重宿主主机通信，但是这些系统互相之间不能直接通信。它们之间的 IP 通信被完全阻止。

双重宿主主机的防火墙体系结构是非常简单的，双重宿主主机位于两者之间，并且被连接到因特网和内部的网络，如图 9-4 所示。

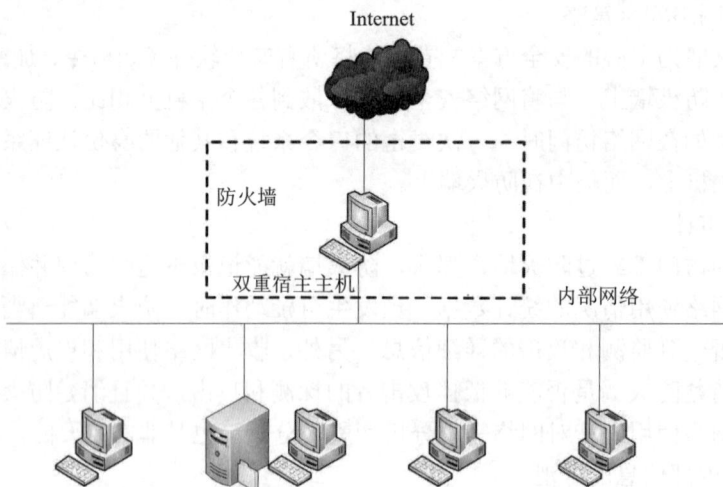

图 9-4 双重宿主主机体系结构

2）被屏蔽主机体系结构

双重宿主主机体系结构提供与多个网络相连的主机的服务（但是路由关闭），而被屏蔽主机体系结构使用一个单独的路由器提供仅仅与内部的网络相连的主机的服务。在这种体系结构中，主要的安全就由数据包过滤，其结构如图 9-5 所示。

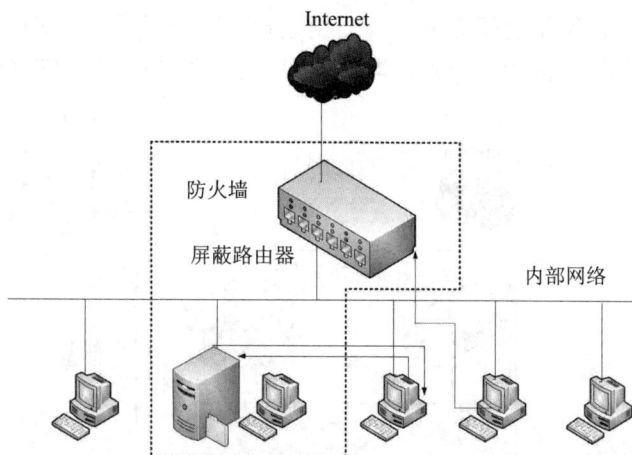

图 9-5　被屏蔽主机体系结构

在屏蔽的路由器上的数据包过滤的设置方法是，堡垒主机是因特网上的主机能连接到内部网络系统的桥梁（例如传送进来的电子邮件），即使这样，也仅允许某些类型确定的连接。任何外部的系统试图访问内部的系统或服务将必须连接到这台堡垒主机上，因此，堡垒主机需要拥有高等级的安全。数据包过滤也允许堡垒主机开放可允许的连接（什么是"可允许"将由用户站点的安全策略决定）到外部世界。在屏蔽的路由器中数据包过滤配置可以按下列之一执行：

（1）允许其他的内部主机为了某些服务与因特网上的主机连接，即允许那些已经由数据包过滤的服务。

（2）不允许来自内部主机的所有连接，即那些主机需经由堡垒主机使用代理服务。

用户可以针对不同的服务混合使用这些手段，某些服务可以被允许直接经由数据包过滤，而其他服务可以被允许仅仅间接地经过代理。这完全取决于用户的安全策略。

因为被屏蔽主机体系结构允许数据包从因特网向内部网移动，所以它的设计比没有外部数据包能到达内部网络的双重宿主主机体系结构似乎更冒险。实际上，双重宿主主机体系结构在防备数据包从外部网络穿过内部的网络时也容易失败（因为这种失败类型是完全出乎预料的，不太可能防备黑客侵袭）。进而言之，保卫路由器比保卫主机较易实现，因为它提供非常有限的服务组。多数情况下，被屏蔽的主机体系结构比双重宿主主机体系结构具有更好的安全性和可用性。

然而，与比较其他体系结构（如在下面要讨论的屏蔽子网体系结构）相比，被屏蔽主机体系结构也有一些缺点，主要是如果侵袭者没有办法入侵堡垒主机，而且在堡垒主机和其余内部主机之间没有任何网络安全保护系统存在的情况下，路由器同样会出现单点失效。如果路由器被损害，整个网络对侵袭者是开放的。

3）被屏蔽子网体系结构

被屏蔽子网体系结构添加额外的安全层到被屏蔽主机体系结构，即通过添加周边网络更进一步地把内部网络和外部网络（通常是 Internet）隔离开。

被屏蔽子网体系结构最简单的形式为：两个屏蔽路由器，每一个都连接到周边网。一个位于周边网与内部网络之间，另一个位于周边网与外部网络（通常为 Internet）之间。这样就在内部网络与外部网络之间形成了一个"隔离带"。为了侵入用这种体系结构构筑的内部网络，侵袭者必须通过两个路由器。即使侵袭者侵入堡垒主机，它将仍然必须通过内部路由器，如图 9-6 所示。

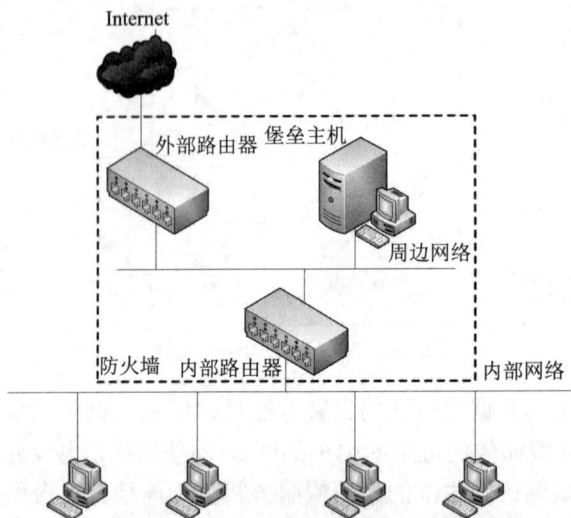

图 9-6　被屏蔽子网体系结构

对图 9-6 的要点说明如下：

（1）周边网络

周边网络是另一个安全层，是在外部网络与用户被保护的内部网络之间附加的网络。如果侵袭者成功地侵入用户防火墙的外层领域，周边网络在侵袭者与用户的内部系统之间提供一个附加的保护层。

对于周边网络的作用，举例说明如下。在许多网络设置中，用给定网络上的任何一台机器来查看该网络上的每一台机器的通信是可能的，这对以太网为基础的网络确实如此（以太网是当今使用最广泛的局域网技术），而且对若干其他成熟的技术，如令牌环和 FDDI 也是如此。探听者可以通过查看那些在 Telnet、FTP 以及 Rlogin 会话期间使用过的口令成功地探测出口令，即使口令没被攻破，探听者仍然能偷看或访问他人的敏感文件的内容，或阅读他们感兴趣的电子邮件等，探听者能完全监视何人在使用网络。

对于周边网络，如果某人侵入周边网上的堡垒主机，他仅能探听到周边网上的通信。因为所有周边网上的通信来自或通往堡垒主机或 Internet。

因为没有严格的内部通信（即在两台内部主机之间的通信，这通常是敏感的或专有的）能越过周边网络。所以，如果堡垒主机被损害，内部的通信仍将是安全的。一般来说，来往于堡垒主机和外部世界的通信，仍然是可监视的。防火墙设计工作的一部分就是确保这种通信不至于机密到阅读它将损害你的站点的完整性。

（2）堡垒主机

在被屏蔽子网体系结构中，用户把堡垒主机连接到周边网络，这台主机便是接受来自外界通信的主要入口。例如：

☑　对于进来的电子邮件（SMTP）会话，传送电子邮件到站点。

☑　对于进来的 FTP 连接，转接到站点的匿名 FTP 服务器。

☑　对于进来的域名服务（DNS）站点查询等。

另外，其出站服务（从内部的客户端到 Internet 上的服务器）的处理方法主要有：

① 通过在外部和内部的路由器上设置数据包过滤的方式允许内部的客户端直接访问外部的服务器。

② 通过设置代理服务器在堡垒主机上运行（如果用户的防火墙使用代理软件）的方式允许内部的客户端间接地访问外部的服务器。用户也可以通过设置数据包过滤的方式允许内部的客户端在堡垒主机上同代理服务器交谈；反之亦然。但是被屏蔽子网体系结构禁止内部的客户端与外部世界之间直接通信（如拨号入网方式）。

（3）内部路由器

内部路由器（又称阻塞路由器）保护内部的网络，使之免受 Internet 和周边网络的侵犯。内部路由器为用户的防火墙执行大部分的数据包过滤工作，它允许从内部网到 Internet 的有选择的出站服务。这些服务是用户的站点能使用数据包过滤而不是代理服务安全支持和安全提供的服务。

内部路由器所允许的在堡垒主机（在周边网络上）和用户的内部网之间服务可以不同于内部路由器所允许的在 Internet 和用户的内部网之间的服务。限制堡垒主机和内部网之间服务的原因是减少因此而受到来自堡垒主机侵袭的机器的数量。

（4）外部路由器

在理论上，外部路由器（又称访问路由器）保护周边网和内部网使之免受来自 Internet 的侵袭。实际上，外部路由器倾向于允许几乎所有东西从周边网出站，并且它们通常只执行非常少的数据包过滤。保护内部机器的数据包过滤规则在内部路由器和外部路由器上基本上应该是一样的，如果在规则中有允许侵袭者访问的错误，错误就可能出现在这两个路由器上。

通常，外部路由器由外部群组提供（例如用户的 Internet 供应商），同时用户对它的访问被限制。外部群组可能愿意放入一些通用型数据包过滤规则来维护路由器，但是不愿意使用维护复杂或频繁变化的规则组。

实际上，外部路由器需要做什么呢？外部路由器能有效地执行的安全任务之一（通常别的任何地方不容易做的任务）是阻止从 Internet 上伪造源地址进来的任何数据包，这样的数据包自称来自内部的网络，但实际上是来自 Internet。

9.1.6　入侵检测技术

1. 入侵检测技术简介

入侵检测系统（Intrusion Detetion System，IDS）可以被定义为对计算机和网络资源的恶意使用行为进行识别和相应处理的系统，其中包括系统外部的入侵和内部用户的非授权行为。IDS 是为保证计算机系统的安全而设计与配置的一种能够及时发现并报告系统中未授权或异常现象的技术，用于检测计算机网络中违反安全策略行为。

2. 入侵检测方法

入侵检测方法有很多种，如基于专家系统入侵检测方法、基于神经网络的入侵检测方法等。目前一些在应用层入侵检测系统已有实现。

入侵检测通过执行以下任务来实现：

☑ 监视、分析用户及系统活动。

☑ 系统构造和弱点的审计。

☑ 识别反映已知进攻的活动模式并向相关人士报警。

☑ 异常行为模式的统计分析。

☑ 评估重要系统和数据文件的完整性。

☑ 操作系统的审计跟踪管理，并识别用户违反安全策略的行为。

3. 入侵检测分类

（1）按技术划分

① 异常检测模型（Anomaly Detection），检测与可接受行为之间的偏差。如果可以定义每项可接受的行为，那么每项不可接受的行为就应该是入侵。首先总结正常操作应该具有的特征（用户轮廓），当用户活动与正常行为有重大偏离时即被认为是入侵。这种检测模型漏报率低，误报率高。因为不需要对每种入侵行为进行定义，所以能有效检测未知的入侵。

② 误用检测模型（Misuse Detection），检测与已知的不可接受行为之间的匹配程度。如果可以定义所有的不可接受行为，那么每种能够与之匹配的行为都会引起报警。收集非正常操作的行为特征，建立相关的特征库，当监测的用户或系统行为与库中的非正常操作记录相匹配时，系统就认为这种行为是入侵。这种检测模型误报率低、漏报率高。对于已知的攻击，它可以详细、准确地报告出攻击类型，但是对未知攻击效果有限，而且特征库必须不断更新。

（2）按对象划分

① 基于主机的入侵检测。系统分析的数据是计算机操作系统和应用程序的事件日志、系统调用、端口调用和安全审计记录。主机型入侵检测系统保护的一般是所在的主机系统。是由代理（agent）来实现的，代理是运行在目标主机上的小的可执行程序，它们与命令控制台（console）通信。

② 基于网络的入侵检测。系统分析的数据是网络上的数据包。网络型入侵检测系统担负着保护整个网段的任务，基于网络的入侵检测系统由遍及网络的传感器（sensor）组成，传感器是一台将以太网卡置于混杂模式的计算机，用于嗅探网络上的数据包。

③ 混合型的入侵检测系统。基于网络和基于主机的入侵检测系统都有不足之处，会造成防御体系的不全面，综合了基于网络和基于主机特点的混合型入侵检测系统既可以发现网络中的攻击信息，也可以从系统日志中发现异常情况。

4. 入侵检测分析过程

入侵检测分析过程包括信息收集、信息分析和结果处理 3 部分。

（1）信息收集。入侵检测的第一步是信息收集，收集内容包括系统、网络、数据及用户活动的状态和行为。由放置在不同网段的传感器或不同主机的代理来收集信息，信息包括系统和网络日志文件、网络流量、非正常的目录和文件改变、非正常的程序执行。

（2）信息分析。收集到的有关系统、网络、数据及用户活动的状态和行为等信息，被送到检测引擎进行分析。检测引擎驻留在传感器中，一般通过 3 种技术手段进行分析，即模式匹配、统计分析和完整性分析。当检测到某种误用模式时，产生一个报警并发送给控制台。

（3）结果处理。控制台按照报警产生预先定义的响应采取相应措施，可以是重新配置路由器或防火墙、终止进程、切断连接、改变文件属性等，也可以只是简单的报警。

5. 入侵检测体系结构

入侵检测体系结构，即主机入侵检测、网络入侵检测和分布式入侵检测的特点和优缺点。

（1）主机入侵检测（HIDS）

特点：针对主机或服务器系统的入侵行为进行检测和响应。

主要优点：性价比高；更加细腻；误报率较低；适用于加密和交换的环境；对网络流量不敏感；确定攻击是否成功。

局限性：

① 它依赖于主机固有的日志与监视能力，而主机审计信息存在易受攻击、入侵者可设法逃避审计等弱点。

② HIDS 的运行或多或少影响主机的性能。

③ HIDS 只能对主机的特定用户、应用程序执行动作和日志进行检测，所能检测到的攻击类型受到限制。

④ 全面部署 HIDS 代价较大。

（2）网络入侵检测（NIDS）

特点：利用工作在混杂模式下的网卡来实时监听整个网段上的通信业务。

主要优点：隐蔽性好；实时检测和响应；攻击者不易转移证据；不影响业务系统；能够检测未成功的攻击企图。

局限性：

① 只检测直接连接网段的通信，不能检测在不同网段的网络包。

② 交换以太网环境中会出现检测范围局限。

③ 很难实现一些复杂的、需要大量计算与分析时间较长的攻击检测。

④ 处理加密的会话过程比较困难。

（3）分布式入侵检测（DIDS）

一般由多个协同工作的部件组成，分布在网络的各个部分分别进行数据采集、数据分析等，通过中心的控制部件进行数据汇总、分析、对入侵行为进行响应。

主要优点：可以检测大范围的攻击行为；协调响应措施；提高检测准确度；提高检测效率。

局限性：

① DIDS 运行时，额外的计算机资源的开销。

② 误警报率/漏警报率的程度高。

③ 适应性和扩展性是有局限性。

④ 灵活性低。

⑤ 管理的开销大。

9.2 项 目 实 施

9.2.1 Windows Server 2008 下 Backup 备份与还原

Windows Server 2008 系统作为迄今为止安全级别最高的服务器系统，往往会被人们用来处理、存储一些安全要求非常高的重要数据，如果这些数据处理、保存不当的话，可能会给单位造成重大损失。那么 Windows Server 2008 系统是如何保证重要数据安全的呢？Windows Server 2008 系统为用户提供了与众不同的 Backup 功能组件，使用该功能可以对重要数据信息方便地进行备份、还原。本节将对 Windows Server 2008 系统内置的 Backup 功能进行介绍。

1. Backup 功能的优点

传统服务器系统也支持数据备份、还原功能，那么 Windows Server 2008 系统中的 Backup 功能，是不是对以前数据备份功能的一次简单升级或改进呢？事实上，Backup 功能是一种全新的、与众不同的备份、还原功能，该功能组件是 Windows Server 2008 系统中一个可选功能，在默认状态下该功能并没有被自动安装。使用 Backup 功能，我们可以高效地对服务器系统中的重要数据信息进行备份存储，甚至还能对整个操作系统进行备份、还原。与传统的数据备份还原功能相比，Windows Server 2008 系统中的 Backup 功能的优点，主要有以下几个方面。

（1）备份速度更为快速

Windows Server 2008 系统中的 Backup 功能的操作对象是数据块或磁盘卷，该功能会自动将待备的内容处理成数据卷集，而每一个数据卷集又会被服务器系统当作是一个独立的磁盘块，因此在进行备份数据的过程中，Backup 功能是以磁盘块为基础进行数据传输，以这种方式传输数据的速度非常快；而传统的数据备份、还原功能是以普通的数据文件作为操作对象的，在传输数据的时候也是一个文件一个文件地进行传输，这种备份数据的方式速度自然不会很快。显然，Windows Server 2008 系统中的 Backup 功能备份数据的速度更快，备份效率自然也就更高。

（2）备份方式更为灵活

Windows Server 2008 系统中的 Backup 功能为我们提供了更为灵活的备份方式，它既允许我们进行完整备份，又允许我们采用增量备份，甚至还允许我们针对服务器系统中的某个特定磁盘卷，自定义选用合适的备份方式。默认状态下，Backup 功能会选用完整备份方式，这种方式适合对整个服务器操作系统进行备份存储，可以确保服务器系统在遇到问题时能够在很短暂的时间内恢复正常工作状态，而且不会影响整个系统的整体运行性能，不过该备份方式会降低数据备份和还原的速度。如果待备份的重要数据信息频繁发生变化时，我们可以考虑选用增量备份方式，因为该方式会智能也对前一次备份后发生变化的数据内容进行备份，这样的话就能有效降低因多个完整备份所带来的硬盘空间容量过度消耗现象。在 Windows Server 2008 系统环境下，Backup 功能会根据待备份数据内容的性质，自动选用合适的备份方式，而传统的数据备份还原功能则需要用户进行手工设置，显然 Backup 功能的备份方式更加灵活。

（3）备份类型更为多样

在网络带宽容量不断增大的今天，Windows Server 2008 系统中的 Backup 功能也为备份用户提供了更为多样的备份存储类型，我们既可以将数据内容直接备份保存到本地硬盘的其他分区中，也可以通过网络传输通道将数据内容直接备份保存到网络文件夹，从理论上来说，甚至还能将其备份保存到 Internet 网络中的任何一个位置处。

除以上备份类型外，Windows Server 2008 系统中的 Backup 功能还增加了对 DVD 光盘备份的支持。由于现在待备份的数据内容容量越来越大，为了方便随身携带备份内容，Backup 功能允许用户直接将数据内容刻录备份到 DVD 光盘中，用户能够随心所欲地创建包含多个磁盘卷的数据备份集，到时候 Backup 功能可以智能地利用压缩功能将多个磁盘卷的数据备份一次性地写入到 DVD 光盘中。不过日后进行数据还原操作时，这些多个磁盘卷的数据备份集也会一次性被还原出来。

（4）还原效率更加高效

Windows Server 2008 系统中的 Backup 功能在还原先前备份好的数据内容时，往往可以对目标备份内容进行智能识别，判断它是采用了完全备份方式还是增量备份方式。如果发现了使用完全备份方式，那么 Backup 功能会自动对所有的数据内容执行还原操作；如果发现使用了增量备份方式，那么 Backup 功能会自动对增量备份内容进行还原操作。而传统的数据备份功能在执行数据还原操作时，不具有智能识别备份方式的目的，因此在还原采用增量备份方式备份的数据信息时，只能逐步还原，很明显 Backup 功能的数据还原效率更加高效。

2. Windows Server 2008 备份与还原步骤

（1）安装 Windows Server Backup

① 打开【服务器管理器】，在左边列表框右击【功能】，在弹出的快捷菜单中选择【添加功能】命令，如图 9-7 所示。

② 在弹出的【添加功能向导】对话框的功能列表框中，选中【Windows Server Backup 功能】复选框，单击【下一步】按钮，如图 9-8 所示。

③ 单击【安装】按钮，如图 9-9 所示。

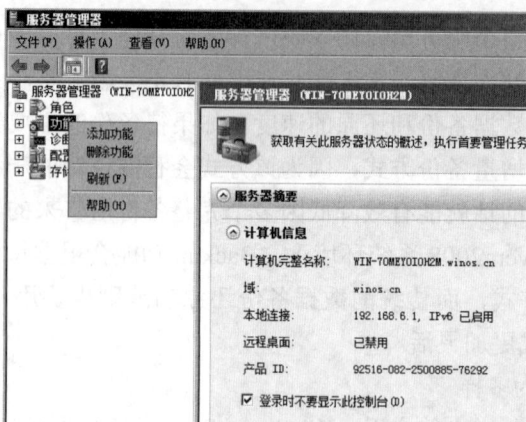

图 9-7　服务器管理器

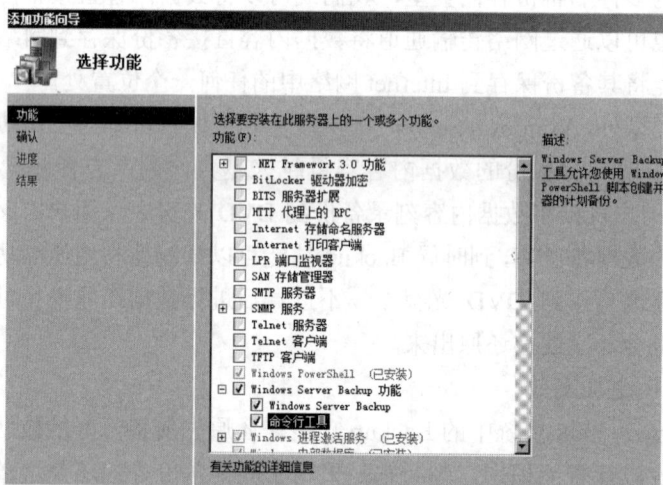

图 9-8　功能选择

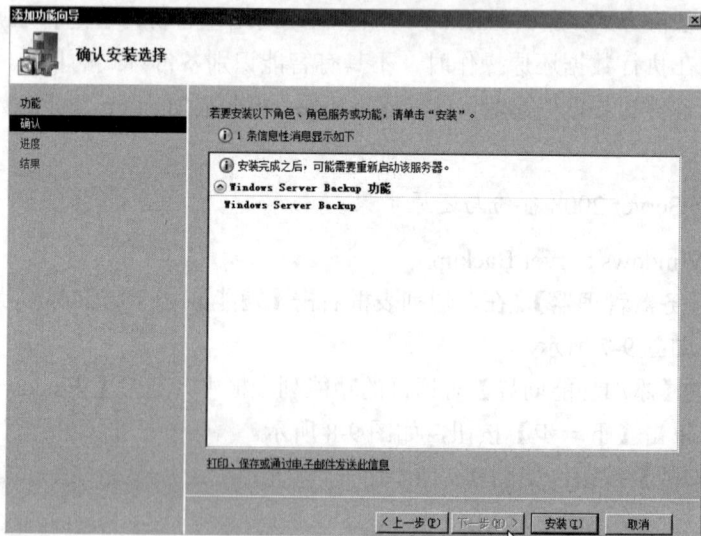

图 9-9　确认安装

④ 安装完成，如图 9-10 所示。

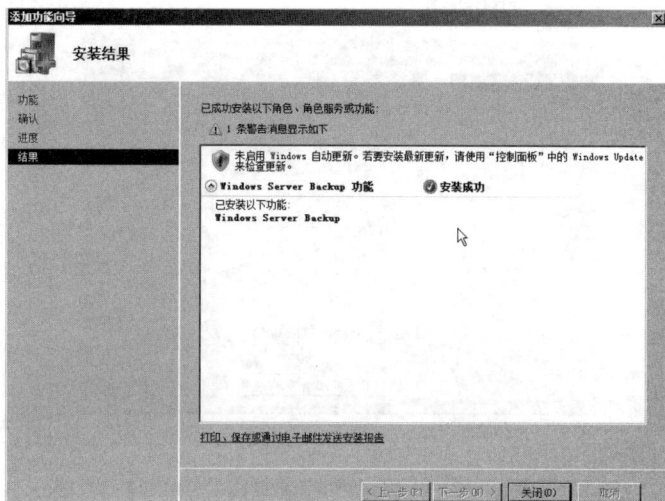

图 9-10　安装完成

（2）计划备份

① 选择【开始】→【程序】→【管理工具】→Windows Server Backup 命令。打开 Windows Server Backup 的管理控制台，在右面的操作控制台中选择【备份计划】，弹出【备份计划向导】对话框，单击【下一步】按钮，如图 9-11 所示。

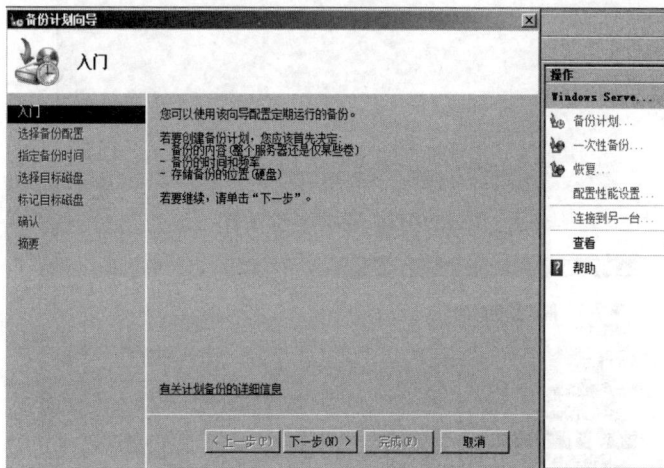

图 9-11　备份计划向导

② 选择【自定义】单选按钮，单击【下一步】按钮，如图 9-12 所示。

③ 在列表框中选择要备份的磁盘（默认情况下备份的磁盘包含操作系统，并且无法取消），单击【下一步】按钮，如图 9-13 所示。

④ 根据实际需要选择指定的备份时间，可以是每日一次，也可以是每日多次，这里选择【每日多次】，单击【下一步】按钮，如图 9-14 所示。

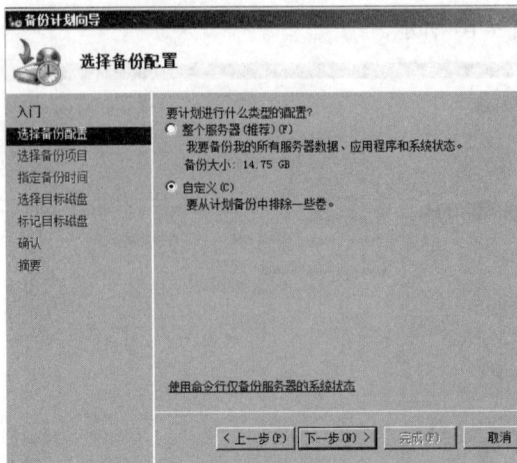

图 9-12　自定义备份

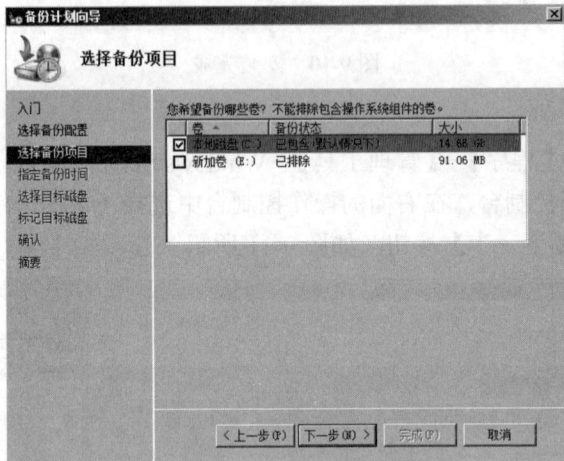

图 9-13　选择备份项目

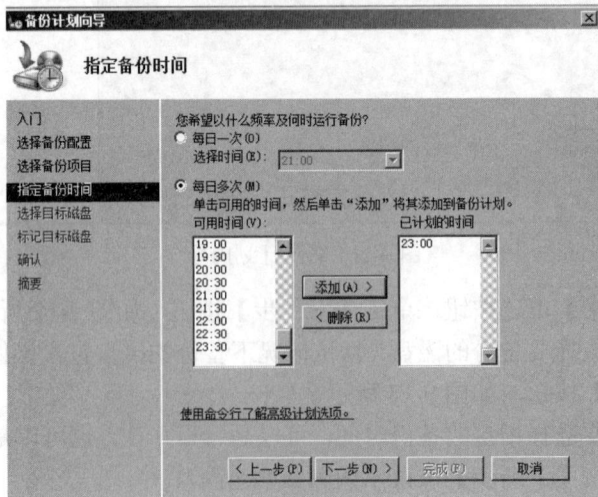

图 9-14　指定备份时间

⑤ 选择备份的目标磁盘，如果没有显示磁盘，单击【显示所有的可用磁盘】按钮，选择您的目标磁盘即可，单击【下一步】按钮，如图 9-15 所示。

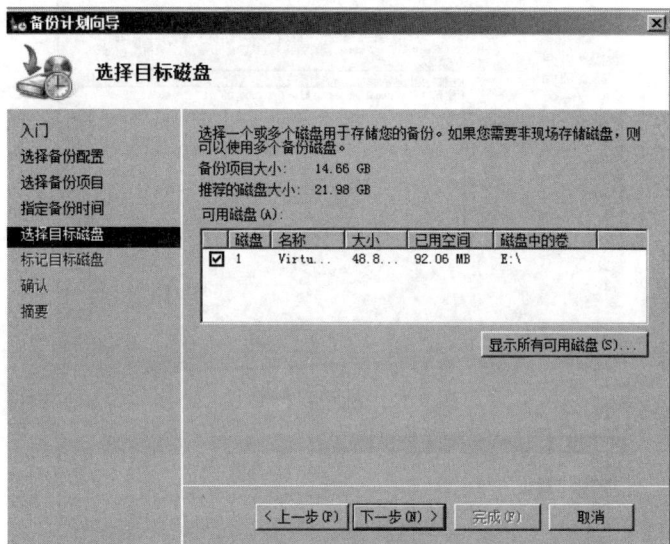

图 9-15 选择目标磁盘

⑥ 弹出警告信息对话框，意思就是要对您选择的目标磁盘进行格式化，如果目标磁盘上有重要数据不需要进行格式化，请单击【否】按钮，如图 9-16 所示。

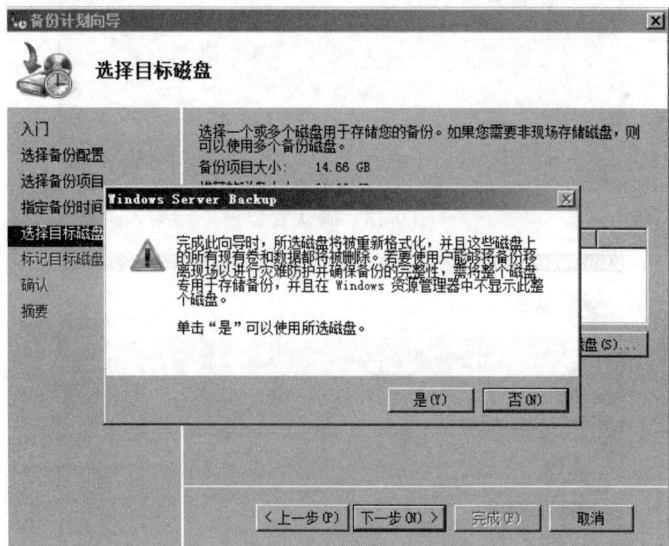

图 9-16 警告信息对话框

⑦ 标记目标磁盘，Windows Server Backup 会分给目标磁盘一个包含计算机名、当前日期、当前时间的名称，单击【下一步】按钮，如图 9-17 所示。

⑧ 确认，如图 9-18 所示，单击【完成】按钮，系统会开始格式化磁盘。

⑨ 开始格式化磁盘，如图 9-19 所示，格式化完成以后单击【关闭】按钮。

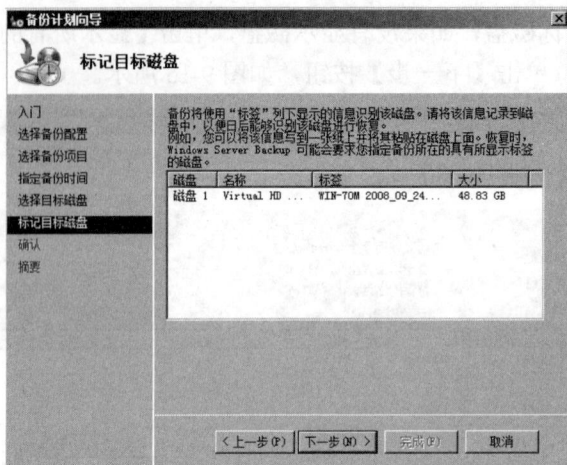

图 9-17　标记目标磁盘

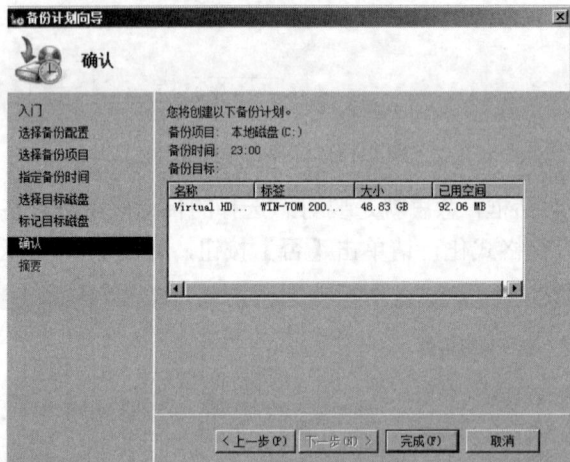

图 9-18　确认安装

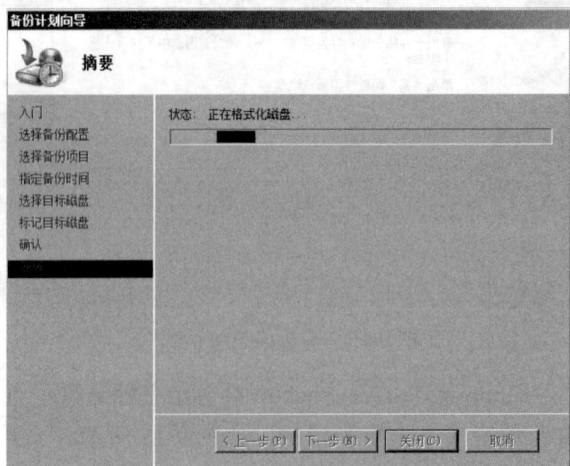

图 9-19　正在格式化磁盘

磁盘格式化完成以后，我们发现该磁盘在 Windows 系统的资源管理器里是看不到的，如图 9-20 所示，这是为了防止数据意外丢失。

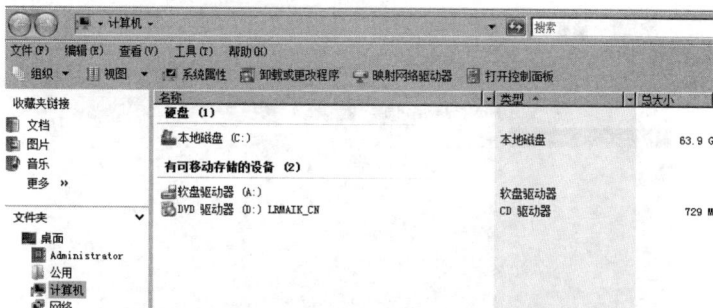

图 9-20　格式化完成后

到指定的备份时间后我们可以在 Windows Server Backup 的控制台上看到正在进行的作业，如图 9-21 所示。

图 9-21　正在进行的作业

备份成功界面如图 9-22 所示。

图 9-22　备份成功界面

如果要停止现有的备份计划，需要单击操作控制台的【计划的备份设置】，选择【停止备份】，如图 9-23 所示。

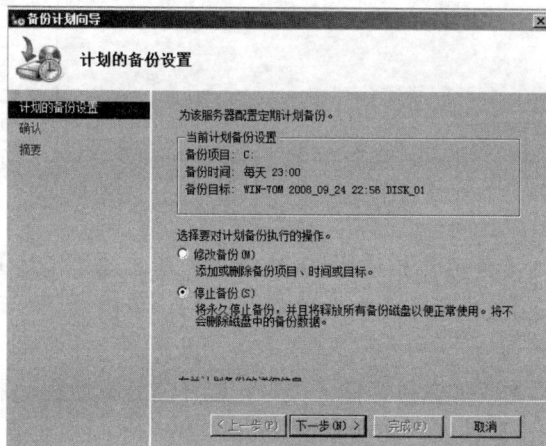

图 9-23　停止备份

单击【下一步】按钮，如图 9-24 所示。

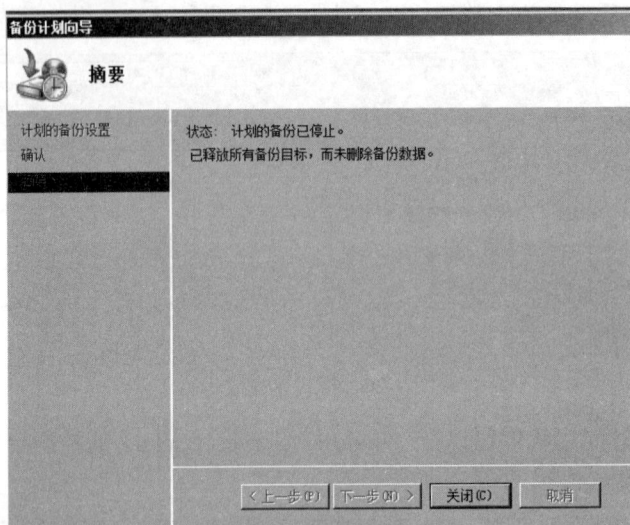

图 9-24　备份停止成功

（3）手工备份

① 选择操作控制台的【一次性备份】，弹出【一次性备份向导】对话框，如图 9-25 所示，单击【下一步】按钮。

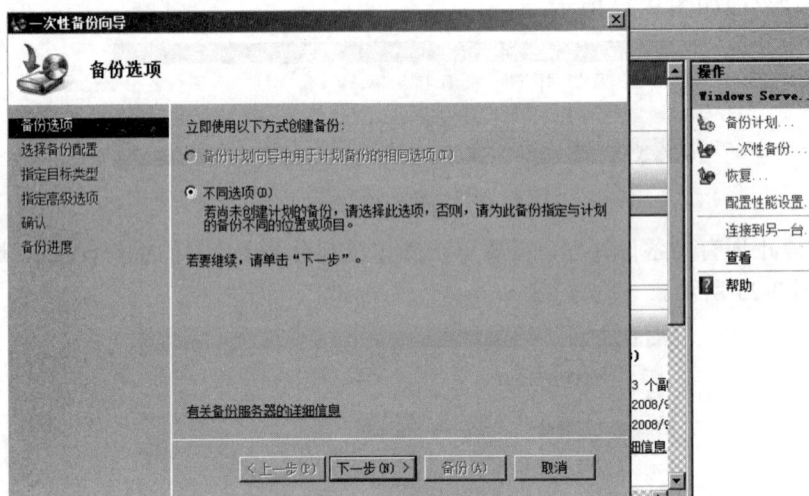

图 9-25　一次性备份向导

② 选择备份配置为【自定义】，如图 9-26 所示，单击【下一步】按钮。

③ 选择备份项目，这里选择【本地磁盘（C:）】，单击【下一步】按钮，如图 9-27 所示。

④ 指定目标类型，为备份选择存储的类型，选择的是本地驱动器，也可以是远程的共享文件夹，单击【下一步】按钮，如图 9-28 所示。

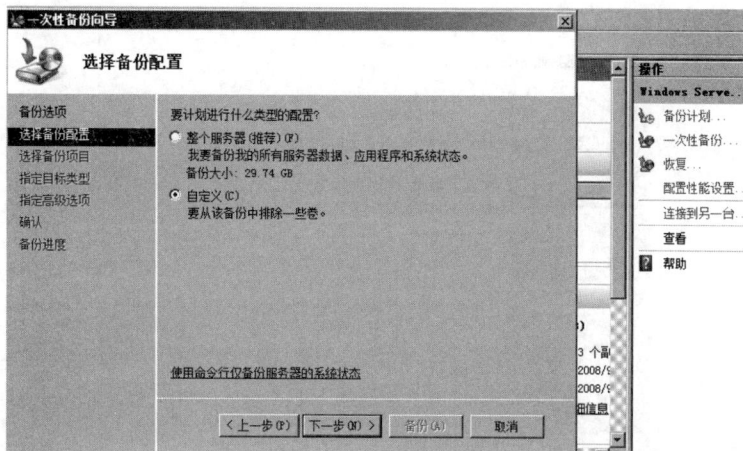

图 9-26　自定义设置

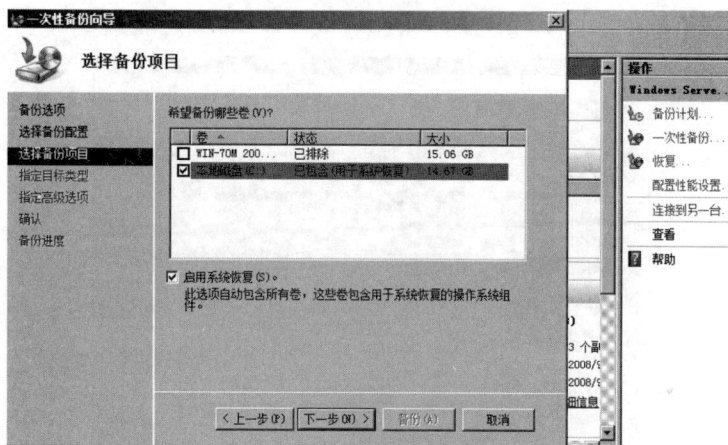

图 9-27　选择备份项目

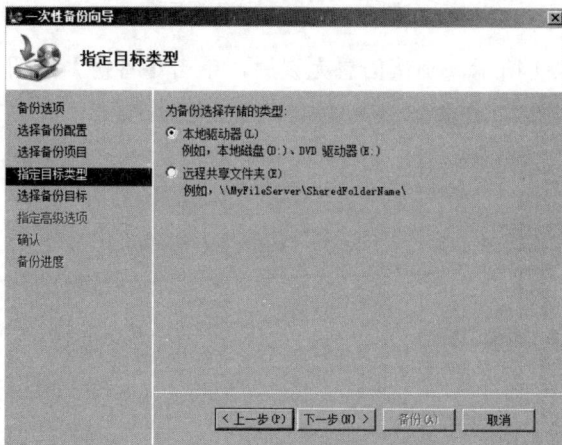

图 9-28　指定目标类型

⑤ 选择备份目标，在备份目标下拉列表框中选择合适的备份目标，如图 9-29 所示。

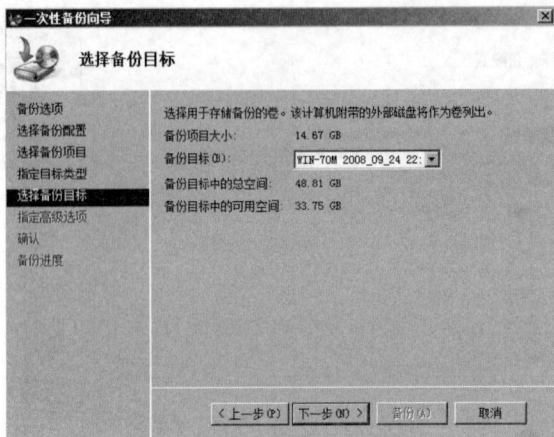

图 9-29　选择备份目标

⑥ 指定高级选项，在这里选择【VSS 完整备份】，如图 9-30 所示。

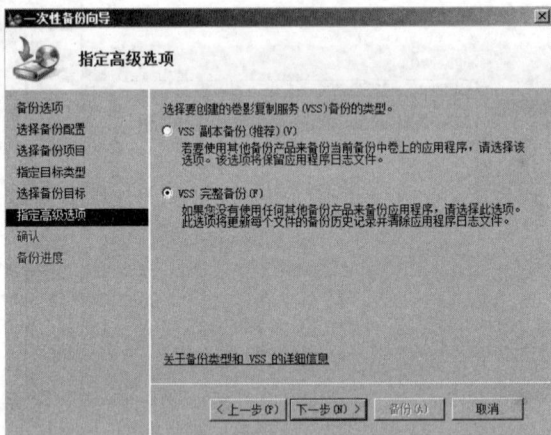

图 9-30　指定高级选项

⑦ 确认，如图 9-31 所示，确认信息无误后，单击【备份】按钮。

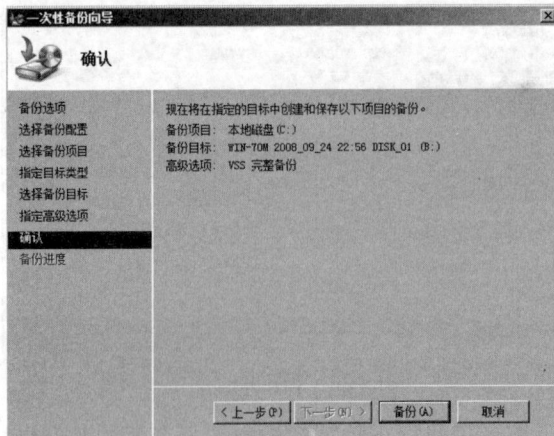

图 9-31　确认界面

⑧ 在【操作控制台】可以看到备份成功的记录信息，如图 9-32 所示。

图 9-32 备份成功

（4）恢复文件

① 单击【操作控制台】的【恢复】选项卡，弹出【恢复向导】对话框，选择恢复数据的服务器，这里选择【此服务器】，单击【下一步】按钮，如图 9-33 所示。

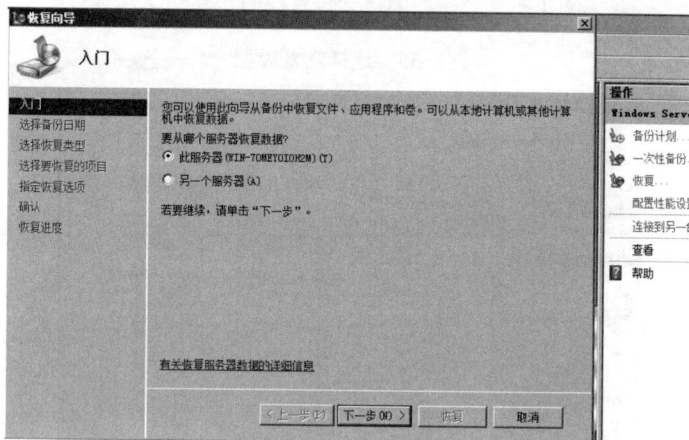

图 9-33 恢复向导

② 选择备份日期，选择用于恢复的备份日期，单击【下一步】按钮，如图 9-34 所示。

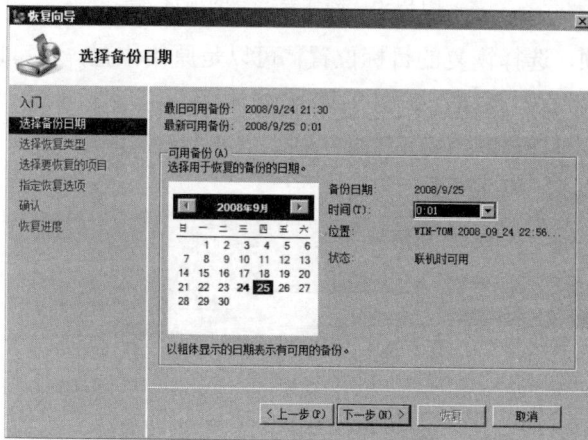

图 9-34 选择备份日期

③ 选择恢复类型，即要恢复什么内容，并单击【下一步】按钮，如图 9-35 所示。

④ 选择要恢复的项目，从树状结构图中选择要恢复的文件或文件夹，单击【下一步】按钮，如图 9-36 所示。

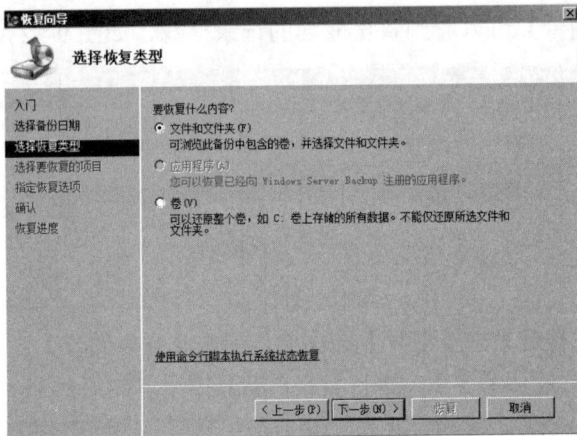

图 9-35　选择恢复类型

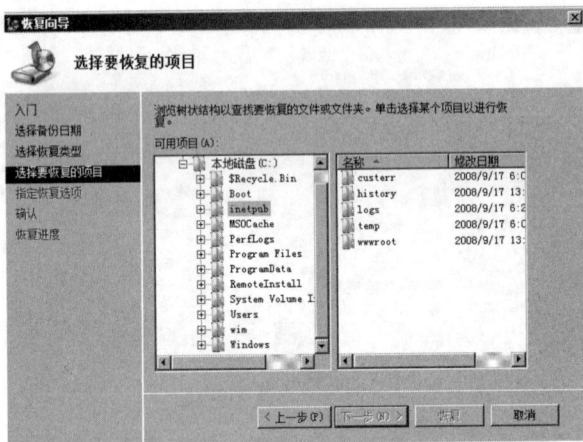

图 9-36　选择要恢复的项目

⑤ 指定恢复选项，选择恢复的目标位置，可以是原始位置，也可以通过【浏览】选择目标位置，单击【下一步】按钮，如图 9-37 所示。

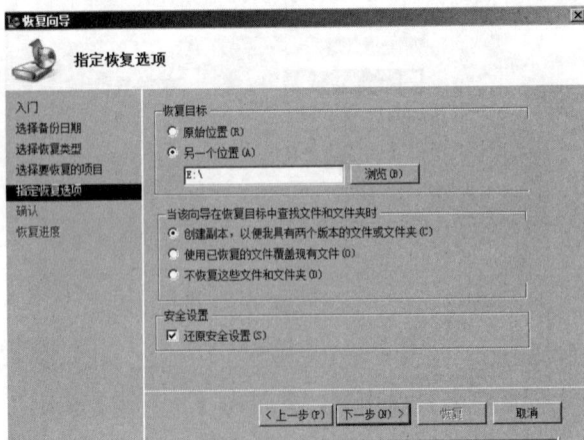

图 9-37　指定恢复选项

⑥ 确认各选项，如需修改单击【下一步】按钮，否则单击【恢复】按钮，如图 9-38 所示。

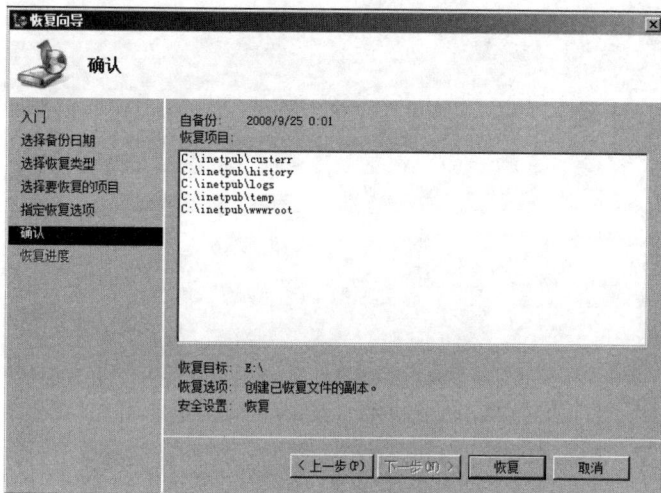

图 9-38　确认界面

⑦ 在图 9-39 可以看到成功恢复的日志。

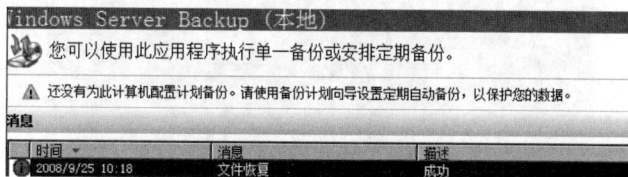

图 9-39　成功恢复的日志

在图 9-40 所示的界面中，可以看到恢复在 E 盘的数据。

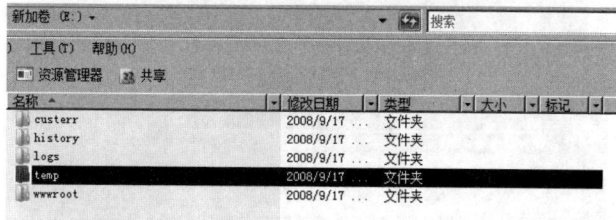

图 9-40　恢复的数据

（5）恢复操作系统

① 插入 Windows Server 2008 的安装恢复光盘，重新启动计算机，从光驱启动，出现图 9-41 的安装界面后，单击【下一步】按钮。

② 选择左下角的【修复计算机】选项，如图 9-42 所示。

③ 弹出【系统恢复选项】对话框，选择修复的操作系统，这里选择 Microsoft Windows Server 2008，单击【下一步】按钮，如图 9-43 所示。

图 9-41　安装界面

图 9-42　选择修复计算机

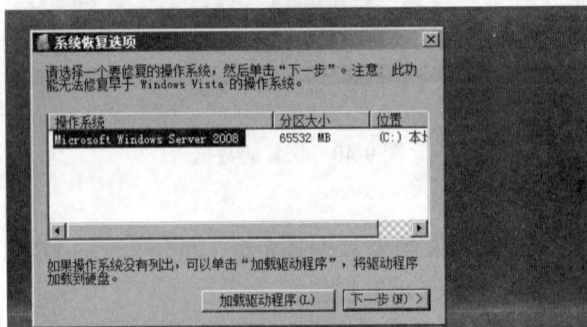

图 9-43　选择恢复的操作系统

④ 选择恢复工具，这里选择【Windows Complete PC 还原】，如图 9-44 所示。

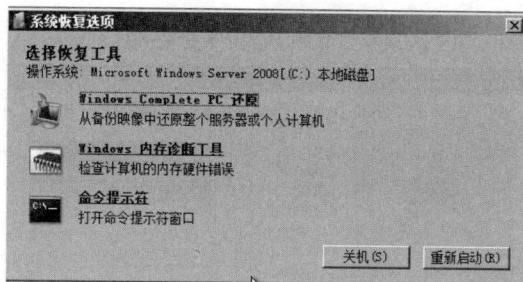

图 9-44　系统恢复选项

⑤ 选择最新的可用备份，如图 9-45 所示。

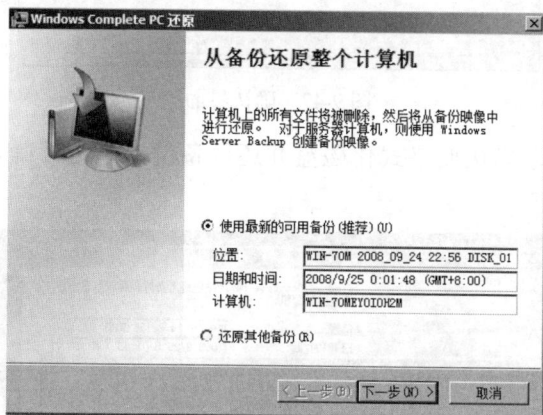

图 9-45　选择备份

⑥ 选择还原备份的方式，这里选择【格式化并重新分区磁盘】，即对这个区重新分区并重新格式化，然后单击【排除磁盘】，选择不希望被格式化的分区，包含有备份的磁盘会自动排除，如图 9-46 所示。

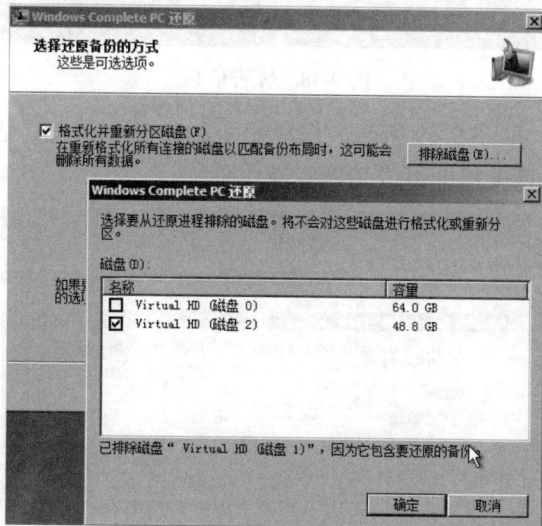

图 9-46　选择还原备份的方式

⑦ 出现图 9-47 所示的确认界面，单击【完成】按钮。

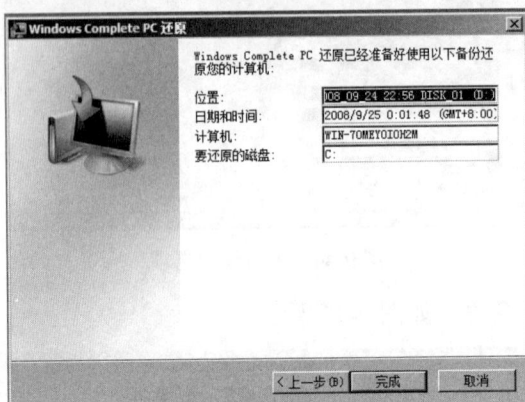

图 9-47 确认界面

⑧ 出现警告信息，确认要格式化磁盘并还原备份，单击【确定】按钮，如图 9-48 所示。

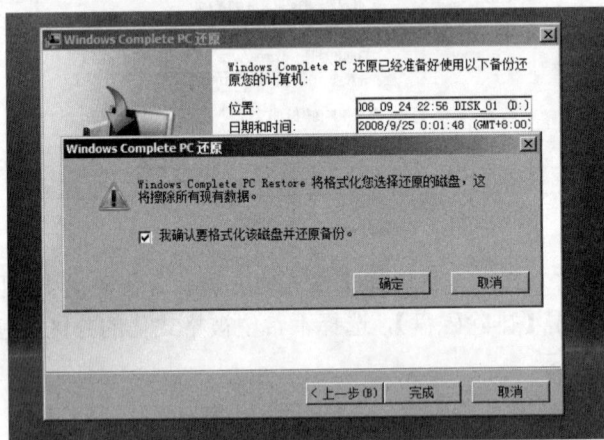

图 9-48 警告信息

⑨ 开始还原磁盘，如图 9-49 所示。出现如图 9-50 所示界面，表示还原备份完成，可以选择重新启动计算机或关机即可成功恢复操作系统。

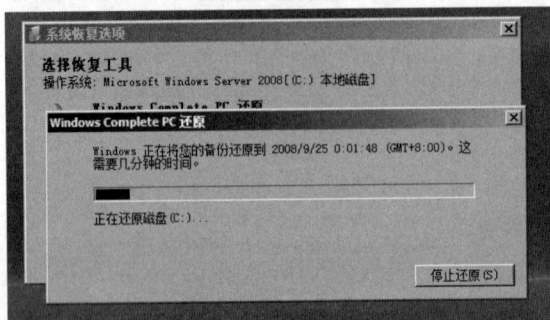

图 9-49 开始还原磁盘

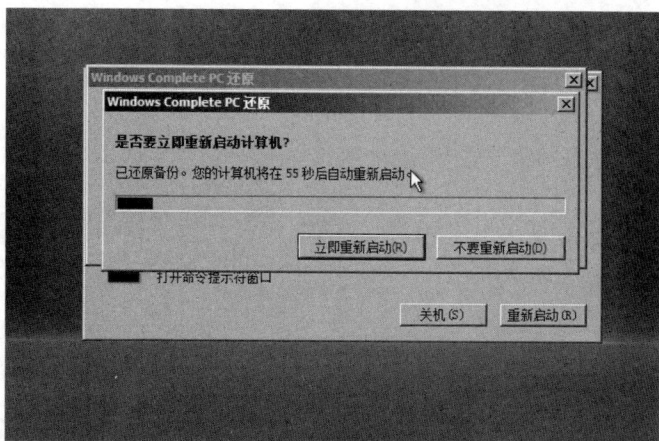

图 9-50　还原备份完成界面

附录 A
VMware Workstation 8 的简明使用教程

知识点、技能点

➢ VMware Workstation 简介和特点
➢ 虚拟机的网络设备与网络结构
➢ 虚拟机的使用

学习要求

➢ 了解 VMware Workstation 简介和特点
➢ 掌握和了解虚拟机的网络设备与网络结构
➢ 掌握和了解虚拟机的使用

教学基础要求

➢ 掌握虚拟机的网络设备与网络结构
➢ 掌握虚拟机的使用

A.1　VMware Workstation 简介

VMware Workstation（简称为 VMware）是一款功能强大的计算机桌面虚拟软件，给用户提供可在单一桌面上同时运行不同的操作系统以及开发、测试、部署新的应用程序的最佳解决方案。VMware Workstation 可在一台实体计算机上模拟完整的网络环境以及便于携带的虚拟机器，其更强的灵活性与先进的技术胜过了市面上其他的虚拟计算机软件。对于企业的 IT 开发人员和系统管理员而言，VMware 在虚拟网络、实时快照、拖曳共享文件夹、支持 PXE 等方面的特点使它成为计算机必不可少的一个工具。

A.2　VMware Workstation 特点

VMware Workstation 允许操作系统（OS）和应用程序（Application）在一台虚拟机内部运行。虚拟机是独立运行主机操作系统的离散环境。在 VMware Workstation 中，可以在桌面上加载一台虚拟机，它可以独立运行自己的操作系统和应用程序；也可以在运行于桌面上的多台虚拟机之间切换，并通过一个网络共享虚拟机（例如一个公司局域网），挂起、恢复以及退出虚拟机都不会影响你的主机操作系统或其他应用程序。

A.3　虚拟机的网络设备与网络结构

Vmware 中有三种网络结构：桥接网络、NAT（Network Address Translation）网络、Host-Only 网络。网络的组成自然离不开网络设备，所以首先来认识下 Vmware 虚拟机的虚拟网络设备。

VMware 的几个虚拟网络设备：

- ☑ VMnet0，是 VMware 用于虚拟桥接网络下的虚拟交换机。
- ☑ VMnet1，是 VMware 用于虚拟 Host-Only 网络下的虚拟交换机。
- ☑ VMnet8，是 VMware 用于虚拟 NAT 网络下的虚拟交换机。
- ☑ VMware Network Adapter VMnet1，是 Host 用于与 Host-Only 虚拟网络进行通信的虚拟网卡。
- ☑ VMware Network Adapter VMnet8，是 Host 用于与 NAT 虚拟网络进行通信的虚拟网卡。

A.3.1　桥接网络

桥接网络的网络如图 A-1 所示。

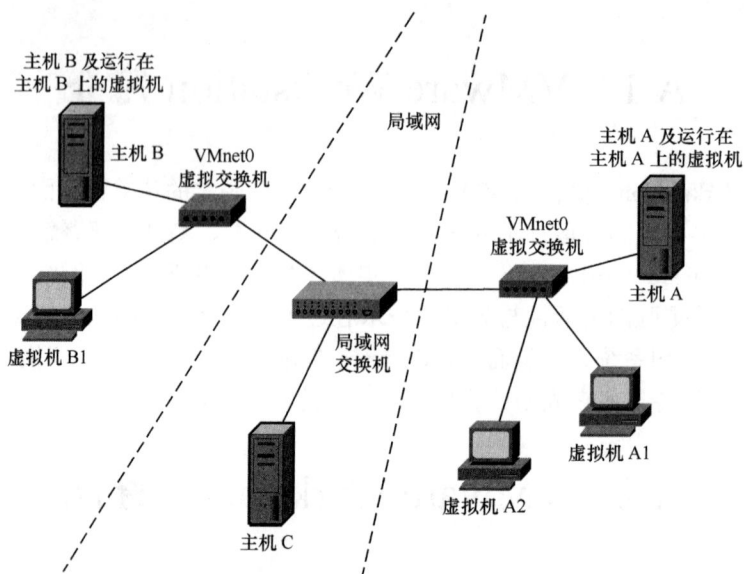

图 A-1　桥接方式网络结构

　　Host（宿主计算机）的物理网卡和 Guest（虚拟计算机）的网卡在 VMnet0 交换机上通过虚拟网桥进行桥接，也就是说，物理网卡和 Guest 的虚拟网卡（这个虚拟网卡不等于VMware Network Adapter VMnet1 或者 VMware Network Adapter VMnet8）处于同等地位，此时的 Guest 就好像 Host 所在的一个网段上的另外一台机器。Host 的物理网卡配置如下：

```
Ethernet adapter 本地连接:
Connection-specific DNS Suffix :
Description . . . . . . . . . . : Broadcom NetXtreme 57xx Gigabit Controller
Physical Address. . . . . . . . : 00-1A-A0-A9-DC-1B
Dhcp Enabled. . . . . . . . . . : No
IP Address. . . . . . . . . . . : 192.168.0.2
Subnet Mask . . . . . . . . . . : 255.255.255.0
Default Gateway . . . . . . . . : 192.168.0.1
```

　　如果 Host 物理网卡的 IP 地址为手工指定方式，网关为 192.168.0.1，那么 Guest 应该和Host 处于同一个网段，它的配置为：

```
Ethernet adapter Bridged:
Connection-specific DNS Suffix. :
Description . . . . . . . . . . : Broadcom NetXtreme 57xx Gigabit Controller
Physical Address. . . . . . . . : 00-1A-A0-A9-DC-1B
Dhcp Enabled. . . . . . . . . . : No
IP Address. . . . . . . . . . . : 192.168.0.10
Subnet Mask . . . . . . . . . . : 255.255.255.0
Default Gateway . . . . . . . . : 192.168.0.1
```

　　同样，Guest 的 IP 地址也为手工指定方式，网关也为 192.168.0.1，这样的话，IP 地址为 192.168.0.2 的 Host 和 IP 地址为 192.168.0.10 的 Guest 就可以互通了。

Ethernet adapter Bridged:
Connection-specific DNS Suffix. :
Description . . . . : Broadcom NetXtreme 57xx Gigabit Controller
Physical Address. . . . . : 00-1A-A0-A9-DC-1B
Dhcp Enabled. . . . . : No
IP Address. . . . . : 192.168.0.10
Subnet Mask . . . . : 255.255.255.0
Default Gateway . . . . : 192.168.0.1

Pinging 192.168.100.10 with 32 bytes of data:
Reply from 192.168.100.10: bytes=32 time<1ms TTL=64
Reply from 192.168.100.10: bytes=32 time<1ms TTL=64
Reply from 192.168.100.10: bytes=32 time<1ms TTL=64
Reply from 192.168.100.10: bytes=32 time<1ms TTL=64

Ping statistics for 192.168.100.10:
Packets: Sent = 4, Received = 4, Lost = 0 (0% loss),
Approximate round trip times in milli-seconds:
Minimum = 0ms, Maximum = 0ms, Average = 0ms

当然，Guest 所配置的 IP 地址一定要在 192.168.0 网段没有被占用，而且网络管理员允许使用该 IP 地址。如果在 192.168.0 网段，存在 DHCP 服务器，那么 Host 和 Guest 都可以把 IP 地址获取方式设置为 DHCP 方式。

A.3.2　NAT 网络

NAT 网络的网络结构如图 A-2 所示。

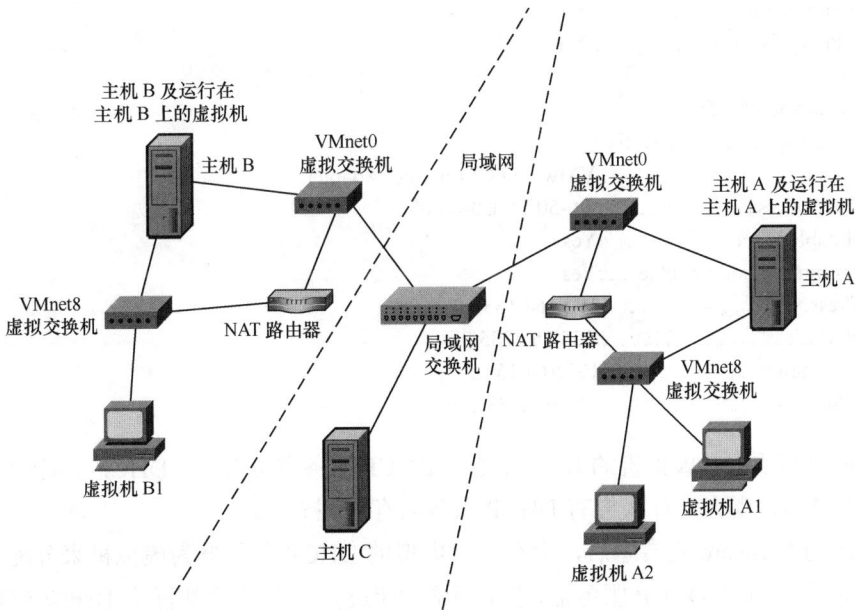

图 A-2　NAT 方式网络结构

在 NAT 网络中，会使用到 VMnet8 虚拟交换机，Host 上的 VMware Network Adapter VMnet8 虚拟网卡被连接到 VMnet8 交换机上，来与 Guest 进行通信，但是 VMware Network Adapter VMnet8 虚拟网卡仅仅是用于和 VMnet8 网段通信用的，它并不为 VMnet8 网段提供路由功能，处于虚拟 NAT 网络下的 Guest 是使用虚拟的 NAT 服务器来连接 Internet 的。VMware 功能非常强大，在 NAT 网络下，我们甚至可以使用 Port Forwarding 功能来把 Host 的某一个 TCP 或者 UDP 端口映射到 Guest 上。VMware Network Adapter VMnet8 虚拟网卡的 IP 地址配置如下：

```
Ethernet adapter VMware Network Adapter VMnet8:
Connection-specific DNS Suffix . :
Description . . . . . . . . . . : VMware Virtual Ethernet Adapter for VMnet8
Physical Address. . . . . . . . : 00-50-56-C0-00-08
Dhcp Enabled. . . . . . . . . : No
IP Address. . . . . . . . . . : 192.168.153.1
Subnet Mask . . . . . . . . . : 255.255.255.0
Default Gateway . . . . . . . :
```

IP 地址是手工填写的，是 VMware 在安装的时候自动随机指定的一个 IP 地址（注意，不要修改 VMware Network Adapter VMnet8 虚拟网卡所在的网络 ID，这样会导致 Host 和 Guest 无法通信）。如果 NAT 网络的虚拟机的 IP 地址也为 192.168.153.0 这个网段，其 IP 地址配置为：

```
Windows IP Configuration
Host Name . . . . . . . . . . . . . : Lineage
Primary Dns Suffix. . . . . . . . . :
Node Type . . . . . . . . . . . . . : Unknown
IP Routing Enabled. . . . . . . . . : no
WINS Proxy Enabled. . . . . . . . : No

Ethernet adapter NAT:
Connection-specific DNS Suffix :
Description . . . . . . . . . . . . . : VMware PCI Ethernet Adapter
Physical Address. . . . . . . . . . .: 00-50-56-C0-00-08
Dhcp Enabled. . . . . . . . . . . . : Yes
Autoconfigureration Enanble. . . :Yes
IP Address. . . . . . . . . . . . . : 192.168.153.10
Subnet Mask . . . . . . . .. . . . .: 255.255.255.0
Default Gateway . . . . . . . . . . . :192.168.153.2
DHCP Server. . . . . . . . . . . . . :192.168.153.254
```

从上面可以看到，虚拟机的 IP 地址是由 DHCP 服务器分配的。DHCP 服务器的地址为 192.168.153.254，那么为什么会有 DHCP 服务器存在呢？

这是因为 VMware 安装之后，会有一台虚拟的 DHCP 服务器为虚拟机来分配 IP 地址，你可以 ping 命令连通 DHCP 服务器，但是无法访问它。这是因为实际上 DHCP 就是一个系统服务而已，选择【开始】→【运行】命令，在打开的【运行】对话框中输入 services.msc，

就会看到这个服务。Guest 的网卡和 Host 上的 VMware Network Adapter VMnet8 虚拟网卡拥有相同的网络 ID，这样在 Guest 中，用 ping 连通 Host 就没有问题了：

Pinging 192.168.153.1 with 32 bytes of data:
Reply from 192.168.153.1: bytes=32 time<1ms TTL=64
Reply from 192.168.153.1: bytes=32 time<1ms TTL=64
Reply from 192.168.153.1: bytes=32 time<1ms TTL=64
Reply from 192.168.153.1: bytes=32 time<1ms TTL=64

Ping statistics for 192.168.153.1:
Packets: Sent = 4, Received = 4, Lost = 0 (0% loss),
Approximate round trip times in milli-seconds:
Minimum = 0ms, Maximum = 0ms, Average = 0ms

有一点需要说明，在 NAT 网络中，Guest 的 Gateway 都指向 192.168.X.2，在本例中，X=153，即虚拟的 NAT 服务器的地址，这个服务器是一台虚拟的 NAT 服务器，可以用 ping 命令连通它，但是却无法访问到这台虚拟机，因为这同样只是一个服务系统。此时，Guest 和 Host 就可以实现互访了，并且如果此时 Host 已经连接到了 Internet，那么 Guest 也就可以连上 Internet。Host 上的 VMware Network Adapter VMnet8 虚拟网卡在这里扮演一个什么角色呢？它仅仅是为 Host 和 NAT 虚拟网络提供了一个通信接口，所以，即便在 Host 中 Disable 掉这块虚拟网卡，Guest 仍然是可以上网的，只是 Host 无法再访问 VMnet8 网段，也即是无法访问 Guest 而已。

A.3.3　Host-Only 网络

Host-Only 网络的网络结构如图 A-3 所示。

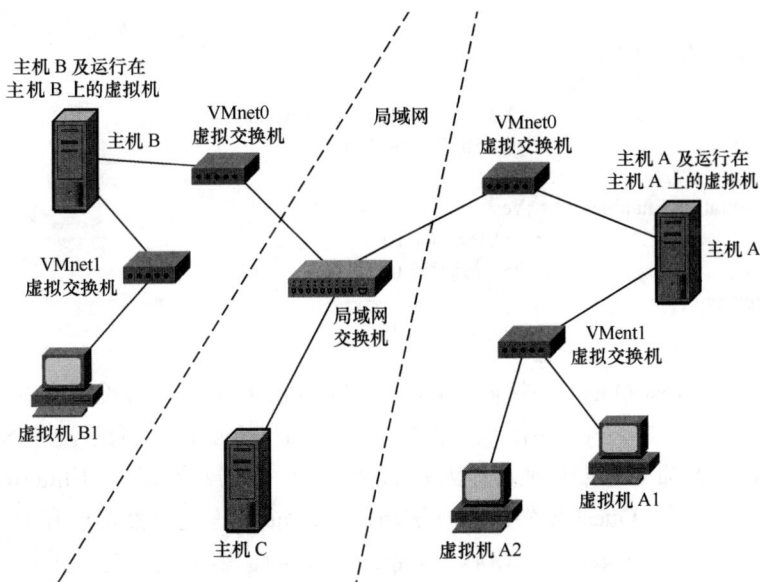

图 A-3　Host-Only 方式网络关系

　　Host-Only 网络被用来设计成一个与外界隔绝的（isolated）网络，其实 Host-Only 网络和 NAT 网络非常相似，唯一不同的是在 Host-Only 网络中，没有用到 NAT 服务，没有服务器为 VMnet1 网络做路由，当然也就无法访问 Internet，可是如果此时 Host 要和 Guest 通信怎么办呢？当然就要用到 VMware Network Adapter VMnet1 这块虚拟网卡了。

　　Host 上的 VMware Network Adapter VMnet1 虚拟网卡的配置如下（同样，IP 由 VMware 自动分配）：

```
Ethernet adapter VMware Network Adapter VMnet1:
Connection-specific DNS Suffix   . :
Description . . . . . . . . . . : VMware Virtual Ethernet Adapter for VMnet1
Physical Address. . . . . . . . : 00-50-56-C0-00-01
Dhcp Enabled. . . . . . . . . . : No
IP Address. . . . . . . . . . . : 192.168.201.1
Subnet Mask . . . . . . . . . . : 255.255.255.0
Default Gateway . . . . . . . . :
```

　　如果把 Guest 网络设置成了 Host-Only，把它的 IP 获取方式设置为 DHCP，它会在虚拟的 DHCP 服务器上拿到 IP，这个 DHCP 服务器仍然是一个虚拟的 DHCP 服务器（仅仅是一个服务系统而已）。而且此时这个 DHCP 服务器的 IP 地址仍然是 192.168.X.254，这里 X=201，因为要和 VMnet1 的网络 ID 相同。所以，Guest 所获得的 IP 和 Host 的 VMware Network Adapter VMnet1 虚拟网卡的 IP 使用同一个网络 ID：

```
Windows IP Configuration
Host Name . . . . . . . . . . . . . . . . . : Lineage
Primary Dns Suffix. . . . . . . . . . . :
Node Type . . . . . . . . . . . . . . . . : Unknown
IP Routing Enabled. . . . . . . . . . . : no
WINS Proxy Enabled. . . . . . . . . . : No

Ethernet adapter Host-Only:
Connection-specific DNS Suffix   . :
Description . . . . . . . . . . . . . . . . : VMware PCI Ethernet Adapter
Physical Address. . . . . . . . . . . . . : 00-50-58-C0-50-0d
Dhcp Enabled. . . . . . . .. . .. . . . . : Yes
Autoconfigureration Enanble. . . . . :Yes
IP Address. . . . . . . . . . . . . . . . . : 192.168.201.10
Subnet Mask . . . . . . . . . . . . . . . . : 255.255.255.0
Default Gateway . . . . . . . . . . . . . :
DHCP Server. . . . . . . .. . . . . . . . :192.168.153.254
```

　　可以看到，在 Host-Only 网络下，Guest 的 Default Gateway 被设置为 NULL，这是由于没有默认路由器为它到外部网络提供路由的缘故，即 Host-Only 网络没有 NAT 服务器。如果使用 route add 命令加某个地址作为它的路由器，它仍然不能访问 Internet（实际上也没有地址可加）。这样，Guest 虽然没有办法访问 Internet，但是仍然可以和 Host 进行通信，这是因为 Host 上的 VMware Network Adapter VMnet1 虚拟网卡起到了作用，它负责和 VMnet1 网络相连，为访问 Host-Only 网络下的 Guest 提供了通信接口。下面显示了在

Host-Only 网络中的 Guest 与 Host 的通信情况的文字信息：

```
Pinging 192.168.201.1 with 32 bytes of data:
Reply from 192.168.201.1: bytes=32 time<1ms TTL=64
Reply from 192.168.201.1: bytes=32 time<1ms TTL=64
Reply from 192.168.201.1: bytes=32 time<1ms TTL=64
Reply from 192.168.201.1: bytes=32 time<1ms TTL=64

Ping statistics for 192.168.201.1:
Packets: Sent = 4, Received = 4, Lost = 0 (0% loss),
Approximate round trip times in milli-seconds:
Minimum = 0ms, Maximum = 0ms, Average = 0ms
```

至于为何需要把 Host-Only 网络设置为没有 Default Gateway 的方式，这是 VMware 的设计使然，它的目的是建立一个与外界隔离（isolated）的网络。事实上，也可以在 Host 上来为 VMware Network Adapter VMnet1 虚拟网卡来做路由，例如，可以用 Windows 2000 的 RRAS（路由和远程访问服务器）来实现，这样，Host-Only 网络的 Guest 就又可以访问 Internet，只需使用 route add 命令把自己的 Default Gateway 指向 Host-Only 上的 VMware Network Adapter VMnet1 虚拟网卡即可，不过不推荐、也没必要这样做。

至此，介绍了 VMware 的 3 种网络，可以看到，如果想要 Guest 上网，在 3 种网络模型中，最为简单的方式就是 NAT 网络，因为它不需要任何的网卡设置，IP 地址也可以从虚拟的 DHCP 服务器来获得，要做的仅仅是把它的网络设置为 NAT 网络方式即可；至于桥接网络，因为需要额外的 IP 地址，有可能实现不了；而 Host-Only 网络需要设置 RRAS，如果主机本身没有使用 Windows 2000 操作系统，就还需要更换操作系统。

需要强调的是，如果设置了 Host-Only 网络，一定要用 RRAS 为 VMnet1 作路由，而不要用 Windows XP 或者 2000 的 ICS，因为 ICS 会自动把内网的接口地址改为 192.168.0.1 这与 VMware 为 VMware Network AdapterVMnet1 虚拟网卡分配的 192.168.0.1 的地址一样，结果导致 VMware Network Adapter VMnet1 虚拟网卡和 VMnet1 网段的网络 ID 不一致，自然，Guest 就无法和 Host 通信。

实际上经常还会遇到这样的情况：比如 VMware 为我分配的网络 ID 在将来会被我用到，或者嫌 VMware 为你分配的网络 ID 不好（比如它给你分了个 192.168.148.0 的网络 ID），那么可以通过以下方式进行修改：

（1）单击 VMware 的 Host 菜单，选择 Virtual Network Settings 命令。

（2）选择 Host Virtual Network Mapping 中 VMnet1 所在的虚拟网络，单击其按钮，在弹出的下拉菜单中选择 Subnet 命令，即可调整网络 ID。

调整之后，VMware Network Adapter VMnet1 和 VMware Network Adapter VMnet8 也需要调整到相应的网络 ID，否则，Host 和 Guest 无法通信。

初学者在使用 VMware 的时候，总是喜欢直接修改 VMware Network Adapter VMnet1 和 VMware Network Adapter VMnet8 这两块虚拟网卡的 IP 地址，以为把它们设置成与 Host 在一个网段就可以实现通信和访问 Internet，实际上修改这两块虚拟网卡，对于实现网络通信是没有帮助的。

A.4　VMWare Workstation 8 最新功能

（1）随时随地访问。VMware Workstation 提供了一种无缝的方式，无论虚拟机在什么地方运行，都能随时访问所需的所有虚拟机。从网络中的任何地方远程连接到基于 VMware Workstation、VMware vSphere 和 VMware vCenter 运行的虚拟机，不仅能充分利用本地 PC，也能充分利用内部云。

（2）共享优势。开始与团队、部门或组织中的任何人员共享虚拟化的优势。将 VMware Workstation 8 作为服务器运行，虚拟机将在注销之后继续长时间运行。这是在更接近生产的环境中测试应用程序的最便捷的方式，而且对用户访问提供企业级控制。

（3）新界面，新工作方式。如图 A-4 所示 VMware Workstation 8 用户界面已经过全面重新设计和简化，采用了经简化的菜单、更新的工具栏、文件夹视图、活动缩略图栏和新的虚拟机库。通过新的虚拟机库，可以方便地查看本地和远程虚拟机，无论是在本地 PC 上、VMware vSphere 服务器上还是网络中的其他 Workstation 8 实例上运行的虚拟机，都可以通过筛选和搜索快速找到所需的虚拟机。

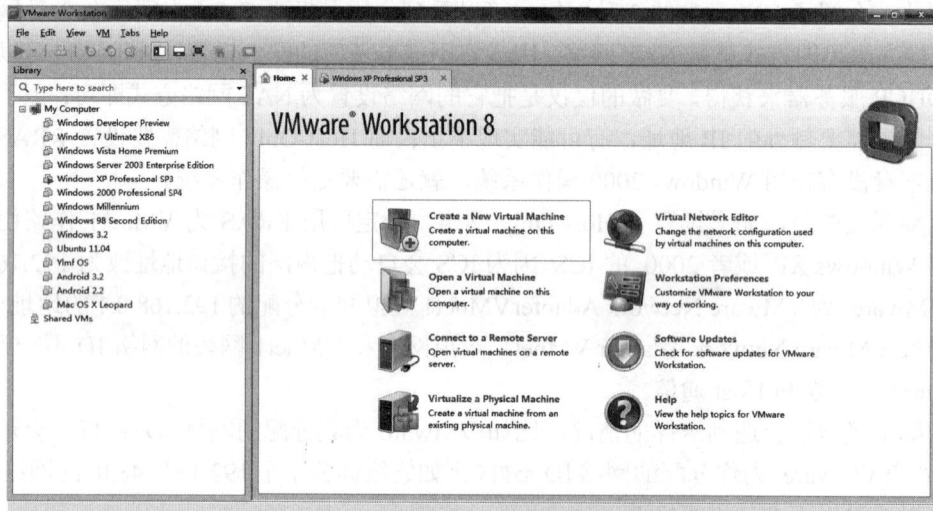

图 A-4　VMware Workstation 8 界面

（4）释放 PC 潜能。VMware Workstation 8 让借助虚拟机完成的工作继续提升一个台阶，它率先支持带 7.1 声道的高清音频、USB 3.0 和蓝牙设备。通过对虚拟 SMP、3D 图形及 64GB RAM 支持的改进，可以在虚拟机中运行大部分的应用程序。VMware Workstation 8 功能强大，可以在 VMware vSphere 上运行 64 位虚拟机，而 VMware vSphere 本身也在一个 Workstation 8 虚拟机中运行。

（5）从你的桌面到内部云。直接拖放虚拟机，就可以将其从 PC 移到 VMware vSphere 服务器上。这是从 PC 将完整的应用程序环境部署到服务器上最简单的方式，可便捷地进行进一步测试、调试或分析。

高等职业教育"十二五"规划教材

A.5　如何创建虚拟机

下面就以最新版的 VMware Workstation 8 为例来讲解如何创建虚拟机。

具体步骤如下：

（1）打开 VMware Workstation 8，在 Home 选项卡下单击 Create a New Virtual Machine，如图 A-5 所示。

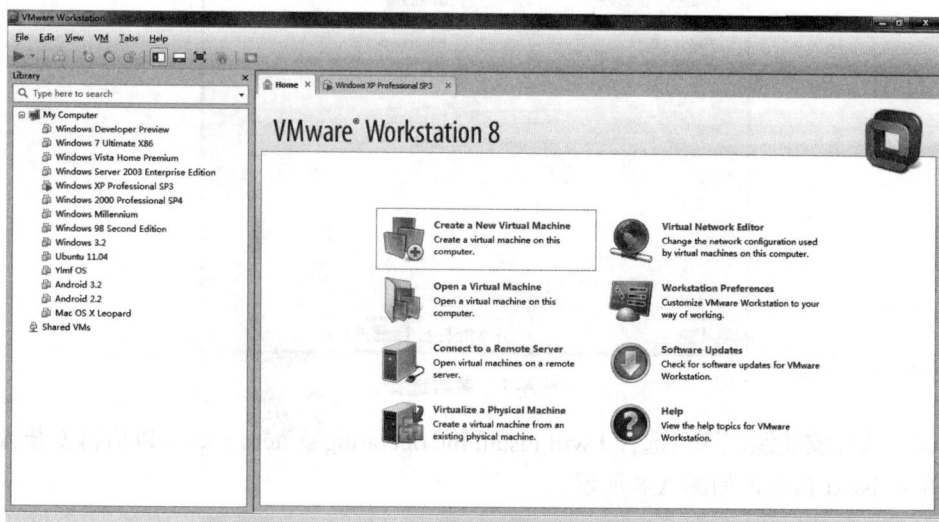

图 A-5　创建新虚拟机

（2）弹出 New Virtual Machine 对话框，选择创建类型，这里选择 Custom，然后单击 Next 按钮，如图 A-6 所示。

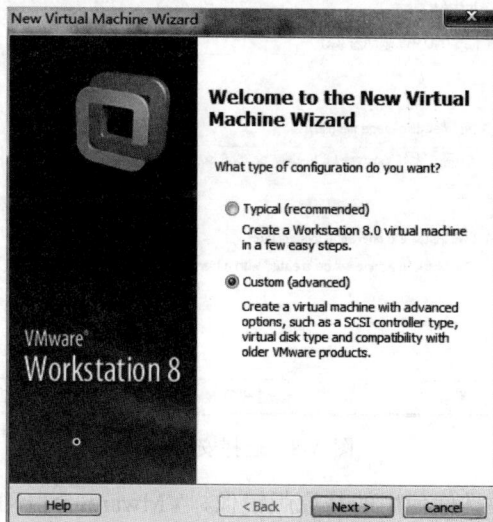

图 A-6　创建类型

（3）选择与虚拟机相兼容的硬件，这里保持默认设置，直接单击 Next 按钮，如图 A-7 所示。

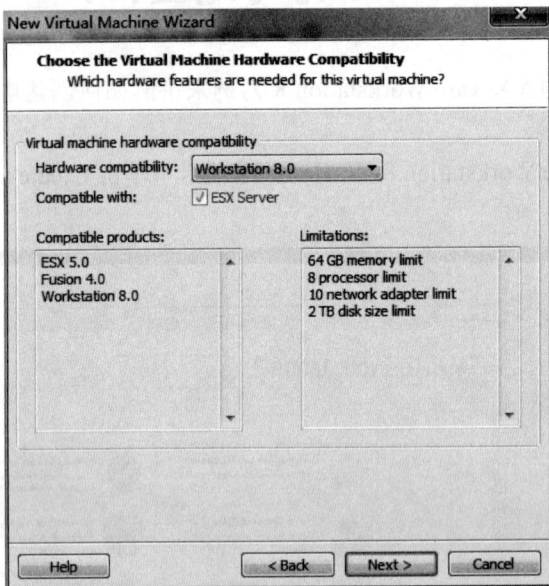

图 A-7　参数选择

（4）选择安装源，这里选择 I will install the operating system later（以后再安装操作系统），单击 Next 按钮，如图 A-8 所示。

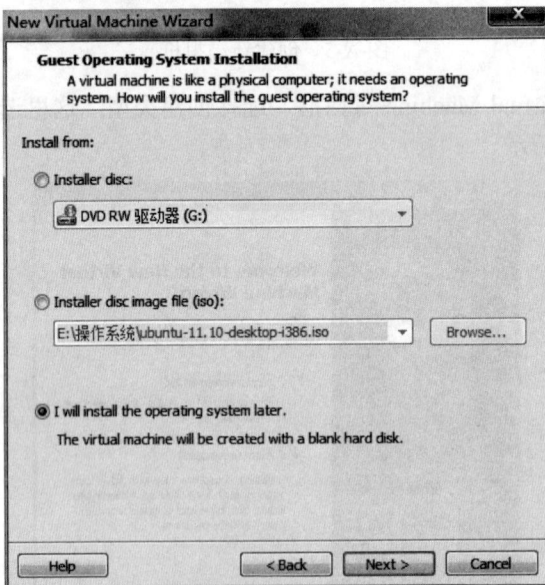

图 A-8　选择安装源

如果用前面两项，并且你使用的是原版镜像，VMware 会自动检测出来并且启用 Easy Install，因为 Easy Install 会导致别的问题，所以在此不建议使用。

（5）接下来选择操作系统类型和版本，如图 A-9 和图 A-10 所示。

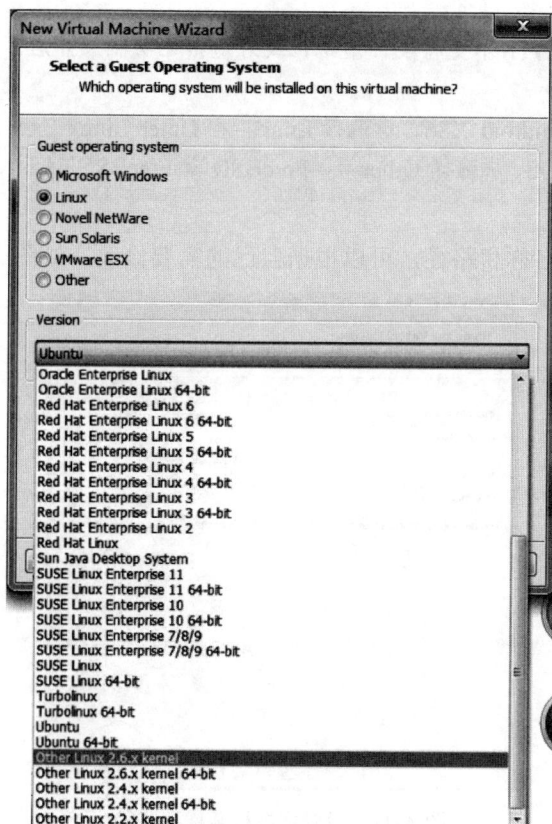

图 A-9　选择操作系统类型

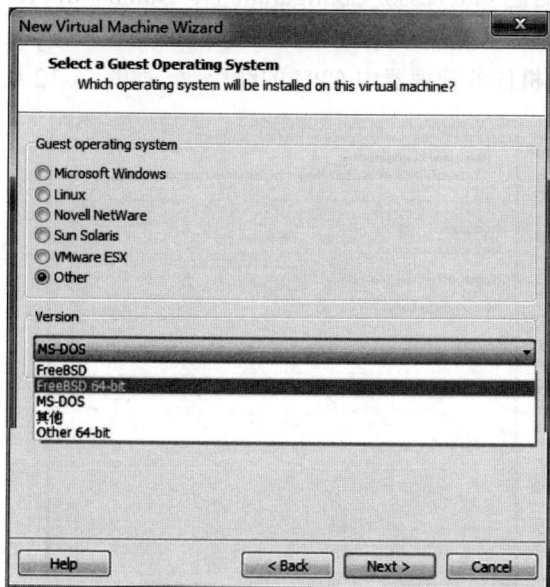

图 A-10　选择操作系统版本

注意

（1）如果你的 CPU 不支持硬件虚拟化或者虚拟化功能未开启，是不能选择虚拟 64 位系统的。

（2）如果安装 Android X86，请选择 Linux——Other Linux 2.6x Kernel，如图 A10-9 所示；如果安装 Mac OS，请选择 Other——FreeBSD 或 FreeBSD 64-bit，如图 A10-10 所示。

（6）设置虚拟机名称和路径，可以根据自己的需要修改，如图 A-11 所示。

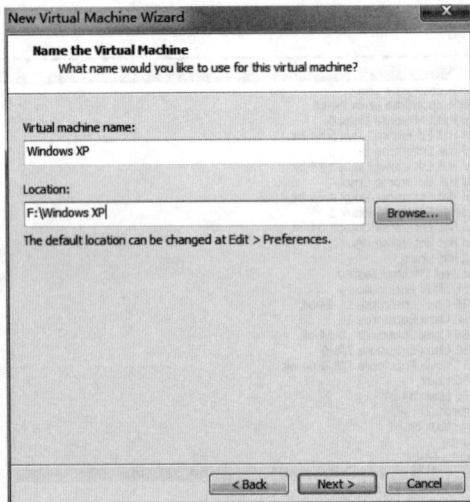

图 A-11　设置虚拟机名称和路径

（7）进行处理器配置（Precessor Configuration）。Number of Processors 是处理器数量，一般选 1 个（因为个人 PC 大部分 1 个处理器）；Number of cores per Processor 是每个处理器的核数，一般小于主机任务管理器中 CPU 的线程数，如图 A-12 所示。

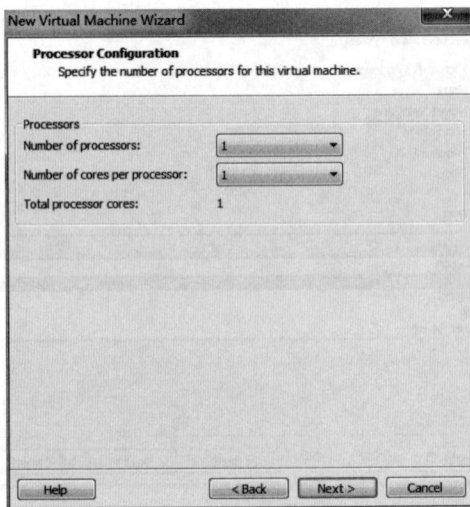

图 A-12　处理器配置

高等职业教育"十二五"规划教材

（8）设置虚拟机的内存，根据需要设置，一般按推荐值设置即可（2GB 内存的机器，虚拟内存最好不要大于 700MB；另外也不要把内存设置的高于标尺中 VM 自动标记的上限，否则会进行内存交换），然后单击 Next 按钮，如图 A-13 所示。

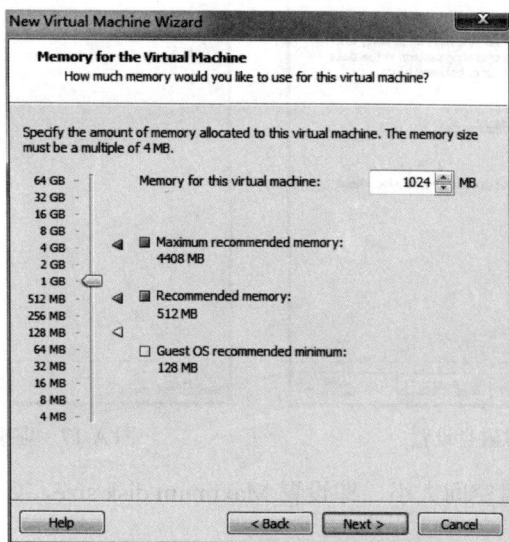

图 A-13　虚拟内存设置

（9）接下来是依次进行网络设置（如图 A-14 所示）、I/O 控制器设置（如图 A-15 所示）、虚拟磁盘设置（如图 A-16 所示）、虚拟磁盘类型设置（如图 A-17 所示），各个设置全部按默认设置即可。

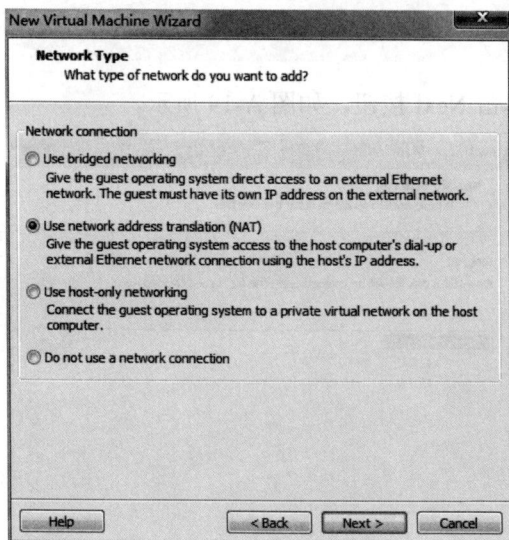

图 A-14　网络设置

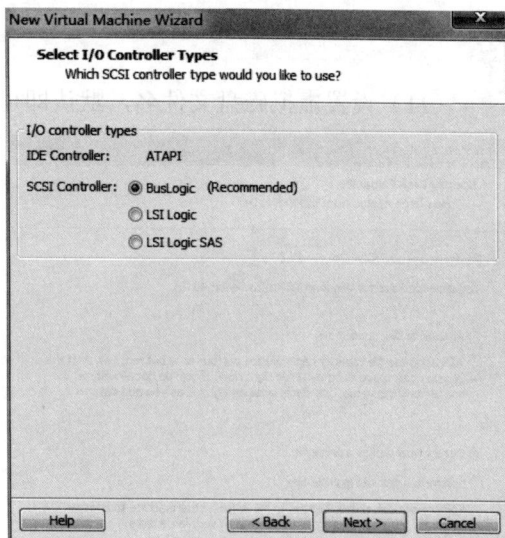

图 A-15　I/O 控制器设置

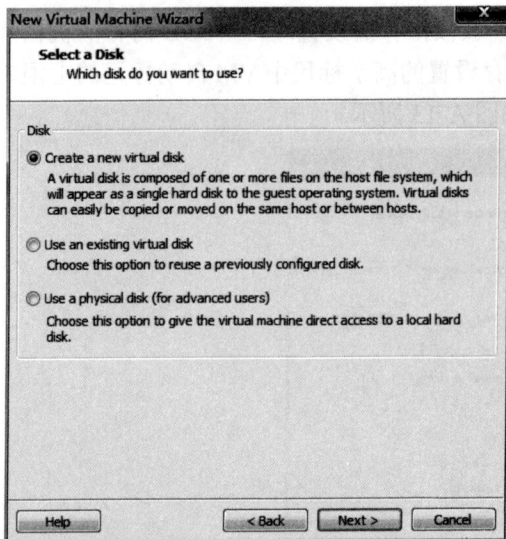

图 A-16　虚拟磁盘设置

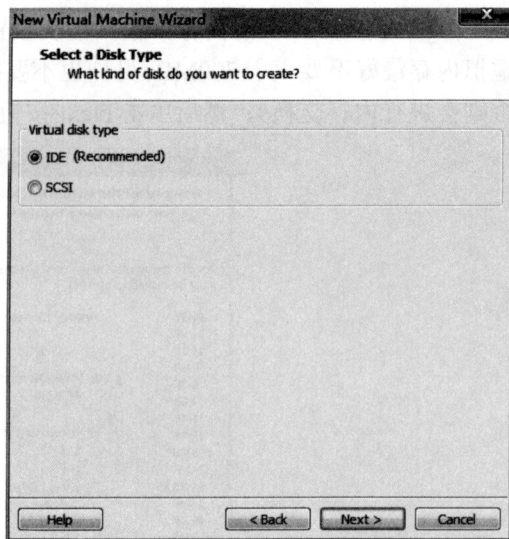

图 A-17　虚拟磁盘类型设置

（10）设置虚拟磁盘空间大小，即设置 Maximum disk size，如图 A-18 所示。

注意

（1）如果没选中 Allocate All Disk Space Now 复选框，虚拟磁盘的磁盘空间是动态的，即随着虚拟磁盘中数据的增加而变化；而如果选中该复选框，磁盘空间就始终是你设置的虚拟磁盘大小。选择可以提高虚拟磁盘的性能，前提是硬盘足够大。

（2）在两个单选按钮中强烈建议选择第一个，否则虚拟机会把虚拟磁盘拆分为多个文件，使虚拟磁盘性能下降。

（11）设置虚拟磁盘文件名，默认即可，单击 Next 按钮，如图 A-19 所示。

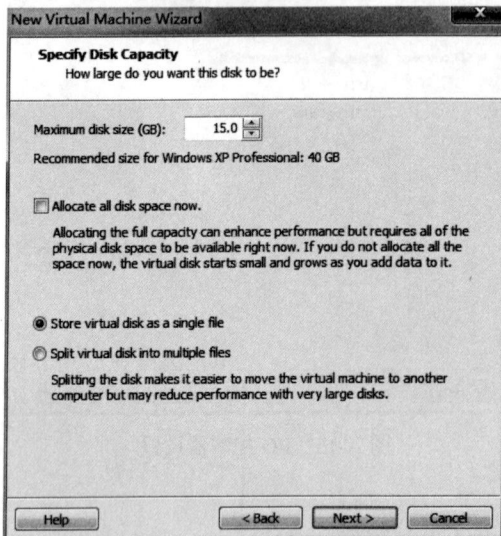

图 A-18　硬盘空间设置

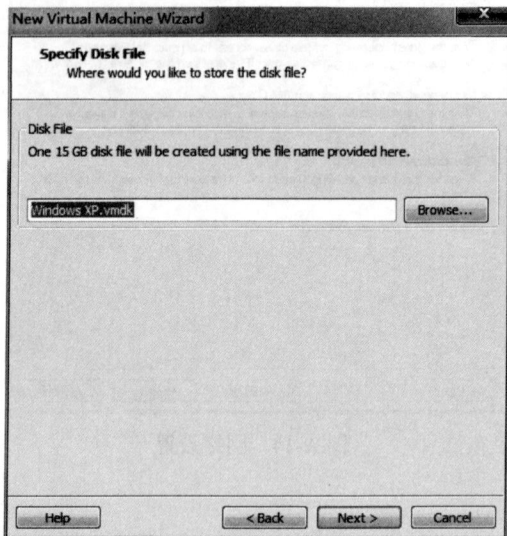

图 A-19　虚拟磁盘文件名

（12）至此虚拟机创建完成，单击 Finish 按钮退出向导，如图 A-20 所示。

创建好虚拟机后不要急着开机。因为现在的虚拟机还是个"裸机"，没有安装操作系统，所以下面就以 Windows XP 为例介绍如何在虚拟机中安装操作系统。

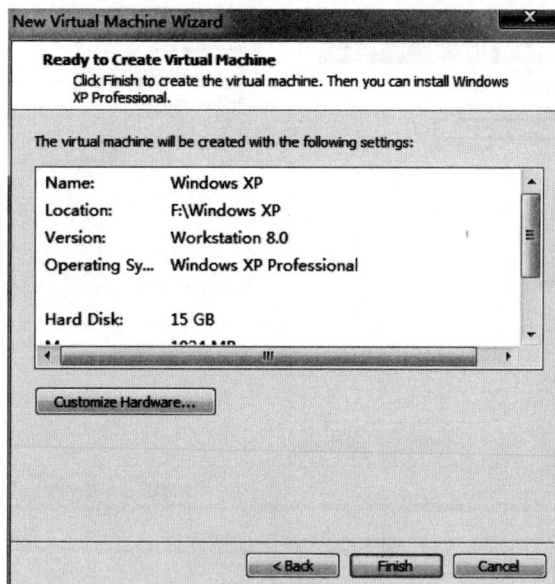

图 A-20　设置完成

A.6　如何在虚拟机中安装操作系统

以 Windows XP 为例，介绍如何在虚拟机中安装操作系统。

（1）在 VMware Workstation 主界面左侧列表单击这个虚拟机，单击 Edit virtual machine settings 按钮，如图 A-21 所示。

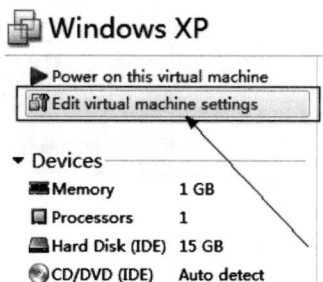

图 A-21　编辑系统参数

（2）弹出 Virtual Machine Settings 对话框，单击 Hardware 选项卡，依次选择 Floppy 和 Printer，然后单击 Remove 按钮，移除虚拟硬件，如图 A-22 所示。

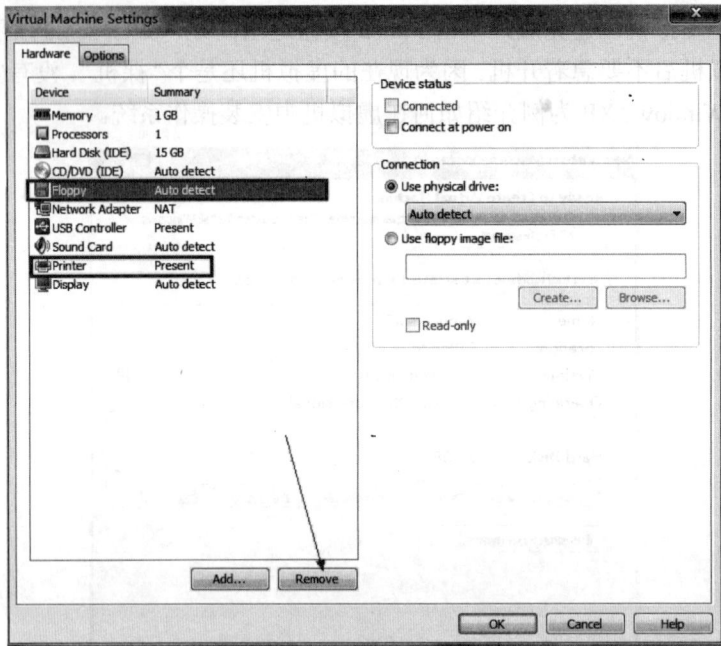

图 A-22　移除虚拟硬件

（3）选择 CD/DVD，在右边设置操作系统的安装源，可以是 Use physicaldrive（实体物理光驱），也可以是 Use ISO image file（使用 ISO 镜像文件），如图 A-23 所示。

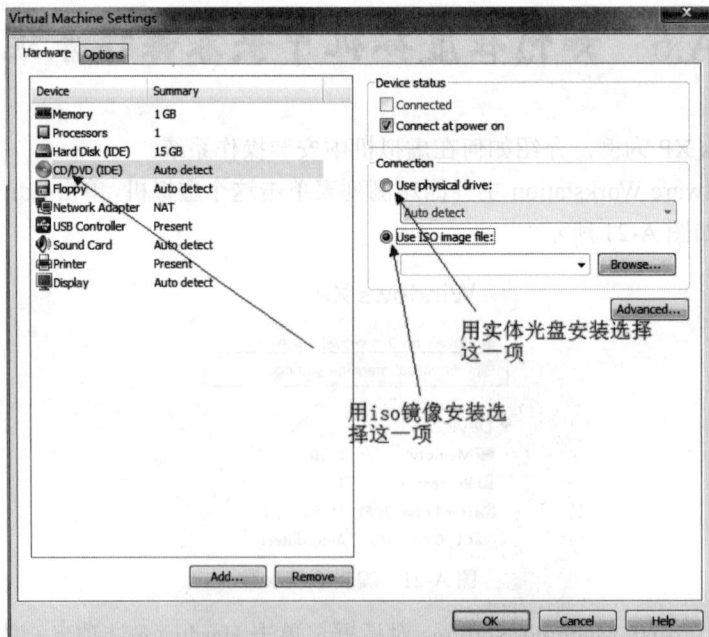

图 A-23　设置操作系统安装源

（4）选择 Use ISO image file，单击 Browse 按钮，选择要安装的操作系统的镜像文件，单击【打开】按钮，如图 A-24 所示。

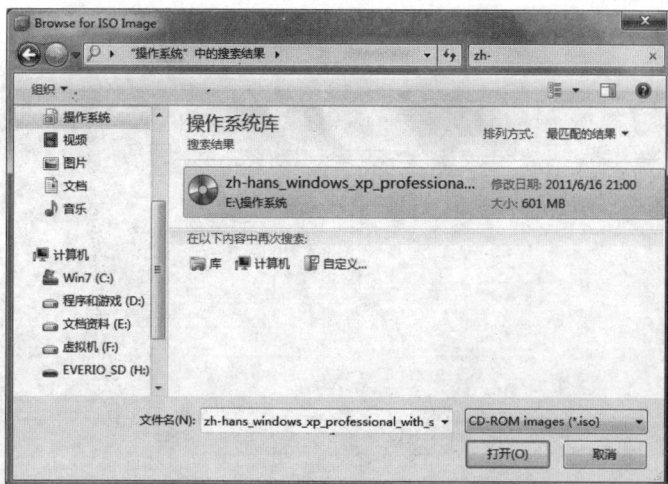

图 A-24　选择安装操作系统的镜像文件

（5）返回，单击 OK 按钮。直接单击主界面上的 Power On This Virtual Machine（如图 A-25 所示）就可以启动虚拟机安装系统了。

图 A-25　打开虚拟机电源

（6）图 A-26 所示是自动读取光盘中。

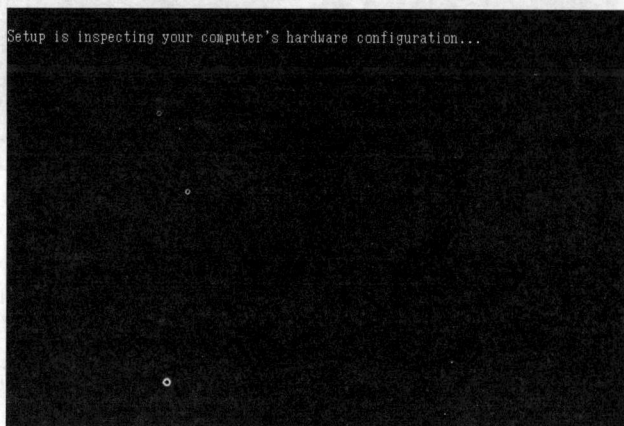

图 A-26　自动读取光盘

（7）进行操作系统安装，如图 A-27 所示。

图 A-27　系统安装

（8）进入欢迎使用安装程序界面，选择【要现在安装 Windows XP，请按 ENTER 键。】然后按 Enter 键，如图 A-28 所示。

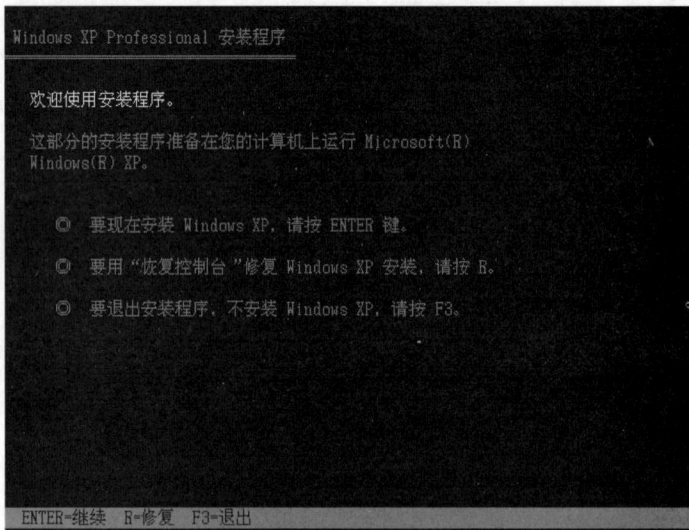

图 A-28　欢迎使用安装程序

（9）选择是否同意【Windows XP 许可协议】，按 F8 键，同意协议，如图 A-29 所示。

（10）创建磁盘分区，按字母 C 创建分区，如果有需要，按 D 键可以删除分区，如图 A-30 所示。

（11）创建磁盘分区大小，这里以"10GB=10240MB"为例，输入 10240，按 Enter 键，如图 A-31 所示。

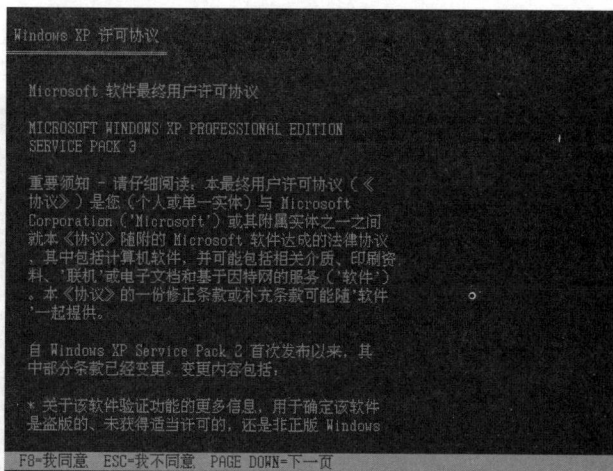

图 A-29　Windows XP 许可协议

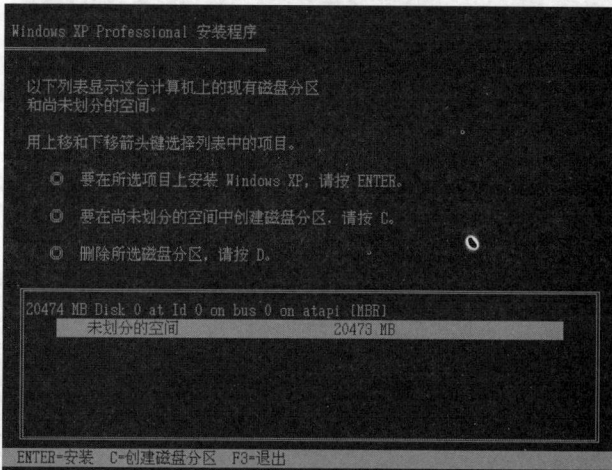

图 A-30　创建磁盘分区

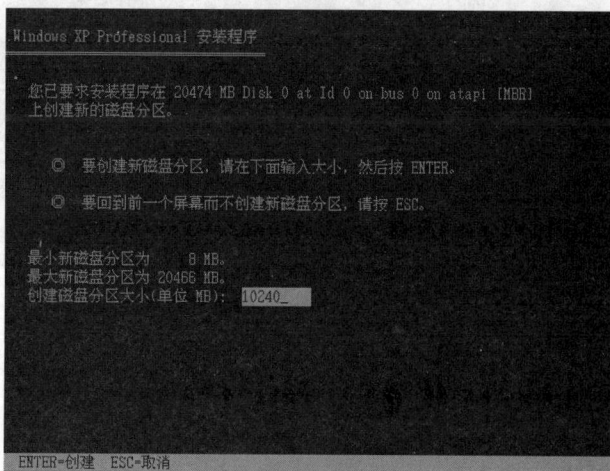

图 A-31　创建磁盘分区大小

（12）用同样的方法把剩余的【未划分的空间】分完，分区的数量自行确定。分好后选择第一个磁盘按 Enter 键，如图 A-32 所示。

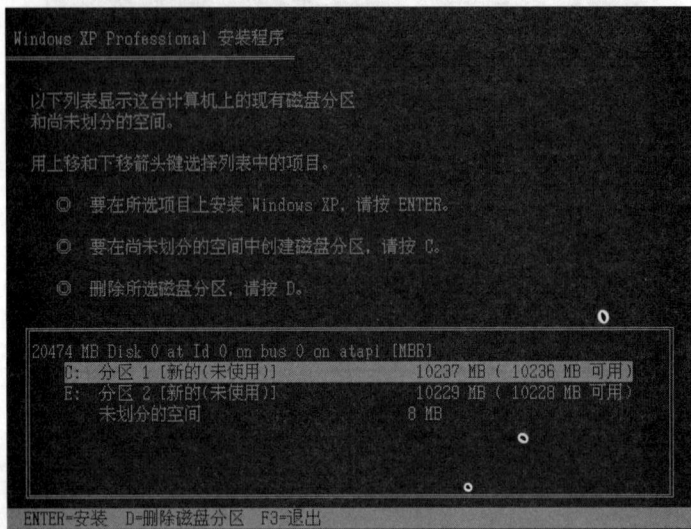

图 A-32　分区并选择安装的目标位置

（13）格式化磁盘分区，选择【用 NTFS 文件系统格式化磁盘分区（快）】，按 Enter 键，如图 A-33 所示。

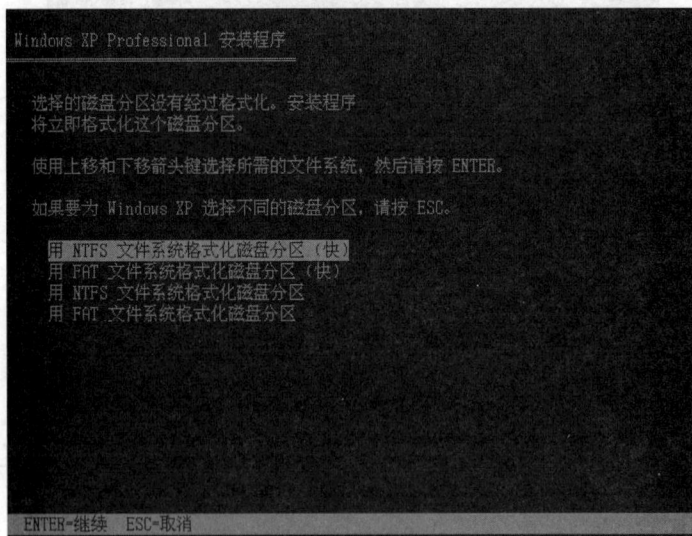

图 A-33　格式化分区

（14）格式化分区，如图 A-34 所示。

（15）复制安装文件，如图 A-35 所示。

（16）配置安装文件，如图 A-36 所示。

（17）初始化配置完成，自动重启虚拟机，如图 A-37 所示。

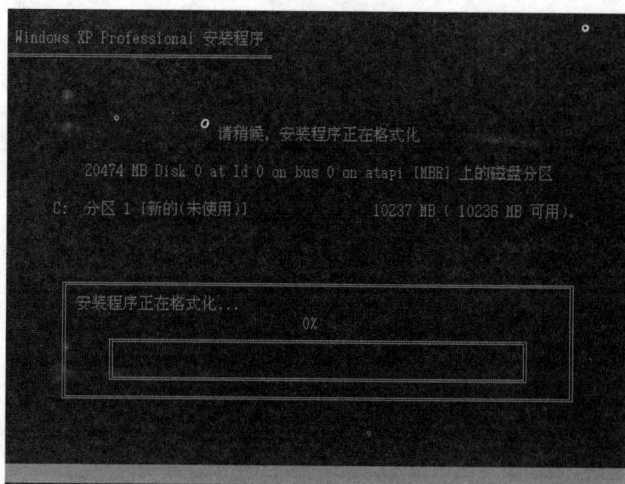

图 A-34　正在格式化

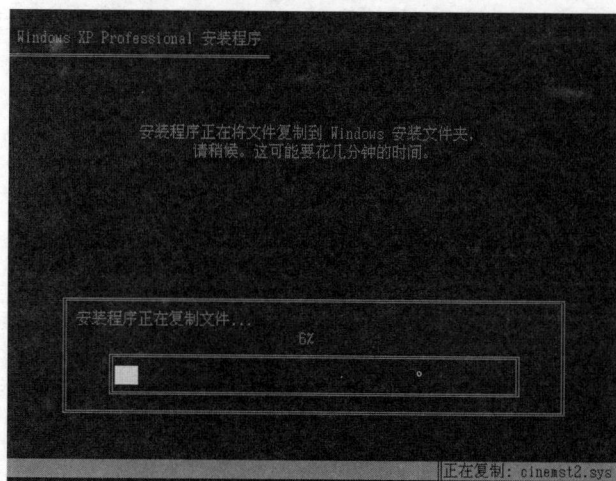

图 A-35　复制安装文件

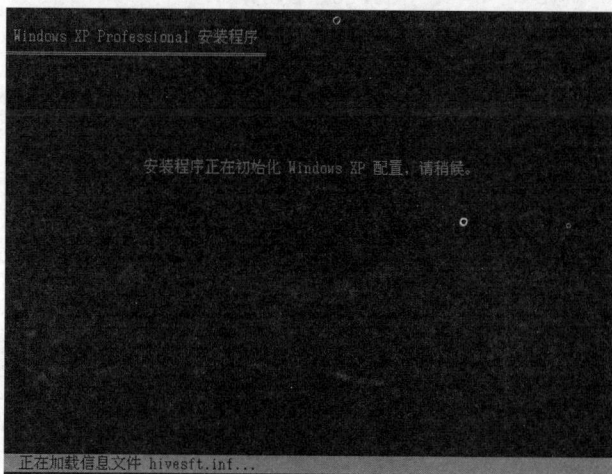

图 A-36　配置安装文件

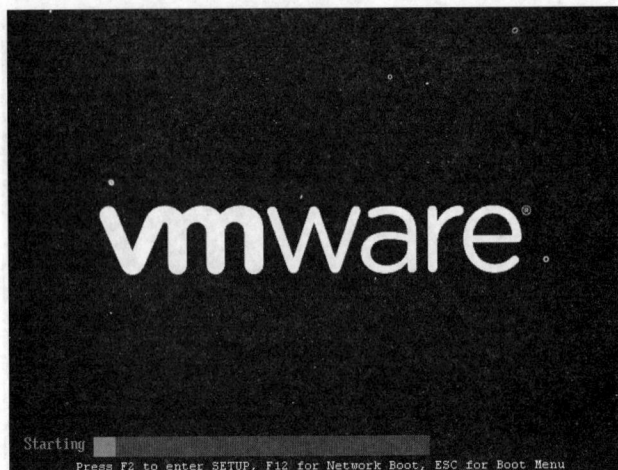

图 A-37　重新启动虚拟机

（18）重启成功后，进入自动安装，图 A-38~图 A-41 为自动安装过程中出现的界面。

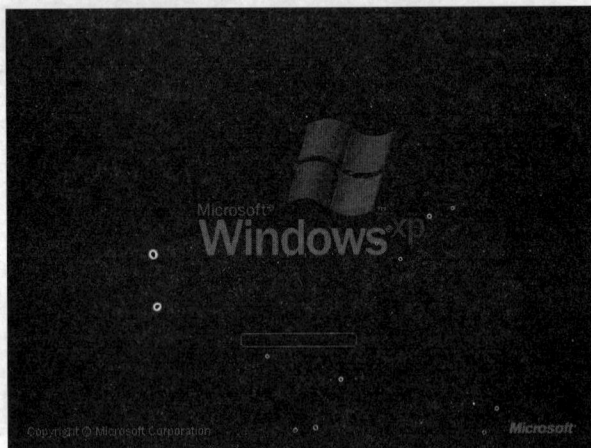

图 A-38　启动界面

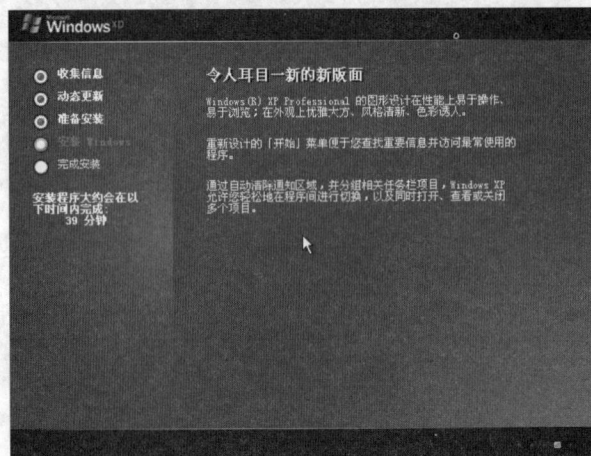

图 A-39　请稍后界面

　高等职业教育"十二五"规划教材

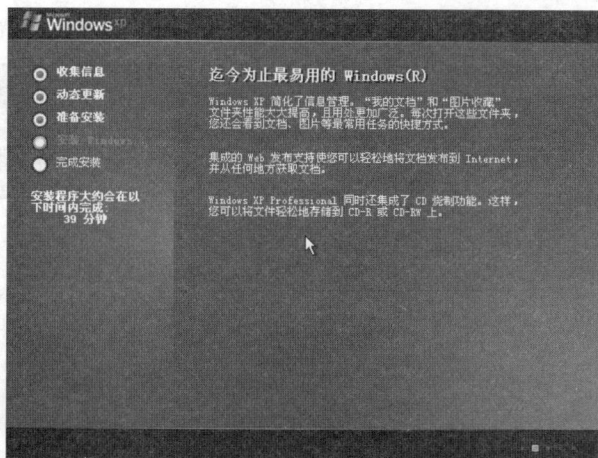

图 A-40　准备安装

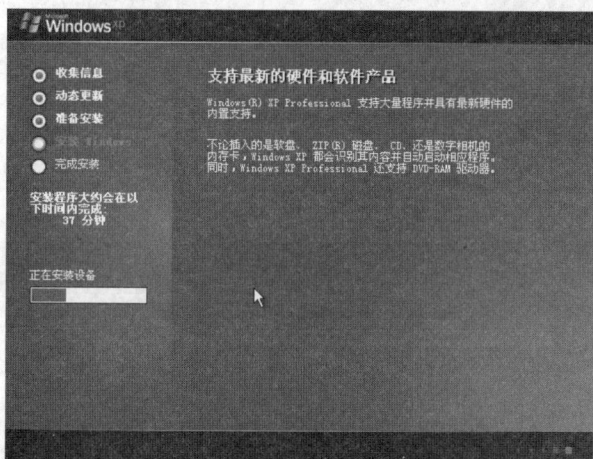

图 A-41　正在安装设备

（19）设置区域和语言选项，这里保持默认，单击【下一步】按钮，如图 A-42 所示。

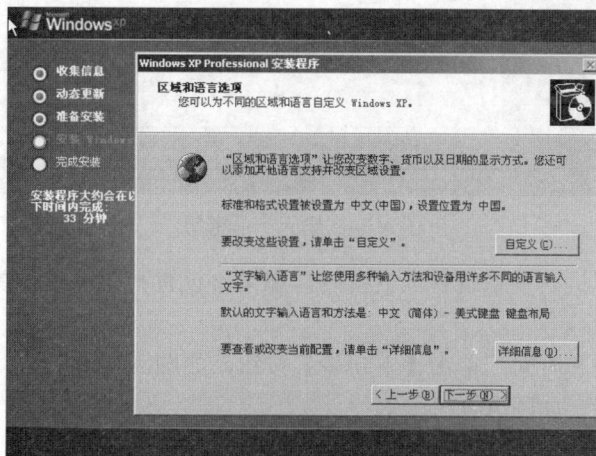

图 A-42　区域和语言选项

（20）自定义软件，输入姓名和单位，单击【下一步】按钮，如图 A-43 所示。

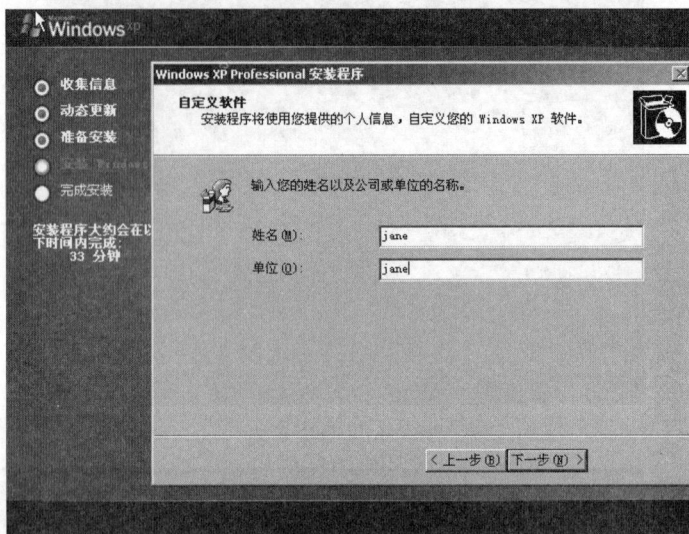

图 A-43　自定义软件

（21）输入产品密钥（又称序列号，因版权问题，这里没显示出序列号），单击【下一步】按钮，如图 A-44 所示。

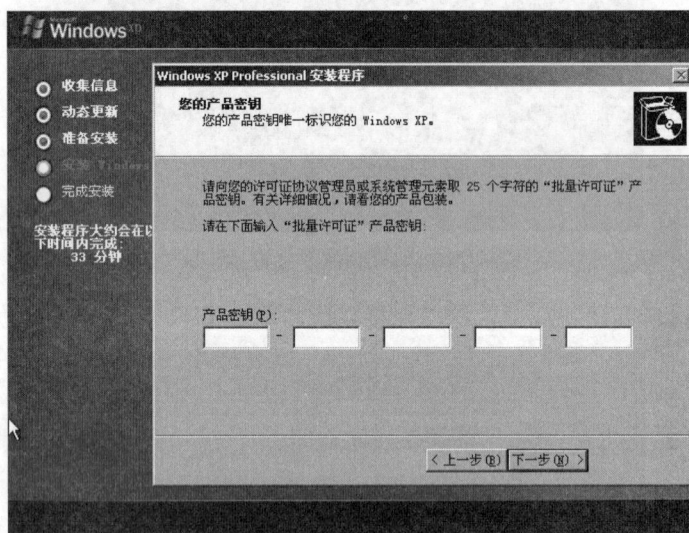

图 A-44　输入产品密钥

（22）设置计算机名和系统管理员密码，如果不设置密码，可以直接单击【下一步】按钮，如图 A-45 所示。

（23）设置日期和时间，单击【下一步】按钮，如图 A-46 所示。

（24）安装网络，如图 A-47 所示。

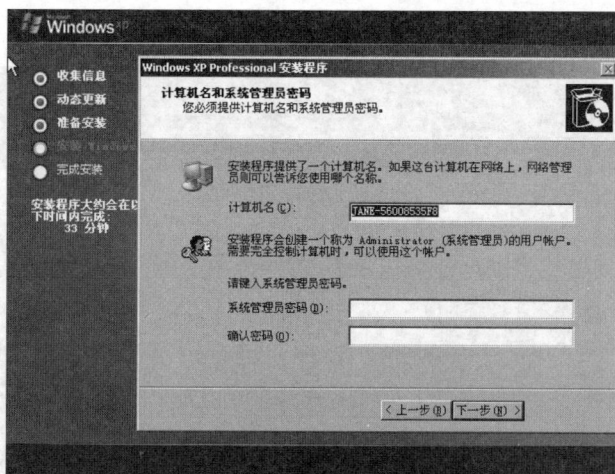

图 A-45　计算机名和系统管理员密码设置

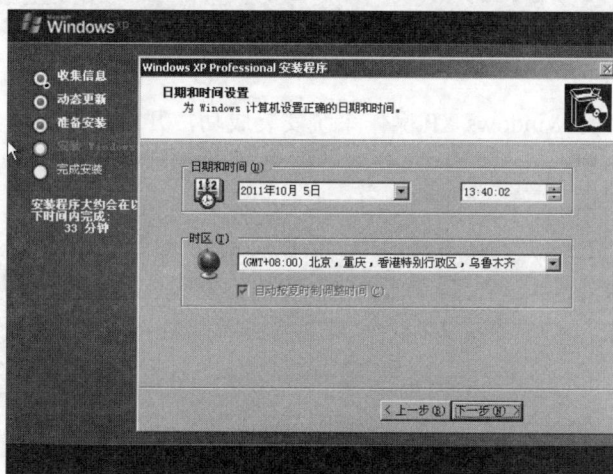

图 A-46　日期时间设置

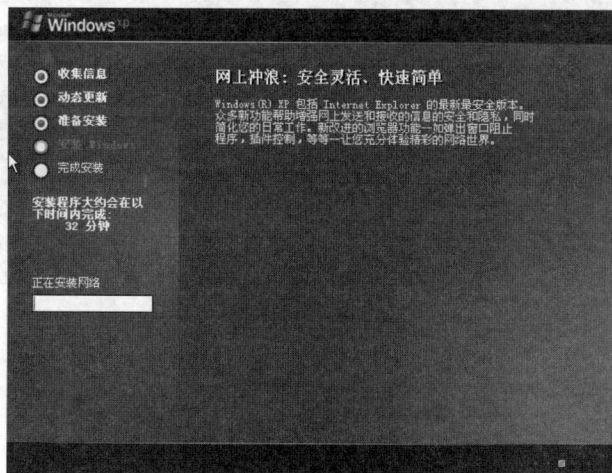

图 A-47　安装网络

（25）安装完成，重新启动虚拟机，如图 A-48 所示。

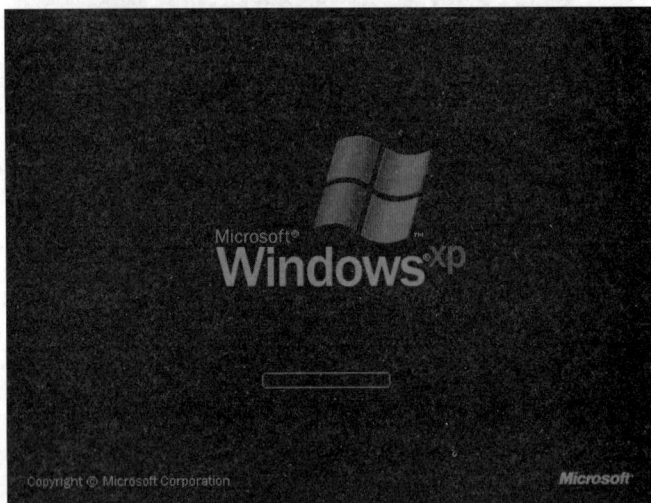

图 A-48　重新启动

（26）虚拟机中的 Windows XP 操作系统安装成功，开机后的界面如图 A-49 所示。

图 A-49　操作系统安装成功

A.7　安装 VMware Tools 工具

VMware Tools 工具的功能：

☑　鼠标在主机和虚拟机之间移动时可以无缝切换。

☑　虚拟机与主机可以通过"拖曳"来对传文件。

☑　虚拟机全屏之后，能够自动放缩到全屏的分辨率。

☑　窗口状态下选择 VM→View 命令，选择 Fit Guest Now 使虚拟机自动在窗口中扩展
　　到适合的尺寸。

安装步骤：

（1）在 VMware Workstation 主界面的菜单栏上选择 VM→Install VMware Tools 命令，
如图 A-50 所示。

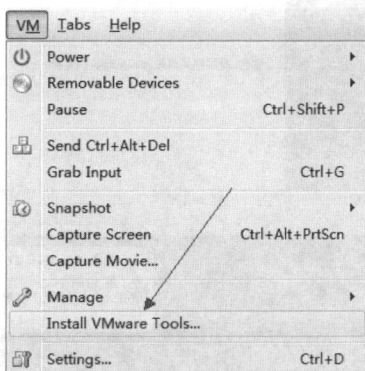

图 A-50　安装 VMware Tools

（2）系统会启动安装程序，如图 A-51 所示。

图 A-51　启动安装程序

（3）弹出 VMware Tools 安装向导，单击【下一步】按钮，如图 A-52 所示。

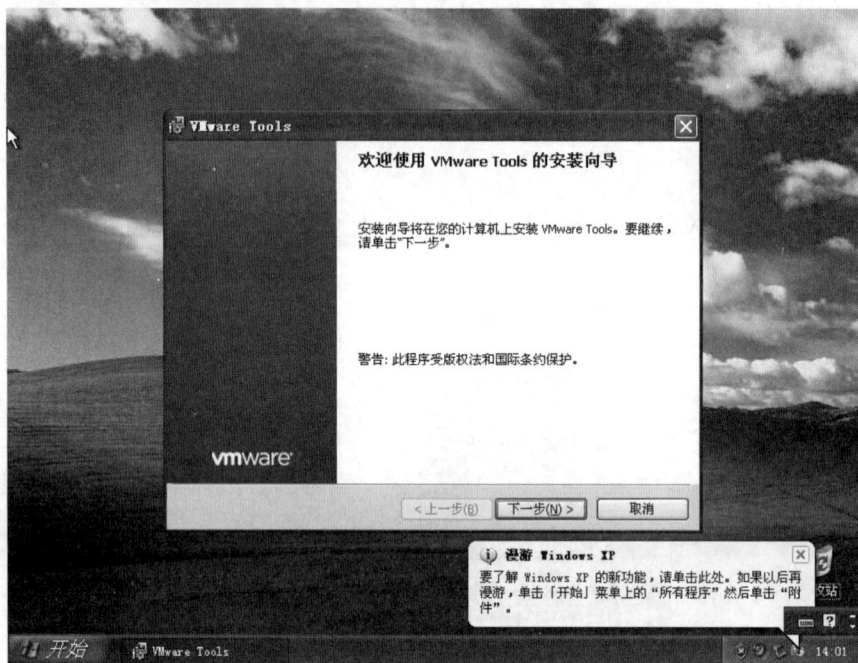

图 A-52　安装向导

（4）选择安装类型，这里选择【典型安装】，然后单击【下一步】按钮，如图 A-53 所示。

图 A-53　选择安装类型

高等职业教育"十二五"规划教材

（5）单击【安装】按钮，如图 A-54 所示。

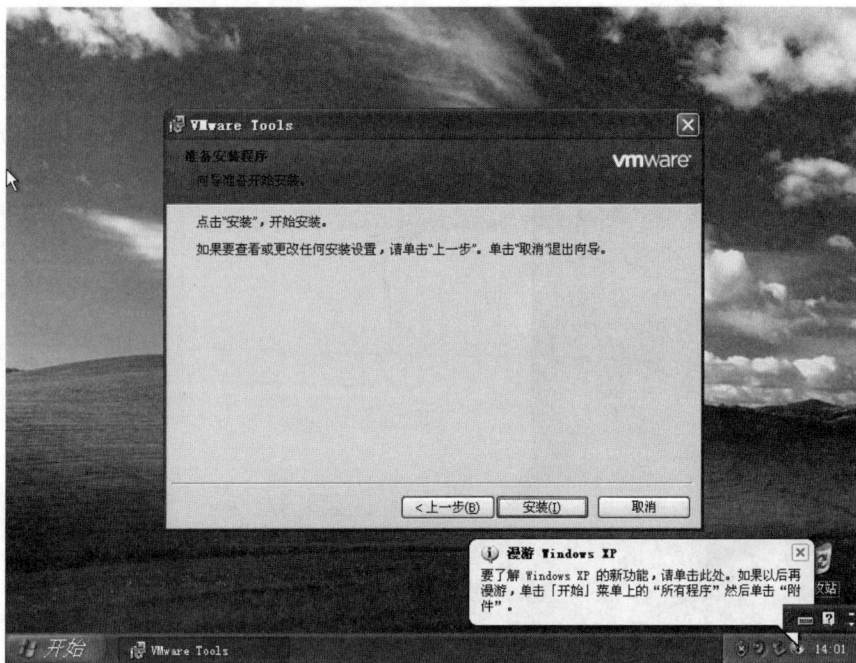

图 A-54 安装

（6）开始安装，如图 A-55 所示。

图 A-55 安装过程

（7）单击【完成】按钮以完成安装，如图 A-56 所示。

图 A-56　安装完成

（8）提示重启系统，单击【是】按钮，重启生效后即可使用 VMware Tools，如图 A-57 所示。

图 A-57　提示重启

高等职业教育"十二五"规划教材

A.8　虚拟机与实体机共享文件夹

下面介绍虚拟机访问主机文件夹的方法（需要虚拟机已经安装 VMware Tools，否则将无法设置）。

（1）首先打开虚拟机，出现如图 A-58 所示的界面，单击 Edit virtual machine settings。

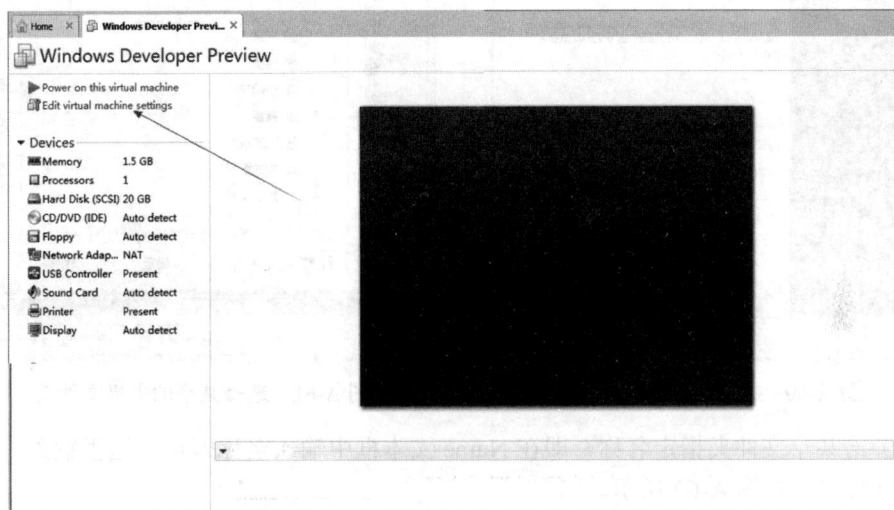

图 A-58　选择 Edit virtual machine settings

（2）弹出 Virtual Machine Settings 对话框，单击 Options 选项卡，在左侧列表框中选择 Shared Folders，在右侧选中 Always enabled 单选按钮，如图 A-59 所示，单击 Add 按钮。

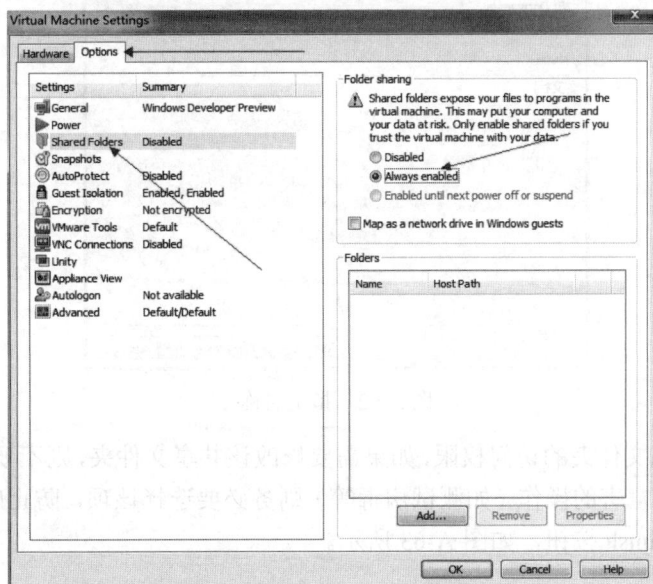

图 A-59　设置共享文件夹

（3）启动添加共享文件夹向导，单击 Next 按钮，如图 A-60 所示。

（4）指定共享路径，浏览文件夹，选择要共享的主机文件夹，单击【确定】按钮，如图 A-61 所示。

图 A-60　共享文件夹向导　　　　　　　图 A-61　选择共享的主机文件夹

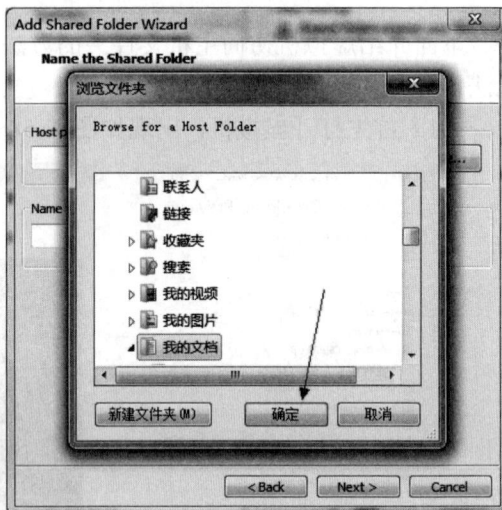

（5）给共享文件夹指定名称，即在 Name 文本框中输入名称即可，这里输入"文档"单击 Next 按钮，如图 A-62 所示。

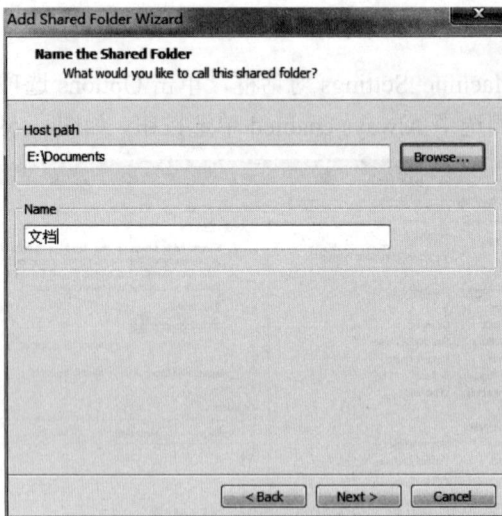

图 A-62　指定名称

（6）设置虚拟文件夹的访问权限，如果需要修改该共享文件夹，则不要选择 Read-only；如果要进行一些有危害的操作（如测试病毒等）则务必要选择该项，防止感染主机文件夹。设置好之后单击 Finish 按钮，如图 A-63 所示。

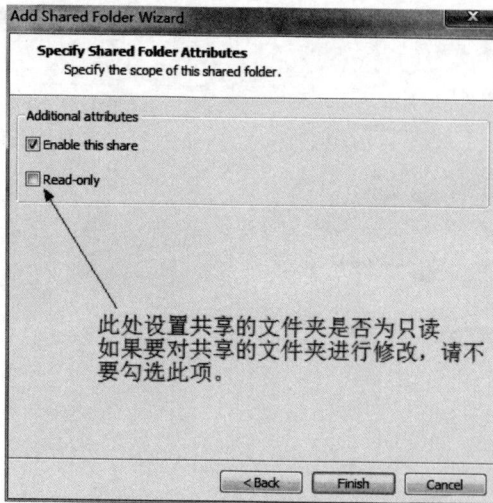

图 A-63　设置访问权限

（7）选中 Map as a network drive in Windows guests 复选框，然后单击 OK 按钮（只有虚拟机是 Windows 系统时，才会有此选项），如图 A-64 所示。

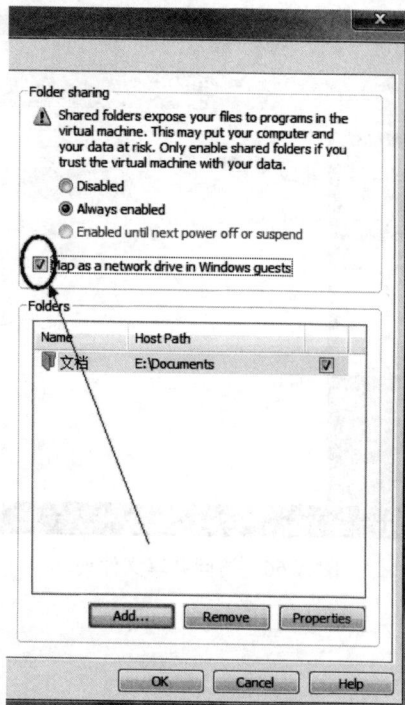

图 A-64　选择 Map as a network drive in Windows guests 选项

（8）设置完毕。打开【我的电脑】，即可以看到共享文件夹，默认盘符为 Z，如图 A-65 所示。

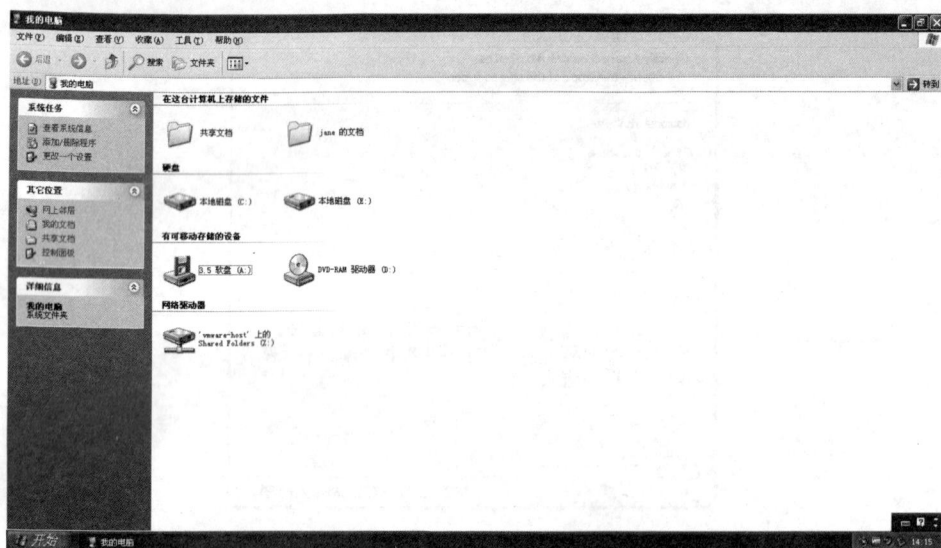

图 A-65　共享文件夹设置成功

单击进入该文件夹，如图 A-66 所示，可以看见这个与主机联系的桥梁了。

图 A-66　访问共享文件夹

参 考 文 献

1. 李畅，徐森林，杨岩. 计算机网络技术实用教程. 第 2 版. 北京：高等教育出版社，2001
2. 黄传河. 计算机网络应用设计. 武汉：武汉大学出版社，2004
3. 许骏. Internet 应用教程. 北京：科学出版社，2003
4. 全国计算机等级考试四级教程（2011 年版）. 北京：高等教育出版社，2010
5. 吴文虎，姜大源. 计算机网络技术实用教程. 第 2 版. 北京：清华大学出版社，2009
6. 张卫，俞黎阳. 计算机网络工程. 北京：清华大学出版社，2004
7. 田增国，刘晶晶，张召贤. 组网技术与网络管理. 北京：清华大学出版社，2009
8. 程光，李代强，强士卿. 网络工程与组网技术. 北京：清华大学出版社，2004
9. 夏素霞. 计算机网络技术与应用. 北京：人民邮电出版社，2010